自制热导线及其用于在线防冰融冰的理论和技术

ZIZHI REDAOXIAN JIQI YONGYU
ZAIXIAN FANGBING RONGBING DE LILUN HE JISHU

莫思特　李碧雄　刘天琪／著

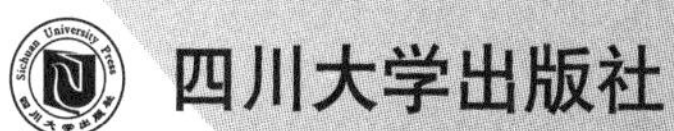

四川大学出版社

项目策划：宋绍峰　唐　飞
责任编辑：胡晓燕
责任校对：王　锋
封面设计：墨创文化
责任印制：王　炜

图书在版编目（CIP）数据

自制热导线及其用于在线防冰融冰的理论和技术 / 莫思特，李碧雄，刘天琪著. -- 成都 : 四川大学出版社，2018.9

ISBN 978-7-5690-2379-4

Ⅰ. ①自… Ⅱ. ①莫… ②李… ③刘… Ⅲ. ①输电线路－融冰化雪－研究 Ⅳ. ① TM726

中国版本图书馆 CIP 数据核字（2018）第 213228 号

书名　自制热导线及其用于在线防冰融冰的理论和技术

著　者	莫思特　李碧雄　刘天琪
出　版	四川大学出版社
地　址	成都市一环路南一段 24 号（610065）
发　行	四川大学出版社
书　号	ISBN 978-7-5690-2379-4
印　刷	成都新凯江印刷有限公司
成品尺寸	185mm×260mm
印　张	10.25
字　数	257 千字
版　次	2019 年 5 月第 1 版
印　次	2019 年 5 月第 1 次印刷
定　价	45.00 元

◆ 读者邮购本书，请与本社发行科联系。
电话 :(028)85408408/(028)85401670/
(028)86408023　邮政编码 :610065
◆ 本社图书如有印装质量问题，请寄回出版社调换。
◆ 网址 :http://press.scu.edu.cn

四川大学出版社
微信公众号

前　言

全球气候变化引起的极端天气日趋严重，冰雪天气导致电网灾害频繁发生。人类生产生活已经离不开电力供应，电网损毁不仅直接导致经济损失严重，其间接影响更不可估量。我国西电东送电力格局导致大量电力需穿越地势险恶、冰雪灾害严重地区，给实施电网融冰除冰作业带来巨大挑战。

架空输电导线抗冰技术包括防冰技术、融冰技术和除冰技术。其中，交流短路融冰法和直流短路融冰法是工程实践上采用得较多的方法，但尚存在如下问题：交流短路融冰法和直流短路融冰法只能在停电的状态下实施，输电线路必须退出运行。输电线路覆冰的时间往往是一年内最寒冷的季节，处于一年内的用电高峰，当需要融冰的输电线路退出运行，将加剧电力系统供需矛盾，并对电力系统安全运行造成影响。

交流短路融冰和直流短路融冰利用了导线的焦耳热，焦耳热与导线电阻和电流平方成正比。利用导线焦耳热也可以实现实时在线融冰，但要求导线有比较大的电阻；为减少线损，输电线路要求导线具有较小的电阻。融冰与输电对导线电阻的不同需求，是利用焦耳热实现实时在线融冰的技术瓶颈。

架空输电导线由钢芯与铝绞线构成，钢芯有较大的电阻，用于受力，铝绞线电阻较小，用于输电。现有输电导线，钢芯与铝绞线为并联关系，输电电流主要从铝绞线流过，流经钢芯的电流很少。如果在钢芯与铝绞线之间加入绝缘材料或高分子导电材料，破坏钢芯与铝绞线的并联关系，利用钢芯焦耳热融冰或者高分子导电材料制热融冰，就可破解输电线路实时在线融冰这一难题。

基于上述思路，笔者提出了在钢芯与铝绞线之间嵌入绝缘材料或高分子导电材料的自制热导线设计方法，并开展了利用自制热导线实现实时在线融冰的相关研究。本书共分七章：

（1）第 1 章简述架空输电线路防冰融冰国内外研究现状，分析了现有研究存在的问题。

（2）第 2 章研究了自制热导线用于输电和防冰融冰一体化的输电系统的相关热、电基础理论和技术问题。针对不同结构类型的钢芯铝绞线，设计了对应结构的嵌入高分子导电制热材料的自制热导线，提出了高分子导电制热材料连续式设计和高分子导电制热材料分段式设计两种方法，并以此分别建立了自制热导线的等效电路模型；基于防冰过程和融冰过程中的热量消耗需求分析，建立自制热导线进行防冰与融冰的热量消耗模型。

（3）第 3 章针对实际工况，建立了确定自制热导线运行参数的计算分析方法。具体针对直流与交流电源制热两种制热方式、单端电源与双端电源两种制热供电方案、均匀功率与均匀材料两种工程应用方法，分别提出了简易分析和有限元分析两种运行参数分析计算方法。

（4）第 4 章建立了防冰融冰输电装置中融冰电源和输电电路之间的协同作用数学模型，并形成了相应的设计方法。针对电网输电类型和融冰距离，分别设计了交流输电—交流融冰装置、直流输电—直流融冰装置。对于交流输电线路，在三绕组变压器的基础上，设计了两种结构的交流输电—交流融冰装置：常规交流输电—交流融冰装置和自耦交流输电—交流融冰装置，并建立了交流输电—交流融冰输电装置的数学模型。应用多模块技术，设计了交流输电—直流融冰装置。对于直流输电线路，设计了直流输电—直流融冰装置。

（5）第 5 章针对输电线路的结冰类型，提出了一种基于现场实时监控的输电线覆冰预测方法，并针对输电电路防冰融冰阶段的不同控制需求，提出了防冰融冰控制算法。现场实时监控系统由导线覆冰实时监测系统、微气象监测系统和模拟导线监测系统构成。视频信号与数字图像处理技术应用于监测覆冰厚度；微气象系统用于监测环境温度、风速、湿度、降雨量等气象信息；模拟导线系统用于监测导线覆冰过程，模拟导线防冰和融冰的控制过程和控制效果。应用上述监控系统采集的数据，基于灰色理论和支持向量机理论，提出了超短期导线精准覆冰预测方法，建立了自适应动态控制方法以实现导线恒温控制。在模拟导线上分别运行模糊自适应 PID 控制方法和模型预测 PID 控制方法，对比两种控制方法的误差平方和，定期选择误差平方和最小的控制方法作为导线恒温控制方法。

（6）第 6 章针对实际自制热导线模型，运用上述理论和技术进行了模拟分析和验证。模拟实际 110 kV 输电线路的材料、结构以及可能的覆冰状况，计算分析了融冰与防冰功率需求；针对直流与交流电源制热两种制热方式、单端电源与双端电源两种制热供电方案、均匀功率与均匀材料两种工程应用方法，进行模拟。

（7）第 7 章对上述研究成果进行了总结，并提出了工程应用往后的研究内容和研究方向。

上述研究得到了四川大学谢和平院士和电网输变电设备防灾减灾实验室陆佳政教授的大力支持，在此表示最衷心的感谢！同时，深深感谢妻子和女儿对笔者研究过程的关心、帮助和鼓励。

本文的研究属于一个全新的研究领域，由于知识水平所限，书中难免存在疏漏，恳请读者批评指正。

莫思特
2018 年 7 月

目　录

1　绪　论 ………………………………………………………………………… (1)
1.1　研究背景 ………………………………………………………………… (1)
1.2　高压架空输电线路覆冰的危害 …………………………………………… (2)
1.2.1　国外高压架空输电线路覆冰的危害事例 ……………………………… (2)
1.2.2　国内高压架空输电线路覆冰的危害事例 ……………………………… (2)
1.2.3　覆冰危害具体表现形式 ……………………………………………… (4)
1.3　输电线路防冰融冰国内外研究现状 ……………………………………… (6)
1.3.1　输电线路覆冰与气象条件之间的关系 ………………………………… (6)
1.3.2　导线覆冰预测方法 …………………………………………………… (6)
1.3.3　防冰方法 ……………………………………………………………… (7)
1.3.4　融冰方法 ……………………………………………………………… (7)
1.3.5　除冰方法 ……………………………………………………………… (9)
1.3.6　现有防冰融冰方法存在的问题 ………………………………………… (9)
2　自制热导线模型 ………………………………………………………… (11)
2.1　自制热导线基本原理 …………………………………………………… (11)
2.1.1　导线结构 ……………………………………………………………… (11)
2.1.2　防冰融冰输电装置设计 ……………………………………………… (11)
2.1.3　不同结构自制热导线设计 …………………………………………… (12)
2.1.4　制热材料的分布方式 ………………………………………………… (14)
2.2　连续分布自制热导线等效电路模型 ……………………………………… (14)
2.2.1　总体模型 ……………………………………………………………… (14)
2.2.2　串联电阻 ……………………………………………………………… (15)
2.2.3　串联电感 ……………………………………………………………… (16)
2.2.4　并联电容 ……………………………………………………………… (16)
2.3　间断分布自制热导线等效电路模型 ……………………………………… (16)
2.3.1　串联电阻 ……………………………………………………………… (17)
2.3.2　串联电感 ……………………………………………………………… (17)
2.3.3　并联电容 ……………………………………………………………… (18)
2.4　分段融冰及地线融冰方法 ……………………………………………… (18)
2.4.1　分段防冰融冰控制 …………………………………………………… (18)
2.4.2　电阻分段递减 ………………………………………………………… (19)
2.4.3　双端电源制热 ………………………………………………………… (19)

2.5 防冰融冰模型 …… (20)
2.5.1 建模思路 …… (20)
2.5.2 防冰方法及热学模型 …… (20)
2.5.3 融冰方法及热学模型 …… (22)
2.5.4 导线制热模型 …… (23)
3 导线制热参数分析方法 …… (24)
3.1 自制热导线微观等效电路 …… (24)
3.1.1 双端口微观等效电路 …… (24)
3.1.2 单端口微观等效电路 …… (25)
3.1.3 简化等效电路 …… (25)
3.2 直流分析方法 …… (26)
3.2.1 分布式直流等效电路 …… (26)
3.2.2 均匀材料分析 …… (27)
3.2.3 均匀功率分析 …… (31)
3.3 交流分析方法 …… (34)
3.3.1 分布式交流等效电路 …… (34)
3.3.2 均匀材料分析 …… (35)
3.3.3 均匀功率分析 …… (38)
3.3.4 分段阻性设计要求 …… (42)
3.4 分段方法 …… (42)
3.4.1 简易分段分析方法 …… (42)
3.4.2 有限元分段分析方法 …… (43)
4 防冰融冰输电装置模型 …… (44)
4.1 交流输电—交流融冰装置 …… (44)
4.1.1 交流输电—交流融冰装置功能 …… (44)
4.1.2 交流输电—交流融冰装置基本结构 …… (45)
4.1.3 常规交流输电—交流融冰装置 …… (49)
4.1.4 自耦交流输电—交流融冰装置数学模型 …… (51)
4.2 交流输电—直流融冰装置 …… (59)
4.2.1 多模块化技术基本原理 …… (59)
4.2.2 多模块化融冰装置结构 …… (61)
4.2.3 多模块化融冰装置分析 …… (62)
4.3 直流输电—直流融冰装置 …… (68)
4.4 直流输电—交流融冰装置 …… (68)
5 防冰融冰控制及覆冰预测方法 …… (69)
5.1 自制热导线功率控制 …… (69)
5.2 控制方法 …… (69)
5.2.1 模糊自适应 PID 控制 …… (70)
5.2.2 模型预测控制 …… (74)

5.2.3　自适应动态控制方法 …………………………………………………… (77)
5.2.4　PID 初始参数整定方法 ………………………………………………… (78)
5.3　覆冰监测与预测方法 ……………………………………………………… (79)
5.3.1　输电线路覆冰机理 ……………………………………………………… (79)
5.3.2　冰厚视频监测系统 ……………………………………………………… (81)
5.3.3　微气象监控系统 ………………………………………………………… (89)
5.3.4　导线状态跟踪系统 ……………………………………………………… (90)
5.3.5　超短期精准覆冰预测方法 ……………………………………………… (91)
5.4　防冰功率控制方法 ………………………………………………………… (96)
5.4.1　控制思路 ………………………………………………………………… (96)
5.4.2　未来结冰预测方法 ……………………………………………………… (96)
5.4.3　预测控制的预测模型建立 ……………………………………………… (97)
5.4.4　控制方法 ………………………………………………………………… (98)
5.5　融冰功率控制 ……………………………………………………………… (102)
5.5.1　控制思路 ………………………………………………………………… (102)
5.5.2　融冰功率增长预测 ……………………………………………………… (102)
5.5.3　控制方法 ………………………………………………………………… (103)
5.6　导线防冰融冰综合控制流程 ……………………………………………… (104)

6　系统设计参数分析 ………………………………………………………… (106)
6.1　基本参数 …………………………………………………………………… (106)
6.2　防冰融冰电源功率需求 …………………………………………………… (108)
6.2.1　防冰所需热量 …………………………………………………………… (108)
6.2.2　融冰阶段电源功率需求 ………………………………………………… (109)
6.2.3　防冰融冰电源功率需求分析 …………………………………………… (111)
6.3　LGJ −300/40 的钢芯铝绞线等效电路 …………………………………… (112)
6.3.1　钢芯模型 ………………………………………………………………… (112)
6.3.2　铝绞线模型 ……………………………………………………………… (113)
6.3.3　钢芯与铝绞线之间互感 ………………………………………………… (113)
6.3.4　制热材料电阻及制热材料电阻率 ……………………………………… (113)
6.3.5　电容 ……………………………………………………………………… (114)
6.3.6　等效电路参数 …………………………………………………………… (114)
6.4　制热功率分析 ……………………………………………………………… (114)
6.4.1　直流分析 ………………………………………………………………… (114)
6.4.2　交流分析 ………………………………………………………………… (124)
6.5　小结 ………………………………………………………………………… (145)

7　结论与展望 ………………………………………………………………… (146)
7.1　本文的主要成果和结论 …………………………………………………… (146)
7.2　需要进一步研究的内容 …………………………………………………… (147)

参考文献 …………………………………………………………………… (148)

1 绪 论

1.1 研究背景

自工业化以来的近半个世纪，全球能源工业为全球经济与社会的发展做出了巨大贡献。化石能源的大量开发和使用，直接导致了全球环境污染，气候变暖，化石能源资源越来越短缺，继续下去，严重依赖化石能源的人类生产生活模式将很难持续，因此，改变能源生产和消费模式是目前能源发展急需解决的问题[1]。

当前，普遍认为的减少化石能源使用的有效方法是两个替代，即用清洁能源替代化石能源，用电能替代其他形式能源。水电、光伏、风电是目前清洁电能的主要形式，由于全球各地有时差、气候差，各地清洁电能的功率输出以及消费需求存在互补性，因此，全球能源互联网将是实施两个替代的关键技术[2,3]。

为应对全球气候变化，1992 年，联合国环境与发展大会通过了《联合国气候变化框架公约》，1997 年，达成《联合国气候变化框架公约的京都议定书》。2015 年，《联合国气候变化框架公约》近 200 个缔约国一致同意通过《巴黎协议》。我国在巴黎大会召开前提交的国家自主贡献文件中，提出将于 2030 年左右使二氧化碳排放达到峰值，2030 年单位国内生产总值二氧化碳排放比 2005 年下降 60%到 65%，非化石能源占一次能源消费比重达 20%左右。

2030 年，我国要实现非化石能源占一次能源消费比重达到 20%左右，任务非常艰巨，大力发展水、风、光等清洁能源是实现这一目标的重要举措。我国的水、风、光电，主要集中在西部的四川、新疆、甘肃、宁夏、内蒙古等地，而我国电能消耗地主要在东部的经济发达地区，“西电东送”（将西部地区的电力资源送往东部地区）是我国电力发展的重要措施。保障远距离输电线路的安全运行，特别是高输电塔，大跨距的输电线的安全运行，将是今后输电线路研究的重要课题。

从远期考虑全球能源互联网的输电线路网架结构，以及我国能源“西电东送”的现状，输电网将穿过高原、山地、盆地、丘陵等多样化的地形地貌，以及海拔、纬度多样的地区，其气候特性复杂多变。每年冬季，许多地区将出现冰雪、冻雨等极端的气候现象，这类极端气候现象将导致输电线路覆冰，并因输电线路覆冰而破坏电网结构，造成输电线路的冰暴灾害以及其他灾害的发生。

为减少输电线路冰暴灾害所造成的影响，目前已有多种防冰融冰技术方案，但是工程应用的输电线路防冰技术没法适用于各种环境或不能长期应用[4,5]。而且，实际工程应用的主要输电线路融冰与除冰手段，均需要断电运行[6-8]。断电运行的融冰防冰技术，将使电网的生产、人民的工作与生活以及社会正常秩序受到影响，并给个人、集体、国家带来经济损失。可见，输电线路实时在线融冰、防冰技术是电力行业急需的关键技术，开展输电线路实时在线融冰、防冰相关科学问题和关键技术的研究，具有重要的学术价值和应用价值。

1.2 高压架空输电线路覆冰的危害

高压架空输电线路属于各国电力系统的生命线，将在今后全球能源互联网以及国内“西电东送”工程中承担跨区域电力传输任务，只有保障高压架空输电线路的正常工作，才可能保证电网的安全运行。由于世界各地都存在冰暴气候地区，高压架空输电线路基本无法避开，因此高压架空输电线安全事故在世界各国都有发生，严重影响了当地企业的生产和人们的生活，并带来巨大的经济损失。造成高压架空输电线路安全事故的主要原因有冰暴[9,10]和受风[11]，其主要表现形式有倒塔[12,13]、线路脱冰振动[14]、线路舞动[15]、闪络[16]等。

1.2.1 国外高压架空输电线路覆冰的危害事例

只要输电线路经过覆冰区域，覆冰就将影响电力系统安全运行。

自 1932 年美国发生第一起输电线路覆冰事故，世界各地发生的电力系统的覆冰灾害就不断发生。

1998 年 1 月加拿大冰灾，致使魁北克、安大略等地区连续三次遭受了冻雨，导致输电电路覆冰，最大覆冰厚度达到 105 mm；超过 3000 km 线路遭到不同程度破坏，导致 1000 多基铁塔和 3000 基木杆倒塌，大约 470 万人的电力供应中断，受灾地区人数超过加拿大人口总数的 16%，直接经济损失超过 54 亿美元[17,18]。1994 年 2 月，美国东南部电网遭受严重冰灾，输电线路最大覆冰厚度达 125 mm，约 200 万人电力供应中断，直接经济损失超过 30 亿美元。2013 年，英国遭遇大规模降雪天气，导致贝尔法斯特高压变电站关闭，整个贝尔法斯特市供电停止，北爱尔兰将近 9 万户家庭电力供应中断，塞拉菲尔德核电站关闭[19]。

此外，俄罗斯、瑞典、冰岛、芬兰和日本等欧洲、亚洲等多个国家都曾遭受输电线路覆冰灾害，每次输电线路覆冰灾害都给当地政府、企业、老百姓带来巨大的经济财产损失。

1.2.2 国内高压架空输电线路覆冰的危害事例

我国是世界上输电线路覆冰最为严重的国家之一，中华人民共和国成立以来，大面积输电线路覆冰在全国各地时有发生。湖南、四川、江西、湖北、云南、贵州和浙江等省都曾因冻雨、风雪等极端天气导致架空输电线路覆冰，造成线路舞动、断裂、杆塔倒塌等严重事故。

1954 年 12 月到 1955 年 1 月，湖南省长株潭电网遭受严重的覆冰灾害，线路覆冰厚度达 60～95 mm，共造成 14 条 6～35 kV 输电线路大面积断线、倒塌等事故。1957 年 1 月中旬，长株潭电网因极端冻雨天气再次遭受特大覆冰灾害，线路覆冰厚度达到 110～120 mm，导致该地区电网大面积瓦解[20]。1992 年 10 月，青海日月山山口 330 kV 输电线路覆冰，造成了严重灾害，共计倒塌 8 基[21]。1993 年 11 月，寒流袭击江汉平原，导致湖北省荆门地区 500 kV 输电线路受到严重冻雨灾害，结冰比重达 0.9，结冰厚度达36 mm，倒塌 7 基[22]。2004 年 12 月到 2005 年 2 月，我国华中电网发生了长达三个月的大面积覆冰灾害。2014 年 12 月 21—28 日，在湖南、湖北省内，500 kV 线路共计发生覆冰闪络 34 次，输电线路结冰厚度达 80～100 mm。根据华中电网统计结果，对于 220 kV 以上输电线路，杆塔倒塌共计 41 基，2004 年 12 月 20—28 日总共跳闸 28 次，2005 年 2 月 7—20 日，共计跳闸 80 次[23]。2012 年 2 月，南方电网的云南和贵州共计 88 条输电线路出现覆冰，云南电网、广西电网和贵州电网先后启动橙色和黄色预警以及四级应急响应[24]。

2008 年，我国华东、华中、南方等多区域遭遇了罕见的持续低温、雨雪和冰冻极端天气，恶劣的气候导致我国 14 个省级电网的 570 个县发生电网事故。现南方电网管辖的五省中，只有海南省的电力设施未受影响，而现国家电网管辖的湖南、江西、湖北、四川、重庆、江苏、安徽、福建、浙江等省级电网均遭受不同程度的破坏。综合各省电网的统计结果，详细破坏情况：220 kV 输电线路杆塔倒塌 1432 基，损坏 586 基；500 kV 输电线路杆塔倒塌 678 基，损坏 295 基。杆塔倒塌与受损分省统计数据见表 1.1。220 kV 输电线路停运 343 条，占受灾省份 220 kV 线路总数的 9.38%；500 kV 输电线路停运 119 条，占受灾省份 500 kV 线路总数的 19.01%。详细输电线路停运分省统计数据见表 1.2[25−27]。

表 1.1 杆塔倒塌与受损分省统计数据

电网区域	220 kV		500 kV	
	杆塔倒塌(基)	杆塔受损(基)	杆塔倒塌(基)	杆塔受损(基)
湖南	630	167	182	82
江西	144	18	116	0
湖北	0	2	15	13
浙江	43	16	167	28
安徽	0	0	2	2
四川	2	3	1	2
重庆	0	0	0	7
福建	1	2	0	0
贵州	147	86	169	134
云南	72	78	0	2
广西	90	38	26	25
广东	303	176	0	0
合计	1432	568	678	295

表 1.2 输电线路停运分省统计数据

电网区域	220 kV			500 kV		
	线路总数（条）	停运总数（条）	停运率（%）	线路总数（条）	停运总数（条）	停运率（%）
湖南	249	96	38.55	35	22	62.86
江西	181	70	38.67	19	18	94.74
湖北	241	1	0.41	86	5	5.81
浙江	463	21	4.54	79	23	29.11
安徽	229	0	0	35	1	2.86
四川	251	3	1.2	36	9	25
重庆	126	1	0.79	25	3	12
福建	227	2	0.88	20	0	0
贵州	147	94	63.95	45	29	64.44
云南	164	24	14.63	27	4	14.81
广西	135	19	14.07	53	5	9.43
广东	516	12	2.33	67	0	0
合计	2929	343	9.38	527	119	19.01

1.2.3 覆冰危害具体表现形式

高压架空输电线路覆冰将导致电网发生严重事故，事故主要表现形式有杆塔倒塌、输电线路舞动、输电线路脱冰振动、绝缘子闪络。

1.2.3.1 杆塔倒塌

当输电线路覆冰后，导线负载增加，并有可能导致超过输电杆塔的设计负载；脱冰引起的导线振动以及风荷载引起的导线舞动，都有可能导致导线断裂。导线断裂会使得输电杆塔遭受不平衡张力或冲击力，杆塔构件的薄弱部位将无法忍受过负载、不平衡张力或冲击力的作用，发生屈曲，并引起杆塔倒塌。

国际上，严重的冰暴灾害往往会导致输电线路杆塔倒塌事故：1972 年 12 月，日本北海道遭受冰灾，导致输电杆塔倒塌 56 基；1998 年 1 月，加拿大魁北克地区遭受严重的冻雨灾害，高压输电杆塔倒塌 1000 多基，配电杆塔倒塌 3000 多基；2007 年 1 月，美国内布拉斯加州遭受了严重的冰灾，输电杆塔损坏 1137 基。

由于输电线路设计能力没有充分考虑极端的气候因素，我国在冰暴气候下，也发生多起杆塔倒塌事故：1984 年年初，贵州电网遭受冰暴灾害，省电网杆塔倒塌 44 基，配电网倒杆 7613 基；1992 年，青海日月山 300 kV 线路遭受严重冰暴灾害，倒塌 8 基；湖北省荆门 500 kV 线路遭受冻雨灾害，1993 年杆塔倒塌 7 基，1994 年杆塔倒塌 3 基；2004 年年底到 2005 年年初，冰暴灾害导致华中电网 200 kV 以上线路杆塔倒塌 41 基；2008 年，我国华东、华中、南方等多地区域遭遇冰暴灾害，220 kV 输电线路杆塔倒塌1432 基，500 kV 输电线路杆塔倒塌 678 基。

杆塔倒塌后，由于杆塔重建需等到气候变暖，而且重建周期较长，将给电网造成巨大损失。

1.2.3.2 输电线路舞动

输电线路覆冰后，可能形成非对称圆截面，在风荷载的作用下，输电导线可能产生频率为 0.1～3 Hz，振动幅度为导线直径 5～300 倍的自激振动，此时，导线上下翻飞，形如龙舞，业内将这种自激振动称为输电线路舞动。由于输电线路舞动通常会持续较长时间，容易导致相间闪络，破坏金具，导线断裂，甚至会导致杆塔倒塌，严重影响输电线路的安全运行[28,29]。

随着我国电网建设规模越来越大，经过易结冰地区的高压架空输电线路越来越多，因线路舞动导致的输电线路事故也越来越多。各种电压等级的输电线路，包括 500 kV、220 kV、110 kV、66 kV 等多种电压等级的输电线路，均发生过舞动事故[30]。1957 年到 2008 年，我国有观察记录的输电线路大型舞动 80 余例[31]。2000 年至 2010 年，我国有观察记录的输电线路大型舞动 740 余例[32]。1987 年、1988 年和 1990 年，姚双、双凤线均发生了舞动事故[33]，最大舞动幅度达到 10 m，其中时间最久的一次舞动时间持续了 60 个小时，造成大面积子导线断裂、相间短路跳闸、线夹销钉剪断和护线条断股。2003 年，内蒙古的永丰Ⅱ线和湖北龙斗线、斗双线均出现了大范围的舞动事故[34]，舞动峰值达到 7 m以上，舞动导致杆塔螺栓松动、塔身松弛、导线脱落等现象。2008 年，江西南乐Ⅰ线和Ⅱ线发生严重的舞动事故[35]，其中时间最久的一次舞动时间持续了 67 个小时，舞动峰值达到 8 m 以上。2009 年至 2010 年年初，河南 500 kV 输电线路发生了 3 次舞动事故[36]。2010 年，浙江衢州 2 条 500 kV 输电线路发生舞动，舞动峰值达到 10 m 以上[37]。

1.2.3.3 输电线路脱冰振动

输电线路覆冰以后，当气候转暖、风力增大或者人工除冰等因素导致覆冰脱落时，由于覆冰脱落的随机性，导致输电线路以及杆塔的受力呈现随机性，这种随机的受力将引起输电线的大幅振动和输电塔的振动，造成相间短路、输电线断裂、金具磨损、横担变形、杆塔倒塌等事故[38,39]。

输电线路脱冰振动往往与输电线路覆冰灾害一起统计，目前还没有检索到主要由脱冰振动导致的输电线路事故详细数据。

1.2.3.4 绝缘子闪络

绝缘子闪络是输电线路覆冰后的常见现象，在国内、国外经常出现。

1963 年 11 月，美国斯蒂文斯山口的 345 kV 输电线路，发生了绝缘子串覆冰，维护人员发现，在恢复送电过程中，覆冰绝缘子由微弱放电迅速发展成全面闪络。1966—1967 年，瑞士一条横跨阿尔卑斯山脉的 400 kV 输电线路，被观察到大量因绝缘子覆冰引起的刷形放电，多次出现闪络故障。1974 年，在美国田纳西峡谷地区，500 kV 输电线路发生了大面积绝缘子闪络事故。1982 年和 1986 年，加拿大安大略水电局的 500 kV 输电线路多次发生绝缘子闪络事故[40]。

我国西北、西南、东北、华中等地区都因输电线路覆冰发生过绝缘子闪络事故。根据2003年统计数据，我国100～500 kV输电线路跳闸共计2446次，冰闪跳闸79次，占3.23%。其中，500 kV输电线路跳闸115次，冰闪跳闸13次，占11.3%。在500 kV输电线路跳闸故障中，冰闪仅位于外力破坏、雷击闪络之后而居第三位；在非计划停运中，由于冰闪的原因导致停运次数达23%，冰闪仅位于外力破坏之后而居第2位[41,42]。

1.3 输电线路防冰融冰国内外研究现状

1.3.1 输电线路覆冰与气象条件之间的关系

输电线路有5种覆冰类型：雨凇、混合凇、雾凇、雪凇和霜凇[43,44]。在这几种覆冰中，混合凇、雾凇、雪凇和霜凇因为密度不大，强度不高，对输电线路影响较小，对输电线路危害最大的是雨凇[45,46]。

输电线路覆冰，与气候因素和输电导线自身因素有关。影响输电线路覆冰的气候因素主要有湿度、温度、风速、风向、大气中过冷水滴的含量高低等；输电线自身因素主要有导线的直径、表面清洁度、电流负荷、扭转特性和电场强度等。

输电线路覆冰的实质是空气中的过冷水滴碰撞输电导线后变成冰，因此，空气中含水是输电线路覆冰的基础。衡量空气中含水量的参数是湿度，湿度的大小是影响输电线路覆冰的重要因素。而与水相关的另一个因素是过冷水滴的大小，过冷水滴直径越小，其相变潜热释放越快，过冷水滴冻结时间越短。过冷水滴的大小以及冻结时间的快慢将影响覆冰类型。

导致输电线路覆冰的最主要原因是温度。最容易引起输电线覆冰的温度范围是－5℃～0℃[47,48]；温度高于0℃，没法成冰；低于－5℃，导致输电线路覆冰的过冷却水滴将变成雪。

影响输电线路覆冰的另一个因素是风。风速是输电线表面覆冰热交换的主要因素，风速越大，输电线表面越容易失去热量，也越容易形成表面覆冰。风与输电线的夹角，将影响覆冰的形状和覆冰的类型，所检索的输电线路覆冰及融冰数学模型都要考虑风速和风向的因素[49-51]。

1.3.2 导线覆冰预测方法

电网覆冰预测可以提高覆冰灾害防治效率，降低电网覆冰灾害损失，是业内非常重要的研究方向之一。覆冰预测包括长期预测、中期预测和短期预测。长期预测是指提前一个月的输电线路冰灾预测，中期预测是提前3天的输电线路覆冰过程预测，短期预测是提前3天的输电线路覆冰厚度预测。

业内学者采用数理统计分析法研究了输电线路覆冰长期预测的基本方法，所采用的数理统计分析法包括相关系数与置信度、支持向量机(Support Vector Machine，SVM)、神经网络、模糊隶属度、重现期计算方法等[52]。应用上述研究方法，取得的主要研究成果包括：①亚洲极涡是我国南方冷空气主要来源，亚洲极涡面积越大，我国南方冬季冷空气越强，越容易发生覆冰灾害；②西太平洋副热带高压是影响我国气候的重要暖气流，冬季西太平洋副高越强，我国气候越温暖，发生覆冰灾害的可能性越小[53,54]；③地形对冬季冻雨的形成有非常重要的影响，输电线路覆冰程度与地形结构和山脉走向相关，输电线路重灾区主要发生在我国国内东北—西南走向的迎风面[55]；④太阳黑子活动影响地球大气运动，严重覆冰灾害往往发生在太阳黑子活动的极值年或极值年前后几年；⑤厄尔尼诺和拉尼娜现象将影响大气环流，发生严重覆冰灾害的年份，冬季前都会出现厄尔尼诺或拉尼娜现象；⑥夏季干旱与冬季覆冰有正相关关系，发生严重覆冰的年份，往往在夏季干旱之后；⑦亚洲的大气环流与我国输电线路覆冰有密切关系，当亚洲大气经向环流指数大，纬向环流指数小时，我国容易发生严重覆冰灾害；⑧当太阳黑子活跃、厄尔尼诺和拉尼娜现象、旱涝、极涡、副热带高压、经向环流指数等因素中的几个同时出现时，我国东北—西南走向的迎风面地区容易发生严重覆冰灾害，这种现象被称为“日地气耦合”电网覆冰规律[56]。

输电线路覆冰中的短期预报手段有气象形势预报和数值计算预报两种。

气象形势预报技术主要影响因素有：①如果在冬季形成“乌拉尔山阻塞高压+横槽”大气环流，未来7～10天内，我国南方将有冷空气过境，将有可能发生覆冰灾害；②当蒙古冷高压南下时，我国南方可能会发生冰冻天气，导致输电线路覆冰；③亚洲极涡面积迅速增大时，将使我国大面积降温，可能会导致南方覆冰；④当南支槽波动出现的频率较高时，江南地区可能会发生长时间阴雨天气，容易引起输电线路覆冰。

中短期数值计算预报技术主要影响因素有：①当大气出现逆温层时，容易形成冻雨，导致输电线路覆冰，逆温层越厚，覆冰范围越广；②输电线路覆冰与风速相关，存在覆冰厚度增速最大的风速极值，当风速小于极值时，覆冰厚度增速与风速成正相关，当风速大于极值时，覆冰厚度增速与风速成逆相关；③覆冰与架设输电线路的地形相关，风口、迎风坡、突出山体等地形更容易覆冰。

1.3.3 防冰方法

防冰技术是指在输电线路未覆冰之前采取措施，干扰输电线路覆冰条件，防止输电线路覆冰发生的相关技术。目前，研究中的主要防冰技术有涂防冰涂料和临界电流防冰技术两种。

涂防冰涂料，是指在输电导线表面涂上一层憎水(冰)性涂料，破坏水在输电线附着的条件，但该技术目前处于研究阶段，暂时没有可用于工程应用的防冰涂料[57]。临界电流防冰，是在输电线中流过可以使输电线路不覆冰的最小电流，当输电线通过该电流时，将导致输电线产生焦耳热，所产生的焦耳热破坏结冰条件，使得导线没法覆冰[58]。陈及时[59]、刘和云[60]等学者对临界电流计算公式和计算方法进行了研究，但是由于临界电流大小受气温、气压、风速、导线型号等因素的影响，计算方法非常复杂，能耗非常高，暂时没有工程应用实例。

1.3.4 融冰方法

融冰方法是使导线升温，将冰融化使其脱落的方法。目前，研究的主要融冰方法有直流短路融冰法、交流短路融冰法、高频电流融冰法、激光融冰法、分裂导线融冰法等，而工程应用的融冰方法主要有直流短路融冰法和交流短路融冰法。

1.3.4.1 直流短路融冰法

这种方法是将两相输电导线的一端短路，另一端加入直流电源，在直流电源作用下，输电导线流过电流，产生焦耳热，使得导线覆冰升温融化并脱落。

早在1972年，苏联采用直流融冰技术进行了500 kV输电线路的融冰[61]。2005年，AREVA公司与加拿大的魁北克水电公司合作开发了直流短路融冰装置，并将其用于745 kV输电线路融冰和315 kV输电线路融冰[62]。

2008年，我国发生大面积严重电网冰灾后，南方电网公司和国家电网公司投入了大量的人力、物力和财力进行直流融冰技术的研究，成功研制了移动式直流融冰装置和固定式直流融冰装置[63]。固定式直流融冰装置用于安装在变电站，其融冰功率大，作用范围广。移动式直流融冰装置使用灵活，但融冰功率小，作用范围小。直流融冰装置研发成功后，南方电网公司安装了多套移动式直流融冰装置和固定式直流融冰装置，用于广东、广西、云南和贵州电网的融冰工作。

1.3.4.2 交流短路融冰法

如果将直流短路融冰法的电源换成交流电源，便成为交流短路融冰法。交流短路融冰法可以使用系统电源工作，比直流短路融冰法更加方便。但是由于输电线路感抗的存在，交流短路融冰法需要提供大量的无功功率[64]。

早在20世纪50年代，苏联巴什基尔电网就安装了可大范围调节电流的融冰装置，有效实施了巴什基尔电网融冰和防冰[65]。20世纪70年代，加拿大Manitoba Hydro公司在33 kV、66 kV和115 kV等级的输电线路上安装了交流短路融冰装置[66]。1982年，美国也采用交流短路融冰技术对覆冰线路实施融冰。

自20世纪70年代以来，我国就开始采用交流短路融冰法对严重覆冰输电线路实施融冰，有效防止了部分冰灾[67]。2008年，湖南电网对多条输电线路进行了二十多次交流短路融冰，保障了所融冰线路的安全[68]。

1.3.4.3 高频电流融冰法

冰介质是有损介质，当覆冰的输电导线流过8～200 kHz的高频电流时，该高频电流将产生很强的电磁场，强电磁场穿过冰层时，导致冰层介质损耗增大，其损耗转换为热能，融化输电导线的覆冰。此外，由于导线集肤效应，在相同电流作用下，高频电流比低频电流产生的焦耳热要多。采用高频电流融冰的方法叫高频电流融冰法[69]。由于使高频电流融冰法效果较好的频率范围为20～150 kHz，这一频率强电磁场将对通信造成严重干扰[70]，并产生电磁污染，而且电源设计难度很大，因此目前还没有工程应用实例。

1.3.4.4 激光融冰法

激光具有方向性好、定向能量传输效率高的优点。当多束激光照射在覆冰输电线上时，可将能量也聚集在覆冰输电线上，多束激光的能量可以使覆冰输电线发热并将冰融化[71]。这种融冰方法被称为激光融冰法。由于激光器制造成本高，融冰损耗能量大，激光融冰法目前难以在工程应用中推广。

1.3.4.5 分裂导线融冰法

分裂导线融冰法，是指改变同相子导线之间的连接形式，从而增加各子导线的电流，使得子导线焦耳热功率增加，以实施融冰的方法。目前，分裂导线融冰法主要有两种：分裂导线重构技术和可控分裂数导线技术。分裂导线融冰方法，目前尚处于理论和实验研究阶段，暂时没有检索到工程应用的例子。

（1）分裂导线重构技术。

正常工作时，同相 n 分裂导线的各子导线是并联的，如果将同相各子导线的并联关系转变为串联关系进行重构，则重构导线的截面积为正常工作导线截面积的 n 分之一，重构导线的导线长度为重构前分裂导线的 n 倍，单根子导线上传输的电流变成重构前子导线电流的 n 倍。截面积减少以及长度增加，使整条重构导线的的电阻为重构前分裂导线的 n^2倍，因此，重构分裂导线产生的焦耳热为重构前分裂导线的 n^3倍[72]。

（2）可控分裂数导线技术。

如果在分裂导线各子导线上接入可控的开关电路，只接入 n 分裂导线的一根子导线的开关，则接入开关的子导线电流为正常工作电流的 n 倍，焦耳热也为工作电流的 n 倍。与分裂导线重构技术相比，可控分裂数导线技术的优点是可以在线实时工作，缺点是融冰焦耳热低，且由于没有接入的子导线流过的电流为零，当一根子导线融冰时，其他子导线更容易结冰[73]。

1.3.5 除冰方法

除冰技术主要有机器人除冰、人工除冰以及除冰机器人技术。

最早的除冰方法是电力工人采用绝缘棒人工敲击覆冰线路，使得输电线路振动，导致覆冰脆性失效而脱落[74]。Polhman 等[67]提出了使用人工、猎枪或直升机等设备的 AD HOC 外力敲打除冰法，这种方法效果不好，而且不安全。1993 年，加拿大 Manitoba 水电局[75]提出一种滑轮刮铲法，即在覆冰输电线上挂一个连着牵引绳的滑轮刮铲，地面工作人员拉动牵引绳，在人工牵引下，通过移动滑轮刮铲铲除电线上的覆冰，这种方法效率比较低，用于分裂导线比较困难。

随着人工智能技术的发展，机器人技术在输电线路中的应用越来越多。目前，机器人主要用于输电线路的巡检[76]。因为除冰机器人工作环境恶劣，其功能、动力、通信等方面设计难度都比巡检机器人大很多，所以目前还没有可以在工程应用中推广的产品。2000 年，加拿大魁北克水电研究院开始研制除冰机器人[77]，可适用于各种直径的导线除冰，但没有越障能力，只能用于两线塔之间的除冰。山东电力研究院与加拿大魁北克水电研究院合作，对其除冰机器人做了技术改进，但仍不能越障。湖南大学在国家重大研究专项的资助下，与国防科技大学、武汉大学和山东大学等多家单位共同开展了除冰机器人研究，但仍然处于研发阶段，尚无可以工程应用的成果出现[78]。

1.3.6 现有防冰融冰方法存在的问题

输电线路冰暴灾害问题由来已久，也是各国必须面对的问题。如果采用提高输电线路强度的方法抗冰，将大大增加建设投资成本，而且这种增加的成本比偶尔发生冰暴灾害的损失大很多，因此，采用合适的防冰、融冰、除冰方法，是目前最经济可行的。现有研究成果中，防冰技术基本没法工程应用。工程应用的除冰方法主要有“AD HOC”外力敲打法、冰铲除冰等方法，由于需要人工进入除冰地点，在山区实施难度很大。因此，目前广泛使用的是交流短路融冰法和直流短路融冰法。但是，实施交流短路融冰法和直流短路融冰法只能在停电的状态下实施，输电线路必须退出运行。输电线路覆冰时期往往是一年内最寒冷的时候，处于一年内的用电高峰，当需要融冰的输电线路退出运行，将加剧电力系统供需矛盾，并对电力系统安全运行造成影响。

综上所述，输电线路防冰融冰技术是目前业内普遍关注的技术，目前尚未检索到可以工程应用并推广的在线实时防冰融冰方法。在线实时防冰融冰技术可在不影响电网正常供电的情况下实现防冰与融冰，有效避免了因覆冰造成的不利影响。发展可以工程应用的在线实时融冰新技术和新方法，对于输电线路安全运行有着重要意义，具有重要的社会价值和经济价值。

2 自制热导线模型

2.1 自制热导线基本原理

输电导线一般采用钢芯铝绞线，由中心的钢线和外层的铝绞线组成，钢芯提供导线所需的承载力，铝绞线则用于传送电能。若将钢芯和铝绞线之间加入高分子导电制热材料，并在钢芯和铝绞线之间施加电源，高分子导电制热材料在电源作用下产生热量，即可用于防冰与融冰。本文将这种具备自制热功能的输电导线称为自制热输电导线，并简称自制热导线。

2.1.1 导线结构

自制热导线的结构与同轴电缆类似，如图 2.1 所示。图 2.1(a)为同轴电缆的结构示意图，外导体和内导体之间有介质层。输电导线由钢芯和铝绞线构成，若将同轴电缆的外导体视为输电导线的铝绞线，内导体视为输电导线的钢芯，介质层用高分子导电制热材料替换，就构成了一种具有自制热功能的输电导线，命名为“自制热导线”，如图 2.1(b)所示。

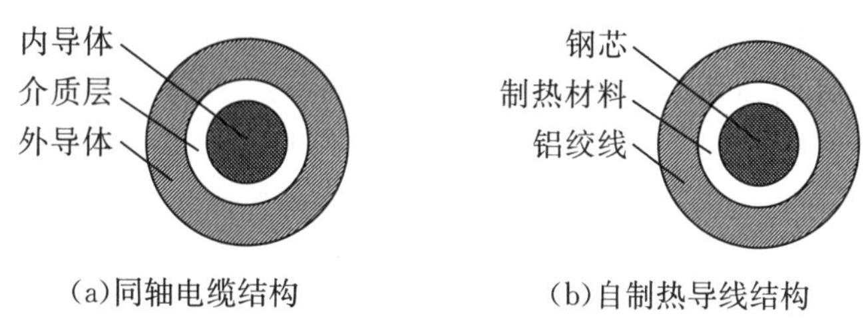

(a)同轴电缆结构　　(b)自制热导线结构

图 2.1　自制热导线与同轴电缆结构对比

无需融冰作业时，将钢芯与铝绞线短路，自制热导线与现有普通输电导线表现出同样的性能。而需防冰或融冰作业时，铝绞线作为输电导线，钢芯作为融冰导线。钢芯与铝绞线之间接入制热电源，制热材料将电能转化为热能而发热，破坏结冰条件，避免导线覆冰，实现防冰功能。当输电导线覆冰时，制热电源为自制热导线提供电能，自制热导线将电能转换为热能实施融冰工作。

2.1.2 防冰融冰输电装置设计

“基于自制热导线的在线实时防冰融冰技术”实现的关键之一是制热电源的供给，即需要研发一种可以在钢芯和铝绞线之间产生电压差的部件。若在输电变压器的二次侧设计两个绕组，一个提供制热电源，另一个提供输电电源，就构成了融合制热电源的输电变压器，本文称之为“防冰融冰输电装置”，其结构如图 2.2 所示。将图 2.2 中提供制热电源的绕组称为防冰融冰绕组，提供输电电源的绕组称为输电绕组，防冰融冰绕组的输出端分别与钢芯和铝绞线相连，输电绕组输出端则连接在铝绞线和地线上。防冰融冰绕组输出电源作用于自制热导线的制热材料，使得制热材料发热，实施防冰和融冰。

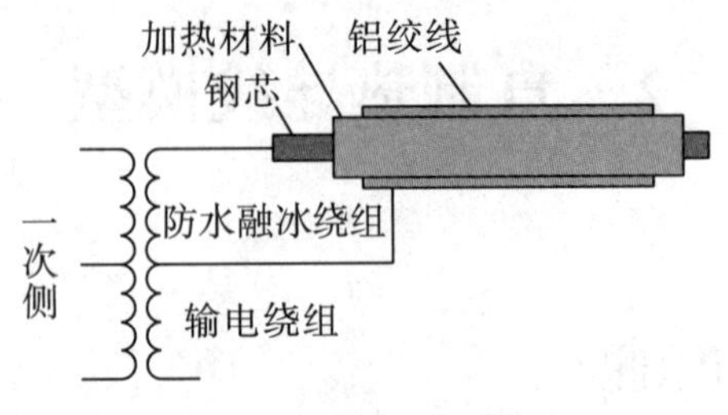

图 2.2　防冰融冰输电装置结构

2.1.3　不同结构自制热导线设计

中华人民共和国国家标准《铝绞线及钢芯铝绞线》(GB1179—1983)定义了多种钢芯铝绞线结构，根据该标准，给出一些设计实例。这些实例中，包括内导体仅为钢芯的设计方式，也有内导体为钢芯外包铝绞线的设计方式，各种结构设计方法如图 2.3 所示。可以看出，通过不同结构设计，可以合理分配内外导体的截面积。由于在正常工作时，外导体与内导体都参与输电工作，而防冰融冰工作时，内导体和外导体构成回路，回路最大电流取决于内外导体最小承受电流。因此，合理分配内外导体的面积，有助于提高自制热导体的防冰融冰电流设计。

图 2.3(a)是外导体为 6 根铝绞线的自制热导线结构示意图。其中，3－1、3－2、3－3、3－4、3－5、3－6 为外导体的 6 根铝绞线，共同构成了外导体。内导体为原有钢芯铝绞线结构中的钢芯。高分子导电制热材料填充在内导体和外导体中间。

图 2.3(b)是外导体为 18 根铝绞线的自制热导线结构示意图。其中，3－1、3－2、3－3、3－4、3－5、3－6 为外导体内圈的 6 根铝绞线，4－1、4－2、4－3、4－4、4－5、4－6、4－7、4－8、4－9、4－10、4－11、4－12 为外导体外圈的 12 根铝绞线。内导体为原有钢芯铝绞线结构中的钢芯。高分子导电制热材料填充在内导体和外导体中间。

图 2.3(c)是外导体为 12 根铝绞线的自制热导线结构示意图。其中，1 为钢芯，3－1、3－2、3－3、3－4、3－5、3－6 为紧贴钢芯的铝绞线，钢芯和紧贴钢芯的铝绞线组成了内导体。最外边的 12 根铝绞线 4－1、4－2、4－3、4－4、4－5、4－6、4－7、4－8、4－9、4－10、4－11、4－12 组成了外导体。内导体和外导体之间填充高分子导电制热材料。

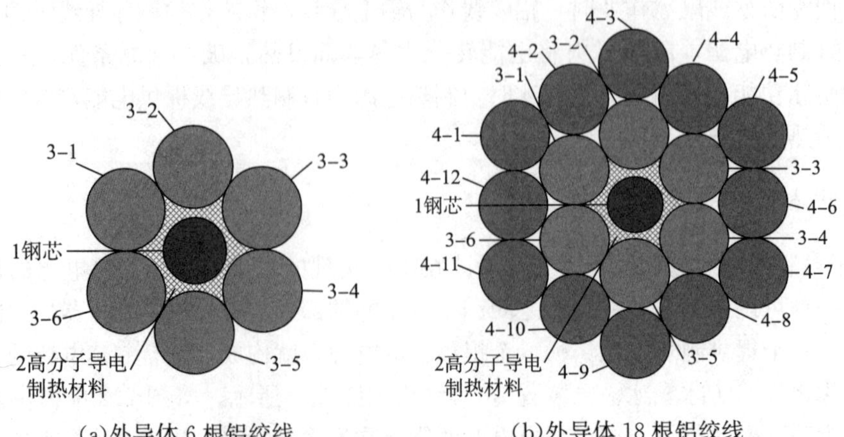

(a)外导体 6 根铝绞线　　(b)外导体 18 根铝绞线

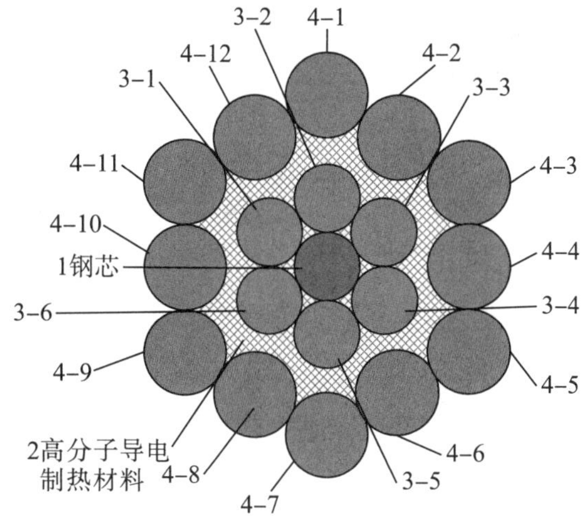

(c)外导体为12根铝绞线

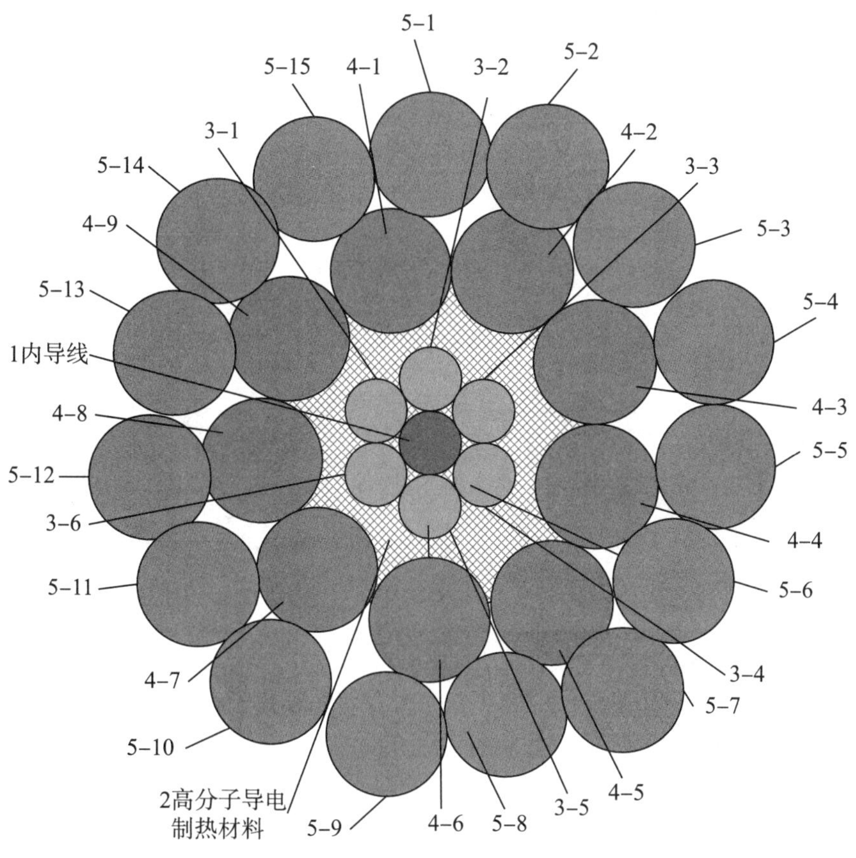

(d)外导体为24根铝绞线

图2.3　不同结构设计的自制热导线

图2.3(d)是外导体为24根铝绞线的自制热导线结构示意图。其中，1为钢芯，3−1、3−2、3−3、3−4、3−5、3−6为紧贴钢芯的铝绞线，钢芯和紧贴钢芯的铝绞线组成了内导体。4−1、4−2、4−3、4−4、4−5、4−6、4−7、4−8、4−9为外导体内圈的9根铝绞线，5−1、5−2、5−3、5−4、5−5、5−6、5−7、5−8、5−9、5−10、5−11、5−12、

5－13、5－14、5－15 为外导体外圈的 15 根铝绞线，这 24 根铝绞线组成了外导体。内导体和外导体之间填充高分子导电制热材料。

2.1.4 制热材料的分布方式

制热材料可以连续分布，也可以间断分布。制热材料连续分布和间断分布的设计方法如下所述。

2.1.4.1 制热材料连续分布设计方法

制热材料连续分布如图 2.4 所示。从图 2.4 可以看出，制热材料贯穿在内导体和外导体之间。

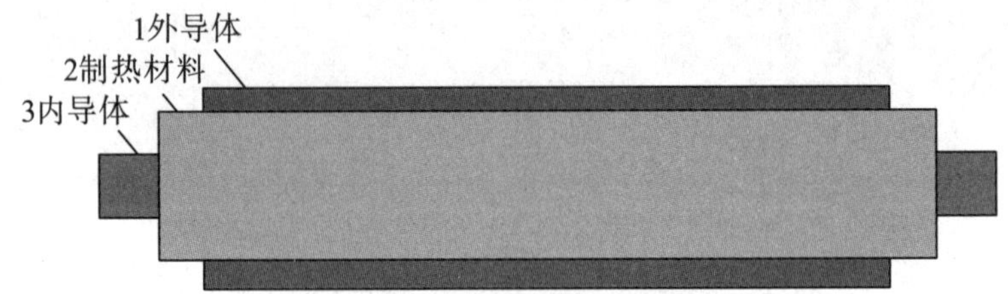

图 2.4 制热材料连续分布示意图

2.1.4.2 制热材料间断分布设计方法

制热材料间断分布如图 2.5 所示。利用间断式设计结构，可以调整导线相关参数。

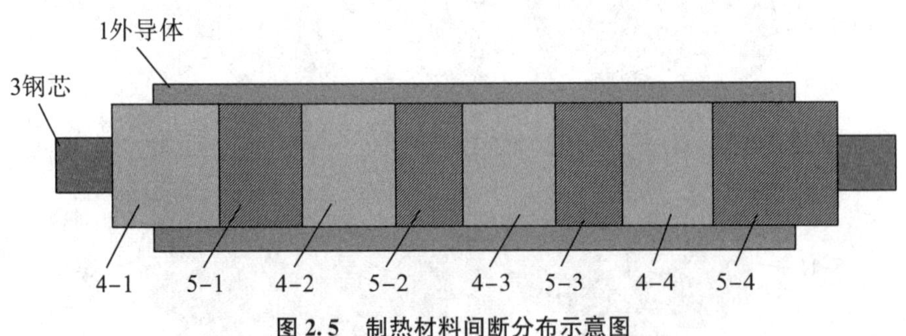

图 2.5 制热材料间断分布示意图

图 2.5 中，4－1、4－2、4－3、4－4 为间断分布的制热材料，呈管状。图中实例为四段，实际根据需要数量可以任意间断分布。5－1、5－2、5－3、5－4 为间断分布的轻质绝缘材料，呈管状。图中实例为四段。

2.2 连续分布自制热导线等效电路模型

2.2.1 总体模型

连续分布自制热导线设计如图 2.4 所示。参照图 2.1 的模型，根据同轴电缆基本理论建立的自制热导线等效电路模型如图 2.6 所示，为双端口模型。其为串联电阻 R_S 和电感 L_S 串联、并联电阻 R_P 和电容 C_P 并联的结构。串联电阻和电感由钢芯与铝绞线产生，并联电阻由制热材料产生，电容由内导体、外导体以及内外导体之间的介质所产生。因在直流或交流电源下呈现不同的串联电阻模型，电阻模型需分直流模型和交流模型分别讨论，对应的电阻分别用 R_z 和 R_j 来表示。

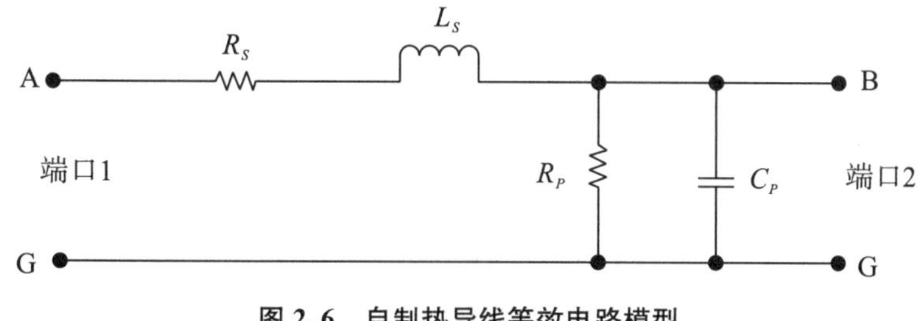

图 2.6 自制热导线等效电路模型

2.2.2 串联电阻

当自制热导线分别接直流或交流电源时，将呈现不同的串联电阻模型。因此，串联电阻模型需分直流电阻和交流电阻分别讨论。

2.2.2.1 直流电阻

自制热导线的直流电阻模型由钢芯直流电阻 R_{zg}、铝绞线直流电阻 R_{zl} 和制热材料电阻 R_h 相加而成，其中，钢芯直流电阻和铝绞线直流电阻为串联电阻，制热材料电阻为并联电阻。直流电阻计算方法如式(2－1)所示。

$$\begin{cases} R_z = R_{zg} + R_{zl} + R_h \\ R_{zg} = L_e \cdot R_{zn} \\ R_{zl} = L_e \cdot R_{zw} \\ R_h = \dfrac{R_d}{L_e} \\ R_{zn} = \dfrac{4\rho_n}{\pi d^2} \\ R_{zw} = \dfrac{\rho_w}{\pi(D+h)h} \end{cases} \tag{2－1}$$

式中，R_z 为直流串联电阻，Ω；R_{zg} 为钢芯直流电阻，Ω；R_{zl} 为铝绞线直流电阻，Ω；R_h 为制热材料电阻，Ω；R_{zn} 为单位长度钢芯直流电阻，Ω/km；R_{zw} 为单位长度铝绞线直流电阻，Ω/km；R_d 为单位长度制热材料电阻，Ω/km；L_e 为自制热导线长度，km；ρ_n 为钢芯电阻率，Ω·mm²/km；ρ_w 为铝绞线电阻率，Ω·mm²/km；d 为钢芯直径，mm；D 为铝绞线内径，mm；h 为铝绞线厚度，mm。

式(2－1)中电阻率计算公式如式(2－2)所示。

$$\rho_t = \rho_{20}[1 + K_{20}(t - 20)] \tag{2－2}$$

式中，K_{20} 为相对于 20℃的钢芯或铝绞线电阻率温度系数；t 为温度，℃；ρ_t 为当温度为 t 时的电阻率，Ω·mm²/km；ρ_{20} 为当温度为 20℃时的电阻率，Ω·mm²/km。

2.2.2.2 交流电阻

交流电阻模型由钢芯交流电阻 R_{jg}、铝绞线交流电阻 R_{jl} 和制热材料电阻 R_h 相加而成，其中，钢芯交流电阻和铝绞线交流电阻属于串联电阻，制热材料电阻为并联电阻。交流电阻计算方法如式(2－3)所示。

$$\begin{cases} R_j = R_{jg} + R_{jl} + R_h \\ R_{jg} = L_e \cdot R_{jn} \\ R_{jl} = L_e \cdot R_{jw} \\ R_{jn} = \dfrac{\rho_n}{\pi d^2} + \sqrt{\dfrac{f}{\pi}} \cdot \dfrac{\sqrt{\mu_n \rho_n}}{d} \\ R_{jw} = \sqrt{\dfrac{f}{\pi}} \cdot \dfrac{\sqrt{\mu_w \rho_w}}{D} \end{cases} \tag{2-3}$$

式中，R_j为交流串联电阻，Ω；R_{jg}为钢芯交流电阻，Ω；R_{jl}为铝绞线交流电阻，Ω；R_{jn}为单位长度钢芯交流电阻，Ω/km；R_{jw}为单位长度铝绞线交流电阻，Ω/km；μ_n为内导体材料磁导率，H/km；μ_w为外导体材料磁导率，H/km；L_e为自制热导线长度，km；f为交流电频率；ρ_n为钢芯电阻率，Ω·mm²/km；ρ_w为铝绞线电阻率，Ω·mm²/km。

2.2.3 串联电感

自制热导线的电感L由内导体中的自感L_n、外导体中的自感L_w和内外导体间的自感L_i组成，计算如式(2－4)所示。其中，L_n、L_w和L_i根据式(2－5)来确定。

$$L = L_n + L_w + L_i \tag{2-4}$$

$$\begin{cases} L_n = L_e \cdot \sqrt{\dfrac{\mu_n \rho_n}{4\pi^3}} \cdot \dfrac{1}{d\sqrt{f}} \\ L_w = L_e \cdot \sqrt{\dfrac{\mu_w \rho_w}{4\pi^3}} \cdot \dfrac{1}{D\sqrt{f}} \\ L_i = L_e \cdot \dfrac{\mu_i}{2\pi} \cdot \ln \dfrac{D}{d} \end{cases} \tag{2-5}$$

式中，$\mu_i = \mu_{ir}\mu_0$；μ_{ir}为绝缘介质相对磁导率。

2.2.4 并联电容

并联电容计算方法如式(2－6)所示。

$$C = L_e \cdot \frac{2\pi\varepsilon}{\ln \dfrac{D}{d}} \tag{2-6}$$

式中，$\varepsilon = \varepsilon_r \varepsilon_0$；$\varepsilon_r$为发热材料相对等效介电常数；$\varepsilon_0$为真空节点常数，其值为$1/(36\pi \times 10^6)$F/km。

结合公式(2－1)～(2－6)和图2.6，可以得到连续分布自制热导线的等效电路模型中的各相关参数。

2.3 间断分布自制热导线等效电路模型

图2.4和图2.5展示了两种不同的制热材料分布形式。对比图2.4所示的连续分布自

制热导线，间断分布自制热导线的变化只有制热材料的分布变化，其他都一样。所以，在连续分布自制热导线等效电路模型基础上，更换跟制热材料相关的部分，就能得到间断分布自制热导线的等效电路模型。

与连续分布自制热导线一样，间断分布自制热导线的等效电路模型如图 2.6 所示。在间断式分布中，假设制热材料：绝缘材料的长度比例为 $k:1$，绝缘材料单位长度电阻为 ∞，绝缘材料的相对等效介电常数为 ε_n。

2.3.1　串联电阻

2.3.1.1　直流电阻

直流电阻中，钢芯直流电阻和铝绞线直流电阻与连续式自融冰电缆相同；但是，由于间断式分布与连续式分布的制热材料不同，单位长度制热材料电阻不再是 R_d，而是绝缘材料和制热材料共同作用的结果。设绝缘材料与制热材料共同作用的电阻为 R_n，则 R_n 计算方法如式(2－7)所示。

$$R_n = R_d \cdot \frac{1+k}{k} \tag{2-7}$$

因此，间断式分布直流电阻计算如式(2－8)所示。

$$\begin{cases} R_z = R_{zg} + R_{zl} + R_h \\ R_{zg} = L_e \cdot R_{zn} \\ R_{zl} = L_e \cdot R_{zw} \\ R_h = \dfrac{R_d}{L_e} \cdot \dfrac{1+k}{k} \\ R_{zn} = \dfrac{4\rho_n}{\pi d^2} \\ R_{zw} = \dfrac{\rho_w}{\pi(D+h)h} \end{cases} \tag{2-8}$$

2.3.1.2　交流电阻

与直流电阻分析方法相同，由于制热材料分布发生了变化，单位长度制热材料电阻的变化与直流电阻相同。因此，间断式分布交流电阻计算方法如式(2－3)所示，但是式中的 R_h 需换成式(2－8)的计算方法。

2.3.2　串联电感

与连续分布自制热导线的分析方法类似，间断分布自制热导线的电感 L 由内导体中的自感 L_n、外导体中的自感 L_w 和内外导体间的自感 L_i 组成，如式(2－4)所示，L_n、L_w 和 L_i 根据式(2－5)来确定。由于间断分布自制热导线的内导体中的自感 L_n、外导体中的自感 L_w 与连续分布自制热导线是一样的，而内外导体间的自感 L_i 取决于绝缘介质的磁导率，这个参数在间断分布和连续分布自制热导线中都是 1，因此间断分布自制热导线的串联电感与连续分布自制热导线的串联电感相同。

2.3.3 并联电容

由于自制热导线的电容属于并联关系，间断分布自制热导线任意切断再以任意顺序拼接后，电容不变。基于这一原理，对于$(k+1)$m 的间断分布自制热导线，其电容等于k m 连续分布自制热导线的电容加上 1 m 中间介质为绝缘材料的同轴电缆的电容。

根据式(2－6)，k m 连续式自制热导线的电容C_k的计算如式(2－9)所示。

$$C_k = k \cdot \frac{2\pi\varepsilon_r\varepsilon_0}{\ln\frac{D}{d}} \tag{2-9}$$

1 m 中间介质为绝缘材料的同轴电缆的电容C_1的计算如式(2－10)所示。

$$C_1 = \frac{2\pi\varepsilon_n\varepsilon_0}{\ln\frac{D}{d}} \tag{2-10}$$

因此，$(k+1)$m 的间断式自制热导线的电容值的计算如式(2－11)所示。

$$C = C_k + C_1 = k \cdot \frac{2\pi\varepsilon_r\varepsilon_0}{\ln\frac{D}{d}} + \frac{2\pi\varepsilon_n\varepsilon_0}{\ln\frac{D}{d}} = \frac{2\pi\varepsilon_0}{\ln\frac{D}{d}}(k\varepsilon_r + \varepsilon_n) \tag{2-11}$$

长为L_g的间断分布自制热导线的电容值的计算如式(2－12)所示。

$$C = \frac{L_g}{k+1} \cdot \frac{2\pi\varepsilon_0}{\ln\frac{D}{d}}(k\varepsilon_r + \varepsilon_n) \tag{2-12}$$

2.4 分段融冰及地线融冰方法

钢芯和铝绞线有不同电阻，自热材料有电流经过，融冰电压传输一段距离后将产生压降，因此，不同位置的自制热导线的融冰电压不同。当融冰装置输出直流电压时，离融冰装置越远的地方，外导体和内导体之间压降越小，导致离融冰装置越远的地方制热材料上的融冰功率越小。此外，由于不同的地段有不同的气候状态，同一条输电线路上，不同的位置有不同的覆冰状态，需要不同的融冰功率。基于上述原因，本文提出两种解决方法：分段防冰融冰控制和电阻分段递减。

2.4.1 分段防冰融冰控制

根据上述分析，不同地段的导线需要不同的防冰融冰控制，这里对不同位置的导线采用不同的防冰融冰控制方法，如图 2.7 所示。

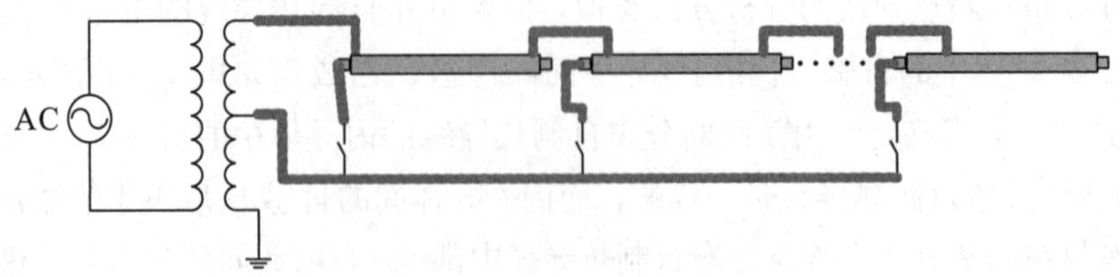

图 2.7　分段防冰融冰控制

图 2.7 中，输电导线由多段输电线组成，输电防冰融冰装置输出输电电源和制热电源，在相邻的输电线处，使所有输电线外导体都短接，并连接到输电融冰装置的输电端，实现输电功能。

输电融冰装置的制热电源，连接到制热电源线，各段自制热导线的内导体通过开关连接到制热电源线上。控制各开关的通断时间，可以分段控制自制热导线的融冰功率，达到分段控制融冰导线融冰的目的。

分段防冰融冰控制需要一根输出制热电源的导线，而输出制热电源的导线也有可能覆冰。解决方法是通过加大输出制热电源导线电阻的方法，使得该导线在输出制热电源过程中，保证自身有足够焦耳热而不会结冰。

2.4.2 电阻分段递减

由于钢芯电阻率较大，防冰融冰输出电源经过的距离越长，钢芯上的压降越大，钢芯与铝绞线之间的电压差越小。制热材料消耗的功率为电压的平方除以电阻，如果制热材料在各处的电阻相同，则离防冰融冰输出电源越远的地方，由于电压越小，制热材料消耗的功率越小，从而产生的热量越小。通过电阻分段递减的方式，可以解决这一问题，如图 2.8 所示。

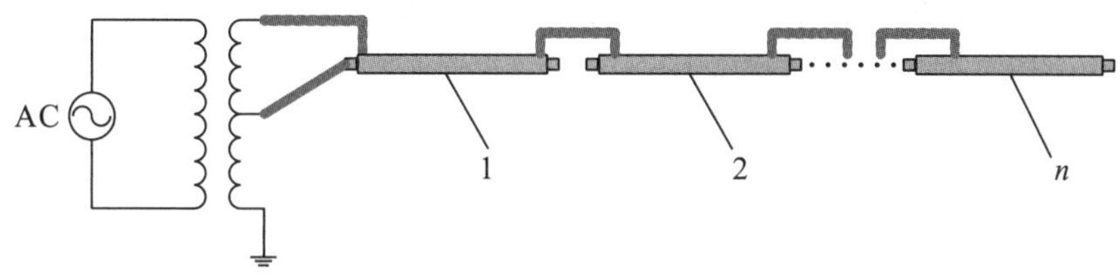

图 2.8 电阻分段递减

图 2.8 中，自制热导线 1 离防冰融冰输电装置最近，其制热材料电阻率最高；自制热导线 n 离防冰融冰输电装置最远，其制热材料电阻率最低；从离防冰融冰输电装置最近的自制热导线到离防冰融冰输电装置最远的自制热导线，制热材料电阻率依次递减，导致电阻依次递减，自制热导线各处功率基本一致，产生的热量也基本相同。

2.4.3 双端电源制热

分段防冰融冰控制需另外加一条制热电源导线，电阻分段递减需不同型号的导线，其在工程应用中各自存在不同的问题。如果从自融冰导线的两端分别加入制热电源，对于因钢芯电阻率太高导致的功率分配不均匀的问题有望得到改善。从两端分别加入制热电源的方式，本文称为双端电源制热工作模式，如图 2.9 所示。

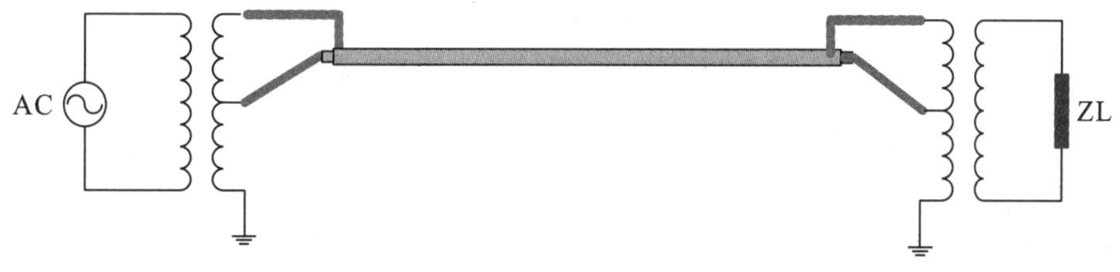

图 2.9 双端电源制热工作模式

2.5 防冰融冰模型

2.5.1 建模思路

本文思路是通过加在制热材料上的制热电源，将电能转换为热能实施防冰融冰作业。因为可以实时在线融冰，输电导线的覆冰将非常少，可不考虑覆冰实际形状。导线覆冰将均匀分布在输电导线表面，因此，将覆冰当作均匀圆柱体来分析。由于覆冰很少，不考虑融冰时因自重下降导致覆冰不完全包裹的数学模型，将融冰时自重因素对融冰功率的影响用自重影响因子来描述。因此，本文防冰融冰模型如下：

（1）导线覆冰为均匀圆柱体，形状因素对模型的影响用影响因子 k_1来表示。

（2）融冰过程以水平导线建模，导线倾斜的影响用影响因子 k_2来表示。

（3）新结的冰用 15 分钟内的覆冰预测结果。

（4）风速、振动对融冰的影响用影响因子 k_3来表示。

（5）融冰过程融化的水将通过空隙流失。

（6）融冰自重的因素用影响因子 k_4来表示。

可见，防冰融冰模型在将覆冰看作均匀圆柱体的基础上，将其他各种因素对防冰融冰的影响用影响因子表示。上述各种影响因子都会使得融冰所需功率减少，因此，影响因子都小于 1。设均匀圆柱体所需融冰功率为 W_c，考虑上述影响因子，实际融冰功率为 W_a，则有

$$W_a = k_1 k_2 k_3 k_4 W_c \tag{2-13}$$

将 k_1、k_2、k_3、k_4 用融冰综合影响因子 k_s表示，则融冰综合影响因子为：

$$k_s = k_1 k_2 k_3 k_4 \tag{2-14}$$

式(2－13)变为

$$W_a = k_s W_c \tag{2-15}$$

2.5.2 防冰方法及热学模型

设图 2.1(b)所示自制热导线截面尺寸如图 2.10 所示，

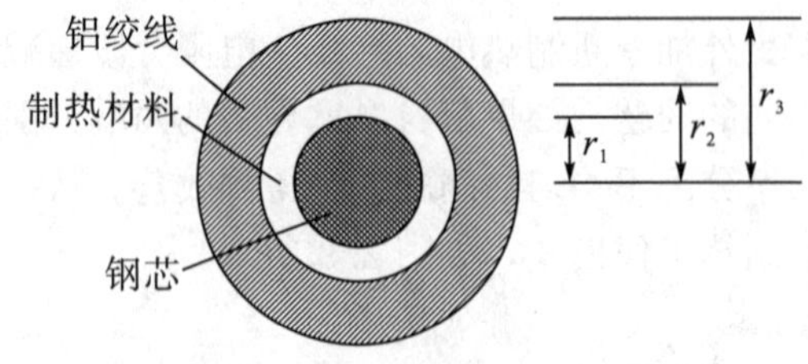

图 2.10 自制热导线截面尺寸示意图

图 2.10 中，r_1 表示钢芯的半径，r_2 表示高分子导电制热材料包裹钢芯后的半径，r_3 表示铝绞线包裹高分子导电制热材料后整个导线的半径。此外，设钢芯的比热容为 c_1，制热材料的比热容为 c_2，铝绞线的比热容为 c_3；钢芯的密度为 ρ_1，制热材料的密度为 ρ_2，铝绞线的密度为 ρ_3。

本文 2.5.2 和 2.5.3 节计算的热量，是指单位长度 1 m 的导线需要的热量；与体积相关的运算，其结果为截面积与 1 的乘积，并可以直接写成截面积。

防冰过程分为升温和保温两个阶段。升温阶段是指将导线从现有温度加热升至 1℃的阶段；保温阶段是指将导线温度升到 1℃后保持导线温度为 1℃的阶段，避免导线覆冰。

2.5.2.1 升温阶段

当导线温度低于 1℃时，导线属于升温阶段。升温阶段需要考虑的防冰热量有三部分：导线升温到 1℃需要的热量、导线融解 15 分钟内预测结冰需要的热量和导线外的对流传热。

(1) 导线升温需要的热量计算。

导线升温需要的热量，是指导线温度从当前温度上升到 1℃所需要的热量，当导线温度低于 −1℃时，取所计算导线升温到 1℃所需要的热量的一半；当导线温度高于 −1℃但低于 1℃时，取导线从 0℃升温到 1℃需要的热量。

在加热升温前，导线中的钢芯、制热材料、铝绞线具有相同的温度。设导线温度为 t_1，$t_1 < -1$℃，导线升温到 1℃需要的热量为钢芯升温需要的热量 Q_{1t}、制热材料升温需要的热量 Q_{2t}、铝绞线升温需要的热量 Q_{3t}之和。Q_{1t}、Q_{2t}、Q_{3t}的计算如式(2−16)所示。

$$\begin{cases} Q_{1t} = c_1\rho_1\pi r_1^2(1-t_1)\cdot 1 \\ Q_{2t} = c_2\rho_2\pi(r_2^2-r_1^2)(1-t_1)\cdot 1 \\ Q_{3t} = c_3\rho_3\pi(r_3^2-r_2^2)(1-t_1)\cdot 1 \end{cases} \tag{2-16}$$

设导线从 0℃升温到 1℃，钢芯升温需要的热量为 Q_{11}、制热材料升温需要的热量为 Q_{21}、铝绞线升温需要的热量为 Q_{31}，则 Q_{11}、Q_{21}、Q_{31}的计算如式(2−17)所示。

$$\begin{cases} Q_{11} = c_1\rho_1\pi r_1^2\cdot 1 \\ Q_{21} = c_2\rho_2\pi(r_2^2-r_1^2)\cdot 1 \\ Q_{31} = c_3\rho_3\pi(r_3^2-r_2^2)\cdot 1 \end{cases} \tag{2-17}$$

导线升温阶段热量用 Q_{up}表示，计算方法如式(2−18)所示。

$$Q_{\mathrm{up}} = \begin{cases} \frac{1}{2}(Q_{1t}+Q_{2t}+Q_{3t}) & (t_1 < -1℃) \\ Q_{11}+Q_{21}+Q_{31} & (-1℃ \leqslant t_1 < 1℃) \end{cases} \tag{2-18}$$

(2) 融解未来 15 分钟覆冰需要的热量。

根据预测方法，可以得到单位长度导线未来 15 分钟的覆冰重量，设未来 15 分钟覆冰重量为 g_{12}，刚结冰的覆冰层温度为 0℃，冰的融化热为 L_m，则溶解这些冰需要消耗的能量 Q_m 的计算如式(2−19)所示。

$$Q_m = g_{12}\cdot L_m \tag{2-19}$$

(3) 导线外对流传热。

设环境温度为 t_c，空气与自融冰导体的表面传热系数为 h，根据牛顿冷却公式，单位长度导线对流传热的热流量 Φ_s 为

$$\boldsymbol{\Phi}_s = 2\pi r_3 h(t_1 - t_c)\cdot 1 \tag{2-20}$$

升温阶段，单位长度导线防冰需要的热量 Q_{all}为

$$Q_{\mathrm{all}} = Q_{\mathrm{up}} + Q_m + \boldsymbol{\Phi}_s \times 15 \times 60 \tag{2-21}$$

2.5.2.2 保温阶段

当导线温度升至1℃时，进入保温阶段。保温阶段考虑的防冰热量有两部分：导线融解预测未来15分钟结冰需要的热量和导线外的对流传热。在保温阶段，导线温度为1℃，因此，所需热量Q_{on}为

$$Q_{on} = g_{12} \cdot L_m + 2\pi r_3 h(1 - t_c) \cdot 1 \tag{2-22}$$

2.5.3 融冰方法及热学模型

当判断导线覆冰时，启动融冰过程。要求30分钟将冰融解。

2.5.3.1 升温阶段所需热量

升温阶段的热量包括导线升温1℃所需热量和外部冰升温1℃所需的热量。

（1）导线升温1℃所需热量。

导线升温1℃所需热量为钢芯升温1℃需要的热量Q_{1a}、制热材料升温1℃需要的热量Q_{2a}、铝绞线升温1℃需要的热量Q_{3a}之和。Q_{1a}、Q_{2a}、Q_{3a}的计算如式(2－23)所示。

$$\begin{cases} Q_{1a} = c_1\rho_1\pi r_1^2 \cdot 1 \\ Q_{2a} = c_2\rho_2\pi(r_2^2 - r_1^2) \cdot 1 \\ Q_{3a} = c_3\rho_3\pi(r_3^2 - r_2^2) \cdot 1 \end{cases} \tag{2-23}$$

（2）冰升温1℃所需热量。

设预测未来15分钟覆冰重量为g_{12}，传感器测量的当前冰重为g_s，冰的比热容为c_i，则冰升温1℃所需热量Q_{ia}为

$$Q_{ia} = (g_{12} + g_s) \cdot c_i \tag{2-24}$$

（3）对流传热热流量。

根据导线结构以及冰的密度，可以通过$(g_{12}+g_s)$计算覆冰厚度。假设覆冰厚度为b，则根据牛顿冷却公式，单位长度导线对流传热的热流量Φ_s为

$$\Phi_s = 2\pi(r_3 + b)h(t_1 - t_c) \cdot 1 \tag{2-25}$$

（4）升温阶段所需热量。

升温阶段Q_a所需热量为式(2－23)～式(2－25)从当前环境温度升温到0℃所需热量之和，即

$$Q_a = -t_c(Q_{1a} + Q_{2a} + Q_{3a} + Q_{ia}) + \Phi_s \times 30 \times 60 \tag{2-26}$$

2.5.3.2 融冰阶段所需热量

如果导线温度到了0℃，就应该计算融冰阶段热量。融冰阶段热量包括融冰所需热量，预测未来15分钟覆冰需要的融冰热量，和抵抗对流传热所需热量。

（1）融冰所需热量。

1)最小融冰重量。

最小融冰重量取有历史记录的15分钟内最大覆冰重量g_{hm}，如果没有历史记录，取0.5 mm的覆冰厚度。设最小融冰重量为g_{min}，则有

$$g_{\min}=\begin{cases} g_{hm} & \text{（有历史记录）} \\ 2\pi r_3\rho_i \times 0.5\times 1 & \text{（无历史记录）} \end{cases} \tag{2-27}$$

式中，ρ_i为导线覆冰密度。

2)融冰重量。

设传感器测量的当前冰重为 g_s，需要融冰的重量为 g_m，则有

$$g_m=\begin{cases} g_{\min} & \left(\dfrac{g_s}{2}<g_{\min}\right) \\ \dfrac{g_s}{2} & \left(\dfrac{g_s}{2}\geqslant g_{\min}\right) \end{cases} \tag{2-28}$$

3)热量计算。

设融冰所需热量为 Q_a，则融冰所需热量为融冰重量加上预测未来 15 分钟的覆冰重量。

$$Q_a=(g_{15}+g_m)\cdot L_m \tag{2-29}$$

(2) 抵抗对流传热所需热量。

计算抵抗对流传热所需热量跟式(2－25)的方法相同。

(3) 所需热量总计。

所需热量 Q_{as} 为式(2－25)和式(2－29)计算的热量之和。

$$Q_{as}=\Phi_s+Q_a \tag{2-30}$$

2.5.4 导线制热模型

导线加热实际上是高分子导电制热材料的电热转换，设高分子导电制热材料电阻为 R_h，内导体和外导体之间的电压差为 U，则热电材料消耗功率 W_h 为

$$W_h=U^2/R_h \tag{2-31}$$

如果电热转换效率为 k_h，则热电材料产生的热量 Q_h 为

$$Q_h=W_hk_h \tag{2-32}$$

制热需要的功率，根据实际导线的规格计算确定。

3 导线制热参数分析方法

将整根导线看作一个集总单元模型，称为宏观模型，基于宏观模型的分析方法称为宏观分析法；将导线看成多段分立单元连接的分析方法称为微观模型分析法，各段分立单元模型称为微观模型。防冰融冰过程中，钢芯与铝绞线流过的电流较大，实际分析需考虑将自制热导线分段分析，采用微观模型分析法：将整根自制热导线看作多段等长导线模型的并联形式，根据第 2 章的分析方法计算每段导线的微观模型，将整根导线看作多段微观模型并联，通过电路分析理论，分析各段导线微观模型的电路参数，得到整根导线的电路参数分布。

本文分析过程中，将各分段导线称为节点。由于钢芯电阻率远远大于铝绞线电阻率，而且铝绞线截面积远远大于钢芯截面积，钢芯电阻远远大于铝绞线电阻。各节点之间的电压差主要由钢芯承担，因此，将各节点的电压称为节点钢芯电压，简称为节点电压。在各节点上，流经钢芯和铝绞线的电流相同，称其为节点钢芯电流；流经各节点制热材料的电流称为节点制热材料电流。

分析需求不同，对微观模型截取的长度也不同。当不考虑导线分段参数分析精度时，可对微观模型截取比较长的导线，本章称之为简易微观模型，基于简易微观模型的电路参数分析称为简易分段分析方法；当要求导线分段参数高精度分析时，需采用非常短的分段导线微观模型，基于非常短的分段导线微观模型的分析方法称为有限元分段分析方法。

3.1 自制热导线微观等效电路

根据自制热导线微观模型各组分段模型的集总参数以及材料间的结构关系，可以建立微观等效电路。由于导线制热有两种连接方法，即双电源连接和单电源连接，微观等效电路分为双端口微观等效电路和单端口微观等效电路两种形式。

3.1.1 双端口微观等效电路

对于双电源制热模式，电源从导线两侧接入，需采用双端口微观等效电路进行分析。图 2.6 中，串联电阻主要是钢芯与铝绞线电阻，串联的电感也主要由钢芯和铝绞线产生，考虑双端供电的对称性，将并联电容和并联电阻放到中间，串联电阻和串联电感放到并联电阻和并联电容的两端，并将串联电阻和串联电感的钢芯电阻、铝绞线电阻、钢芯电感、铝绞线电感分别考虑，且将互感分解到四个连接端，构成双端口微观等效电路，如图 3.1 所示。

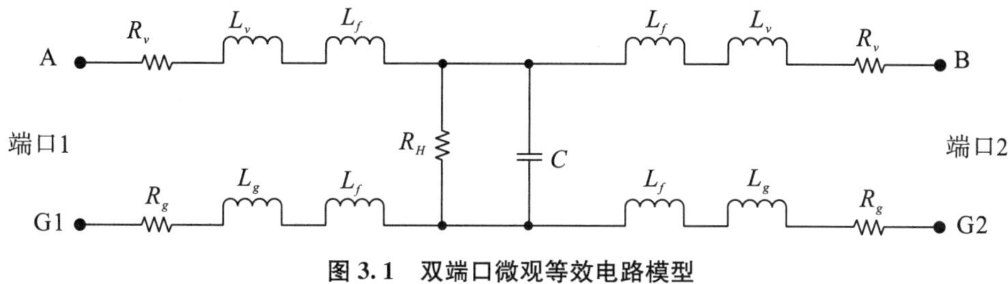

图 3.1　双端口微观等效电路模型

图 3.1 中，R_v为铝绞线电阻，L_v为铝绞线电感，L_f为互感，R_g为钢芯电阻，L_g为钢芯电感，R_H为钢芯与铝绞线之间的制热材料电阻，C 为钢芯与铝绞线之间的电容。

3.1.2　单端口微观等效电路

用于制热电源单端接入的微观等效电路称为单端口微观等效电路。单端口微观等效电路将钢芯电阻、铝绞线电阻、钢芯电感、铝绞线电感分别考虑，如图 3.2 所示。

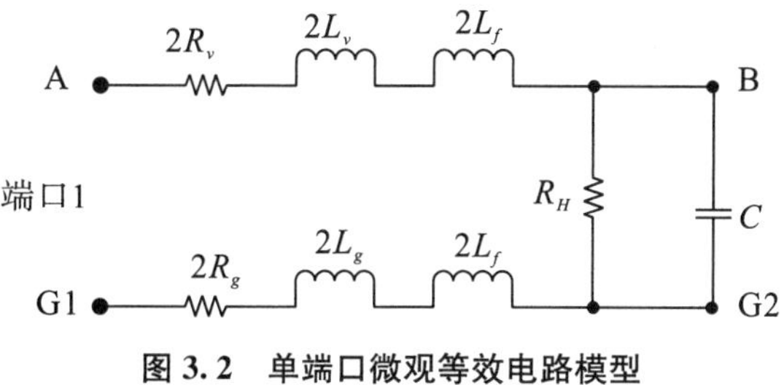

图 3.2　单端口微观等效电路模型

对比图 3.2 和图 3.1，可以看出，单端口模型是将双端口模型制热电阻和电感两端钢芯和铝绞线的电容和电感合并考虑，因此，图 3.2 中的钢芯电感、铝绞线电感、钢芯电阻、铝绞线电阻、互感分别为图 3.1 中相应参数的两倍，分别用 $2L_g$、$2L_v$、$2R_g$、$2R_v$、$2L_f$表示。

3.1.3　简化等效电路

钢芯磁导率比铝绞线磁导率大很多，钢芯上的电感也比铝绞线电感以及钢芯与铝绞线互感大很多，可以将铝绞线电感、钢芯与铝绞线互感合并到钢芯电感上考虑。钢芯电阻远远大于铝绞线电阻，因此，可以将铝绞线电阻合并到钢芯电阻上考虑。通过上述合并，单端口微观等效电路和双端口微观等效电路可以简化为如图 3.3 所示的简化等效电路。

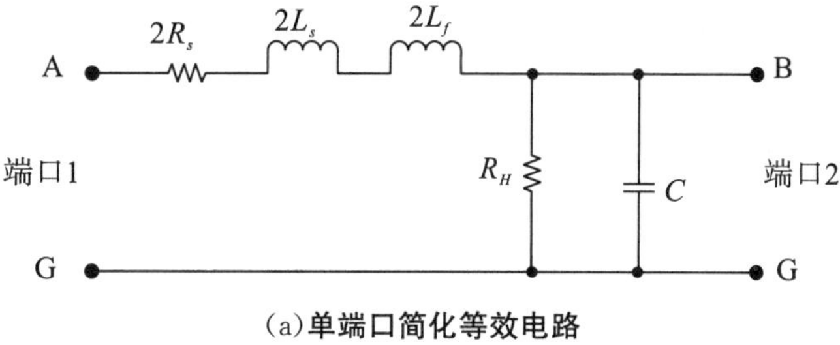

(a)**单端口简化等效电路**

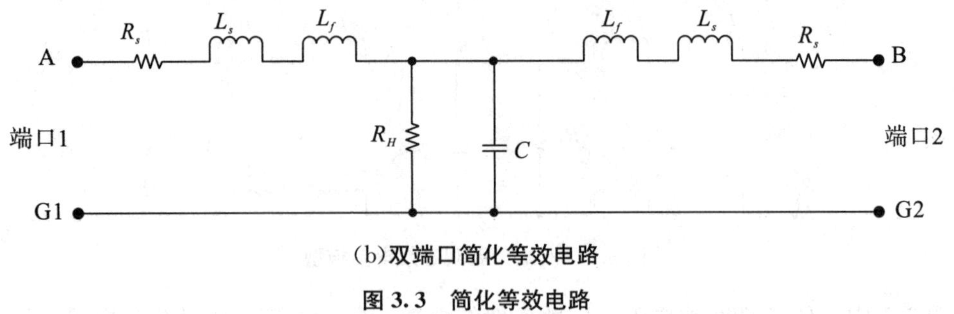

(b)双端口简化等效电路

图 3.3　简化等效电路

3.2　直流分析方法

3.2.1　分布式直流等效电路

3.2.1.1　直流微观模型等效电路

在直流电源作用下，图 3.3 中的简化等效电路的电感视为短路，电容视为开路。因此，用于直流分析的微观等效电路如图 3.4 所示，图 3.4(a)为单端口直流微观模型等效电路，图 3.4(b)为双端口直流微观模型等效电路。

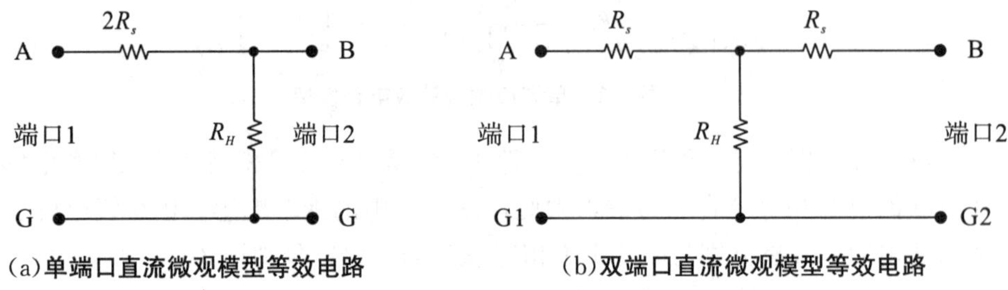

(a)单端口直流微观模型等效电路　　(b)双端口直流微观模型等效电路

图 3.4　直流微观模型等效电路

3.2.1.2　单端口分布式直流等效电路

将自制热导线分段考虑，分成偶数段或奇数段并不会影响计算结果，为简化计算，将自制热导线分解成等长的 $2n$ 段微观模型；各段钢芯、铝绞线、材料厚度都相同，材料电阻率可以有差异。将相邻单端口直流微观模型等效电路的端口 1 与端口 2 连接，即相邻微观模型等效电路 A 连接到 B，G 与 G 连接，就构成了单端口分布式直流等效电路，如图 3.5 所示。

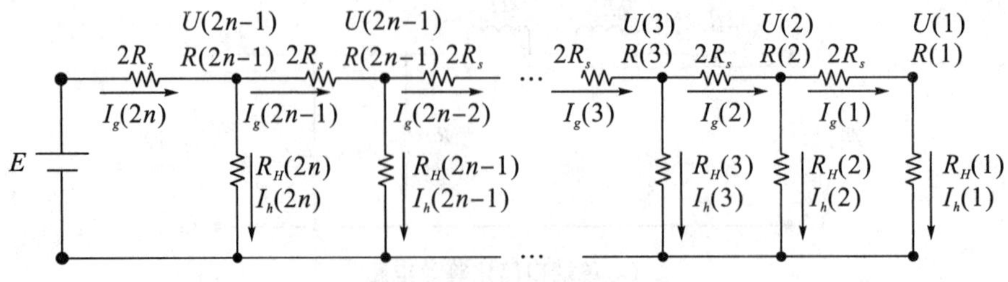

图 3.5　单端口分布式直流等效电路

图 3.5 中，从远离电源端开始依次编号为 1，2，3，…，$2n$，$I_g(i)(i=1, 2, \cdots, 2n$；

下同）为节点钢芯电流，$U(i)$为节点电压，$R_H(i)$为节点制热材料电阻，$I_h(i)$为节点制热材料电流。$R(i)$为节点综合电阻，节点综合电阻是只将节点处左端断开，从断开点朝右看的电阻，比如$R(1)$等于$R_H(1)$，$R(2)$等于 $2R_s+R_H(1)$与 $R_H(2)$的并联，$R(3)$等于 $2R_s+R_H(2)$与 $R_H(3)$的并联，……，由于钢芯与铝绞线的分段电阻在各分段上保持一致，所以各节点 R_s 值保持一致。

3.2.1.3　双端口分布式直流等效电路

双端口分布式直流等效电路用于分析双端电源制热模型。与单端口分析方法类似，为简化计算，将自制热导线分解成等长的 $2n$ 段微观模型，各段钢芯、铝绞线、材料厚度都相同，材料电阻率可以有差异。将相邻双端口直流微观模型等效电路的端口 1 与端口 2 连接，即相邻微观模型等效电路 A 连接到 B，G1 与 G2 连接，就构成了双端口分布式直流等效电路，如图 3.6(a)所示。图中，相邻节点的 R_s 可以合并计算，组合后的等效电路如图 3.6 所示。

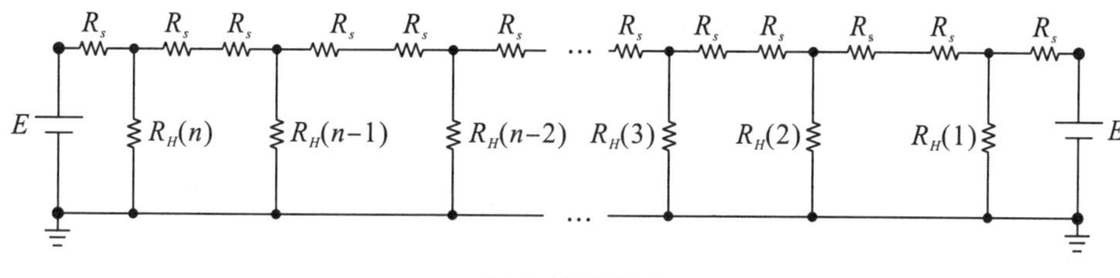

(a)连接示意图

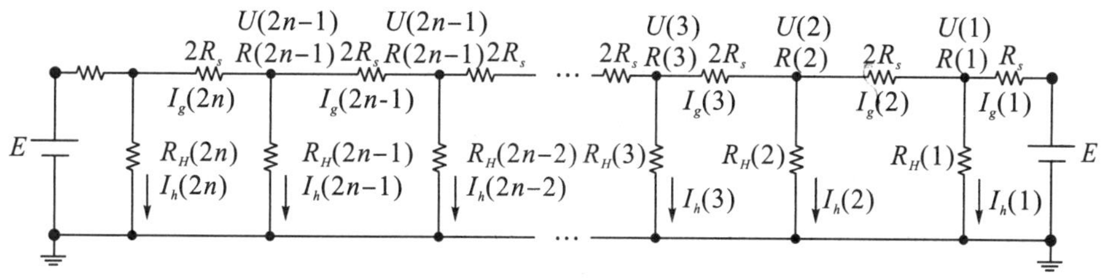

(b)参数示意图

图 3.6　双端口分布式直流等效电路

各段节点编号为 1，2，3，…，$2n-1$，$2n$。图 3.6(b)中，$I_g(i)$为节点钢芯电流，$U(i)$为节点电压，$R_H(i)$为节点制热材料电阻，$I_h(i)$为节点制热材料电流。$R(i)$为节点综合电阻，其计算方法在具体分析时再详述。由于钢芯与铝绞线的分段电阻在各分段上保持一致，所以各节点 R_s 值保持一致。

3.2.2　均匀材料分析

均匀材料分析，是指各段制热材料有相同的电阻率，设各段材料电阻为 R_{HE}，即在图 3.6 中，有 $R_H(i)=R_{HE}(i=1, 2, \cdots, 2n)$。

3.2.2.1 单端口制热模式

(1) 计算分析方法。

根据电路连接关系，节点综合电阻 $R(1)$ 等于 R_{HE}，$R(i)$ 等于 $R(i-1)$ 与 $2R_s$ 的和与 R_{HE} 并联，$R(i)$ 的计算方法如式(3－1)所示。

$$R(i)=\begin{cases}R_{HE} & (i=1)\\ \dfrac{R_{HE}[2R_s+R(i-1)]}{R_{HE}+2R_s+R(i-1)} & (i=2,\ 3,\ \cdots,\ 2n)\end{cases} \tag{3-1}$$

设电源 E 的电压为 U_{in}，根据电路连接关系，节点钢芯电流 $I_g(i)$ 等于节点电压 $U(i+1)$ 除以 $R(i)$ 与 $2R_s$ 之和，当 $i=2n$ 时，为电源电压 U_{in} 除以 $R(2n)$ 与 $2R_s$ 之和，计算如式(3－2)所示。

$$I_g(i)=\begin{cases}\dfrac{U_{in}}{2R_s+R(i)} & (i=2n)\\ \dfrac{U(i+1)}{2R_s+R(i)} & (i=1,\ 2,\ \cdots,\ 2n-1)\end{cases} \tag{3-2}$$

各节点电压为 $U(i+1)$ 减去 $I_g(i)$ 与 $2R_s$ 之积，计算如式(3－3)所示。

$$U(i)=\begin{cases}U_{in}-I_g(i)\times 2R_s & (i=2n)\\ U(i+1)-I_g(i)\times 2R_s & (i=1,\ 2,\ \cdots,\ 2n-1)\end{cases} \tag{3-3}$$

各段制热材料流过的节点电流为

$$I_h(i)=\begin{cases}I_g(i) & (i=1)\\ I_g(i)-I_g(i-1) & (i=2,\ 3,\ \cdots,\ 2n)\end{cases} \tag{3-4}$$

根据上述计算，可以分别算出节点综合电阻、节点钢芯电流、节点电压和节点制热材料电流，进而可以计算各节点的功率，如式(3－5)所示。

$$\begin{cases}W_a(i)=W_g(i)+W_h(i)\\ W_g(i)=R_{g2}I_g^2(i)\\ W_h(i)=R_hI_h^2(i)\end{cases}\quad (i=1,\ 2,\ \cdots,\ 2n) \tag{3-5}$$

式中，$W_a(i)$ 表示节点总功率，$W_g(i)$ 表示节点钢芯功率，$W_h(i)$ 表示节点制热材料功率。

(2) 运行参数选择。

导线型号确定后，钢芯与铝绞线的截面积确定，钢芯与铝绞线的电阻和电感为固定值。因此，直流电源制热时，自制热导线只需设计节点材料电阻。节点材料电阻的设计需考虑导线制热所需功率和制热电源电压。

导线型号确定，则导线的外径也确定。导线制热所需防冰融冰功率可以根据 2.5 节的方法算出，因而可以确定导线制热功率。设分段导线所需最小制热功率为 W_{min}。

从式(3－2)～式(3－5)可以看出，离制热电源越远的导线，钢芯流过的电流越小，节点电压越小，制热材料流过的电流也越小，进而离制热电源越远的节点总功率越小。

分析导线制热运行参数时，需综合考虑最远端节点总功率、节点钢芯电流、节点电压等因素。计算运行参数考虑的因素包括：①最远端节点功率不能太小，太小的话没法实施防冰融冰功能。本文设最远端的功率为 W_{min} 的 90%。②防冰融冰时，节点钢芯电流不能超过最大电流 I_{max}。③当满足最大节点电压低于最小电压 U_{min}，且最大节点钢芯电流小于

I_{max}时则停止计算；否则增加电压，直到最大节点钢芯电流小于 I_{max}时为止。

选择中间节点为初始值参数计算节点。设中间节点的节点电压$U(n)$为最小电压U_{min}的0.8倍，则$U(n)=0.8U_{min}$，制热材料功率为W_{min}，则中间节点的节点制热材料电阻为

$$R_H(n)=\frac{U^2(n)}{W_{min}} \tag{3-6}$$

对于均匀材料，节点制热材料电阻处处相等，因此，有

$$R_{HE}=\frac{U^2(n)}{W_{min}} \tag{3-7}$$

基于上述思路的单端口电源制热导线运行参数计算方法如图 3.7 所示。

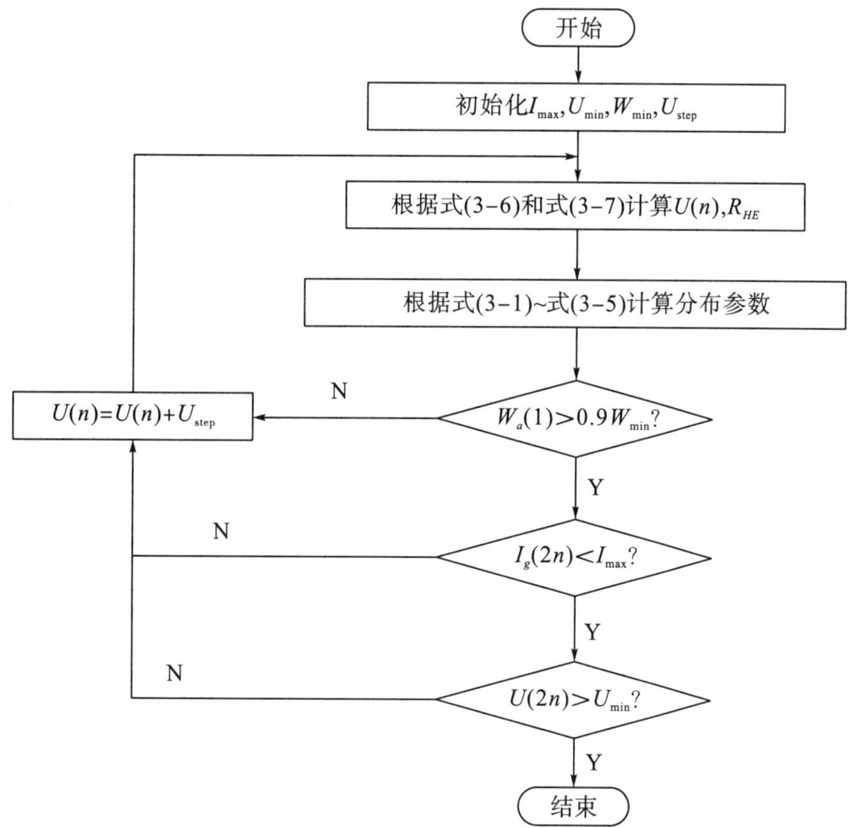

图 3.7　均均材料模式单端口电源制热导线运行参数计算方法

3.2.2.2　双端口制热模式

（1）计算分析方法。

假设双端口制热的两端制热电源相同，则导线电参数将对称均匀分布，处于最中间的两个节点参数一致，将图 3.6(b)的电路中间节点画出，如图 3.8 所示。

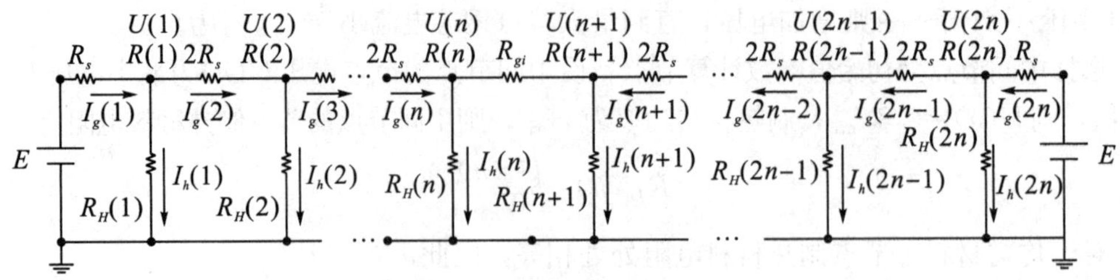

图 3.8　双端口制热中间节点参数

图 3.8 中，$U(n)$和$U(n+1)$为中间节点电压，根据对称关系，$U(n+1)=U(n)$，两个节点中间的电阻R_{gi}不流过电流，分析时可以去除，双端口制热模式变成单端口制热模式。可以参考单端口电源制热模式进行分析。

对于节点$n+1$至节点$2n$之间的参数分布，可以仿照式(3－1)至式(3－4)进行计算。与单端口制热模式不同的是，计算起始节点为$n+1$，$U(2n)=U_{in}-I_g(i)R_s$，因此，节点$n+1$至节点$2n$之间的参数计算方法如式(3－8)和式(3－9)所示。

$$R(i)=\begin{cases} R_{HE} & (i=n+1) \\ \dfrac{R_{HE}[2R_s+R(i-1)]}{R_{HE}+2R_s+R(i-1)} & (i=n+2, \cdots, 2n) \end{cases} \tag{3-8a}$$

$$I_g(i)=\begin{cases} \dfrac{U_{in}}{R_s+R(i)} & (i=2n) \\ \dfrac{U(i+1)}{2R_s+R(i)} & (i=n+1, \cdots, 2n-1) \end{cases} \tag{3-8b}$$

$$U(i)=\begin{cases} U_{in}-I_g(i)\times R_s & (i=2n) \\ U(i+1)-I_g(i)\times 2R_s & (i=n+1, \cdots, 2n-1) \end{cases} \tag{3-8c}$$

$$I_h(i)=\begin{cases} I_g(i) & (i=n+1) \\ I_g(i)-I_g(i-1) & (i=n+2, \cdots, 2n) \end{cases} \tag{3-8d}$$

节点1至节点n之间的参数与节点$n+1$至节点$2n$之间的参数呈对称关系，因此计算方法为

$$\begin{cases} R(i)=R(2n+1-i) \\ U(i)=U(2n+1-i) \\ I_h(i)=I_h(2n+1-i) \\ I_g(i)=I_g(2n+1-i) \end{cases} \quad (i=1, 2, \cdots, n) \tag{3-9}$$

节点功率计算方法与式(3－5)相同。

(2) 运行参数选择。

双端口电源制热导线运行参数选择方法与单端口电源制热导线方式类似。R_{HE}计算方法与式(3－7)相同。双端口电源制热导线运行参数计算方法与图 3.7 类似，设$m=\lfloor 1.5n \rfloor$（“$\lfloor\ \rfloor$”表示取整运算），则导线计算起始节点从m开始，计算方法如图 3.9 所示。

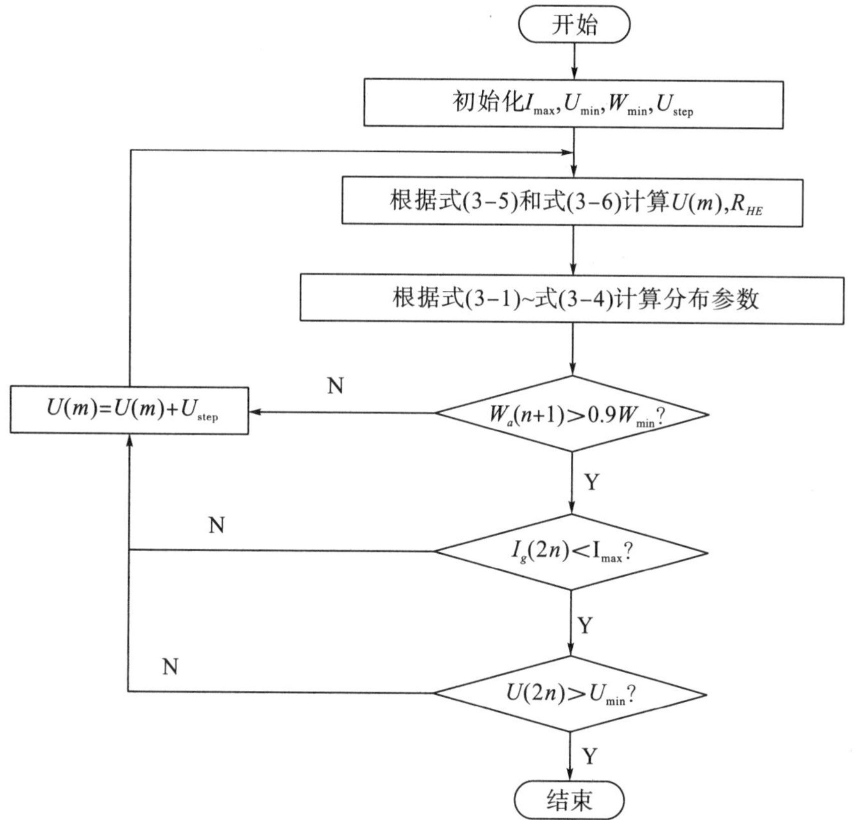

图 3.9 均均材料模式双端口电源制热导线运行参数计算方法

3.2.3 均匀功率分析

均匀材料制热方式中，由于靠近电源节点与远离电源节点的节点电压和节点钢芯电流不同，离电源越近的节点，功率越大。如果改变制热材料电阻，使得离电源越近的节点电阻越大，节点制热材料的功率减小，但因为节点钢芯功率增加，根据式(3－5)计算得到的功率可以保持不变。基于这一思路的分析方法称为均匀功率分析方法。

3.2.3.1 单端口制热模式

(1) 计算分析方法。

设节点 1 制热材料电阻为 $R_H(1)$，每段制热功率为 W_{min}，则节点 1 的电路参数计算如式(3－10)所示。

$$\begin{cases} I_g(1)=I_h(1) \\ I_h(1)=\sqrt{\dfrac{W_{min}}{2R_s+R_H(1)}} \\ U(1)=I_h(1)R_H(1) \\ R(1)=R_H(1) \end{cases} \tag{3-10}$$

计算第 i 段节点制热材料电阻 $R_H(i)$时，需考虑制热材料产生的的热量和该段钢芯产生的热量之和等于 W_h，考虑到 $I_h(i)\approx I_h(i-1)$，有

$$\frac{U(i)^2}{R_H(i)}+2R_s[I_g(i-1)+I_h(i-1)]^2=W_{\min} \tag{3-11}$$

因此

$$R_H(i)=\frac{U(i)^2}{W_{\min}-2R_s[I_g(i-1)+I_h(i-1)]^2} \tag{3-12}$$

$i>1$ 时，其他参数计算方法如式(3－13)所示。

$$\begin{cases} U(i)=2R_sI_g(i-1)+U(i-1) \\ R(i)=\dfrac{R_H(i)[2R_s+R(i-1)]}{R_H(i)+2R_s+R(i-1)} \\ I_h(i)=\dfrac{U(i)}{R_H(i)} \\ I_g(i)=I_h(i)+I_g(i-1) \end{cases} \quad (i=2,3,\cdots,2n) \tag{3-13}$$

式(3－11)～式(3－13)中，功率计算方法同式(3－5)。

(2) 运行参数选择。

对于均匀功率制热方式，分析导线制热运行参数时，需综合考虑节点钢芯电流、节点电压等因素。计算运行参数考虑的因素包括：①节点钢芯电流不能超过最大电流 $I_{\max}$。②在节点钢芯电流不能超过最大电流 $I_{\max}$时，让最大的节点电压最小。③当满足最大节点电压低于最小电压 $U_{\min}$，且最大节点钢芯电流小于 $I_{\max}$时则停止计算；否则增加电压，直到最大节点钢芯电流小于 $I_{\max}$时为止。

基于上述运算思路，在初始化时，设置最远端电压为最小电压 $U_{\min}$的一半，根据功率要求计算最远端节点电阻

$$\begin{cases} U(1)=\dfrac{U_{\min}}{2} \\ R_H(1)=\dfrac{U(1)^2}{W_{\min}} \end{cases}$$

根据式(3－10)～式(3－13)的计算方法，计算运行参数，如果最大节点钢芯电流大于 $I_{\max}$，则增加电压继续运算，直到最大节点钢芯电流小于 $I_{\max}$。计算流程如图 3.10 所示。

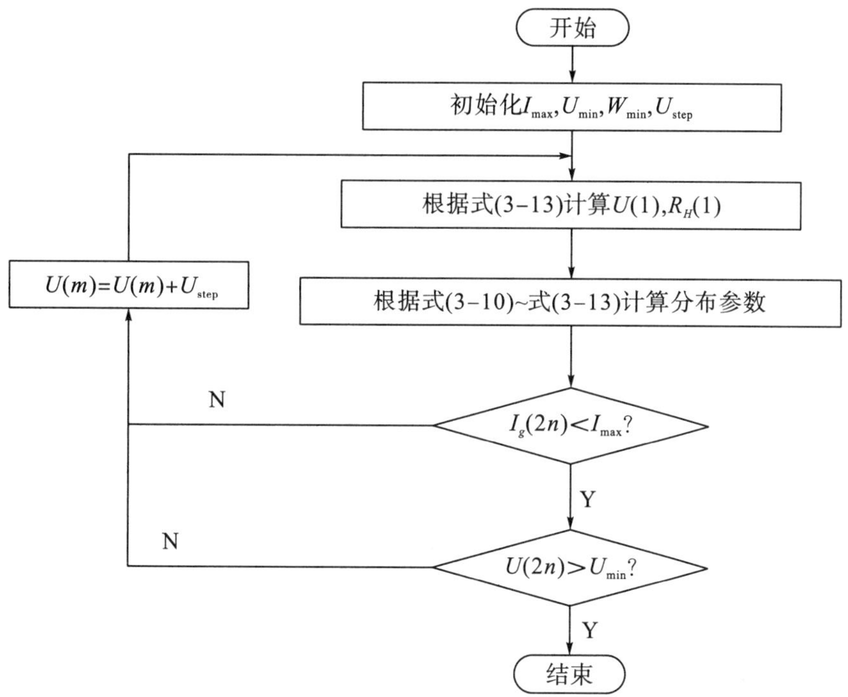

图 3.10 均匀功率模式单端口电源制热导线运行参数计算方法

3.2.3.2 双端口制热模式

（1）计算分析方法。

根据上述分析，双端口电源制热可以看作从中间断开后，两个独立的单端口电源制热，因此，参考均匀材料直流分析方法以及式(3－10)～式(3－13)的计算方法，双端口电源制热的均匀功率中间节点参数计算方法如式(3－14)所示。

$$\begin{cases}I_g(n+1)=I_h(n+1)\\ I_h(n+1)=\sqrt{\dfrac{W_{min}}{2R_s+R_H(n+1)}}\\ U(n+1)=I_h(n+1)R_H(n+1)\\ R(n+1)=R_H(1)\end{cases} \tag{3-14}$$

其他节点参数计算方法同式(3－12)～式(3－13)，计算时，$i=n+2$，$n+3$，…，$2n$，节点 1 至节点 n 之间的参数与节点 $n+1$ 至节点 $2n$ 之间的参数呈对称关系，计算方法同式(3－9)，功率计算方法同式(3－5)。

（2）运行参数选择。

运行参数选择原理与单端口电源制热方式相同，方法与图 3.10 类似，只是初始计算从中间节点开始，即

$$\begin{cases}U(n+1)=\dfrac{U_{min}}{2}\\ R_H(n+1)=\dfrac{U(n+1)^2}{W_{min}}\end{cases} \tag{3-15}$$

运行参数计算方法如图 3.11 所示。

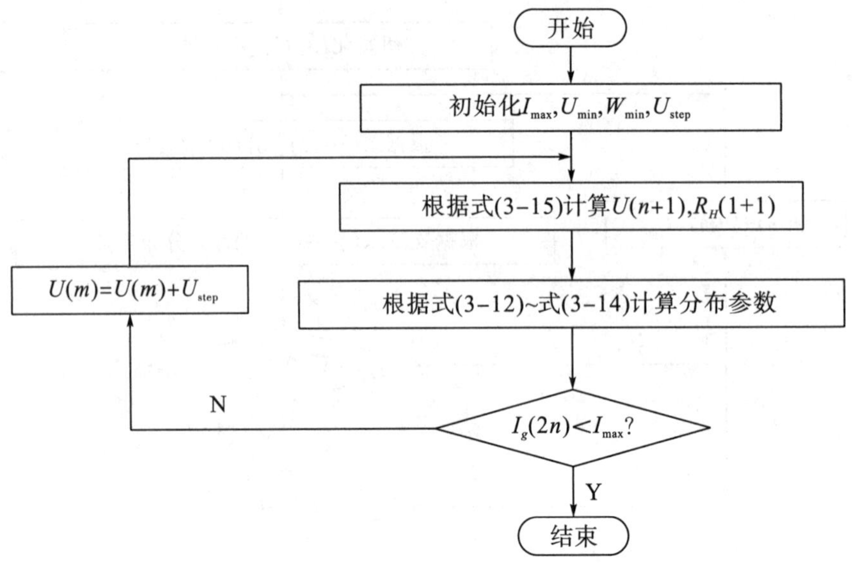

图 3.11　均匀功率模式双端口电源制热导线运行参数计算方法

3.3　交流分析方法

交流分析需要考虑电感和电容的影响。与直流分析类似，交流分析也分单端口电源制热模式和双端口电源制热模式，均匀材料模式和均匀功率模式分别考虑。

3.3.1　分布式交流等效电路

分布式交流等效电路，是在图 3.3 所示的等效电路基础上，由相邻分段模块间的端口 1 和端口 2 相互连接而成，即相邻间的 A 与 B 相连，G1 与 G2 相连。

3.3.1.1　单端口模型

在图 3.5 的基础上加入图 3.3 的电感和电容，就构成了单端口分布式交流等效电路，如图 3.12 所示。

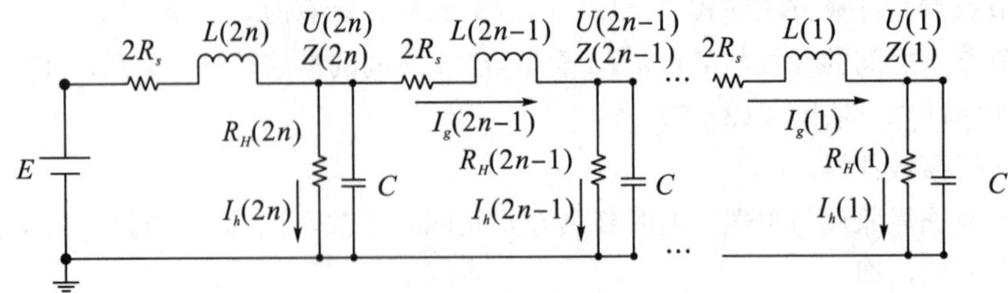

图 3.12　单端口分布式交流等效电路

图 3.12 中，$I_g(i)$为节点钢芯电流，$U(i)$为节点电压，$R_H(i)$为节点制热材料电阻，$I_h(i)$为节点制热材料电流，$L(i)$为各段上的电感。$Z(i)$为节点综合阻抗，其是只将节点

处左端断开，从断开点朝右看的阻抗，比如 $Z(1)$ 等于 $R_H(1)$ 与 C 并联的阻抗，$Z(2)$ 等于 $2R_s+Z(1)$ 与 $R_H(2)$ 和 C 并联的阻抗，$Z(3)$ 等于 $2R_s+Z(2)$ 与 $R_H(3)$ 和 C 并联的阻抗，……，由于钢芯与铝绞线的分段电阻在各分段上保持一致，所以各节点 R_s 值保持一致。此外，各节点电容保持一致。

3.3.1.2　双端口模型

在图 3.6(b)的基础上加入图 3.3 的电感和电容，就构成了双端口分布式交流等效电路，如图 3.13 所示。

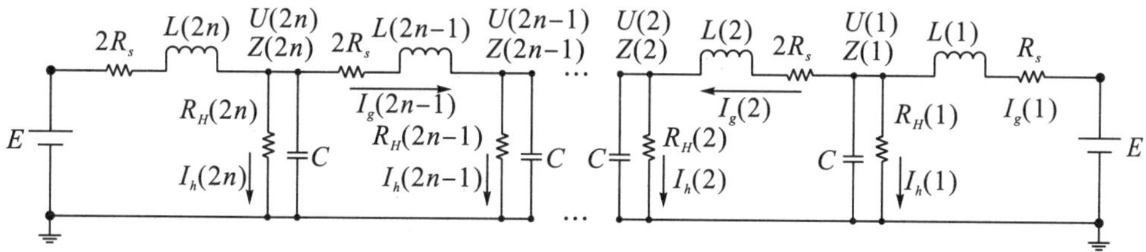

图 3.13　双端口分布式交流等效电路

图 3.13 中，$I_g(i)$ 为节点钢芯电流，$U(i)$ 为节点电压，$R_H(i)$ 为节点制热材料电阻，$I_h(i)$ 为节点制热材料电流，$L(i)$ 为各段上的电感，$Z(i)$ 为节点综合阻抗。与直流分析方法相同，双端口分布式交流等效电路可以看作两个对称的单端口等效电路，并从最中间断开。因此，对于节点 $n+1$ 至 $2n$，节点综合阻抗是只将节点处左端断开，从断开点朝右看的阻抗，比如 $Z(n+1)$ 等于 $R_H(n+1)$ 与 C 并联的阻抗，$Z(n+2)$ 等于 $2R_s+Z(n+1)$ 与 $R_H(2)$ 和 C 并联的阻抗，$Z(n+3)$ 等于 $2R_s+Z(n+2)$ 与 $R_H(3)$ 和 C 并联的阻抗，……。对于节点 1 到 n，其节点参数与节点 $n+1$ 至 $2n$ 对称相等。由于钢芯与铝绞线的分段电阻在各分段上保持一致，所以各节点 R_s 值保持一致。此外，各节点电容保持一致。

3.3.2　均匀材料分析

3.3.2.1　单端口制热模式

（1）计算分析方法。

如图 3.12 所示，$Z(1)$ 等于 $R_H(1)$ 与 C 并联的阻抗。各节点的 C 均相等，对于均匀材料，各节点制热材料电阻相等，有 $R_H(i)=R_{HE}(i=1, 2, \cdots, 2n)$。各节点制热材料电阻与电容并联值相等，令各节点电容与节点制热材料电阻并联的阻抗值为 Z_{RC}，则有

$$\begin{cases} X_C=-\dfrac{1}{314C} \\ Z_{RC}=\dfrac{R_{HE}X_C^2+jR_{HE}{}^2X_C}{R_{HE}{}^2+X_C^2} \end{cases} \tag{3-16}$$

对于均匀材料，各节点串联电感相等，有 $L(i)=L_E(i=1, 2, \cdots, 2n)$。设串联电感与串联电阻串联后的阻抗为 Z_L，则有

$$\begin{cases} X_L=314L \\ Z_L=2R_s+jX_L \end{cases} \tag{3-17}$$

令 Z_L 与 $Z(i)$ 的串联值为 $Z_s(i)$，当 $i=1$ 时，有

$$\begin{cases} Z(1)=Z_{RC} \\ Z_s(1)=Z_L+Z(1) \end{cases} \tag{3-18}$$

根据等效电路结构，当 $i=2$，3，4，…，$2n$ 时，各节点综合阻抗为

$$\begin{cases} Z(i)=\dfrac{Z_{RC}Z_a(i-1)}{Z_{RC}+Z_a(i-1)} \\ Z_a(i)=Z_L+Z(i) \end{cases} \tag{3-19}$$

设电源 E 的电压为 U_{in}，根据电路连接关系，节点钢芯电流为

$$I_g(i)=\begin{cases} \dfrac{U_{in}}{Z_a(i)} & (i=2n) \\ I_g(i+1)-\dfrac{U(i+1)}{Z_{RC}} & (i=1,\ 2,\ \cdots,\ 2n-1) \end{cases} \tag{3-20}$$

各节点电压计算方法如式(3－21)所示。

$$U(i)=\begin{cases} U_{in}-I_g(i)Z_L & (i=2n) \\ (i+1)-I_g(i)Z_L & (i=1,\ 2,\ \cdots,\ 2n-1) \end{cases} \tag{3-21}$$

节点制热材料电流为

$$I_h(i)=\frac{U(i)}{R_{HE}} \tag{3-22}$$

节点功率计算为

$$\begin{cases} W_g(i)\ =\ 2R_s\ |\ I_g(i)\ |^2 \\ W_h(i)\ =\ R_{HE}\ |\ I_h(i)\ |^2 \\ W_a(i)\ =\ W_g(i)\ +W_h(i) \end{cases} \tag{3-23}$$

式中，$W_g(i)$为节点钢芯功率，$W_h(i)$为节点制热材料功率，$W_a(i)$为节点总功率。

(2) 运行参数选择。

与直流分析类似，计算运行参数考虑的因素包括：①最远端的功率为 W_{min} 的 90%。②节点钢芯电流不能超过最大电流 I_{max}。③当满足最大节点电压低于最小电压 U_{min}，且最大节点钢芯电流小于 I_{max}时则停止计算；否则增加电压，直到最大节点钢芯电流小于 I_{max} 时为止。

选择中间节点为初始值参数计算节点。设中间节点的节点电压 $U(n)$为最小电压 U_{min} 的 0.8 倍，$U(n)=0.8U_{min}$，制热材料功率为 W_{min}，则中间节点的节点制热材料电阻计算与式(3－6)类似。

$$R_H(n)=\frac{(0.8U_{min})^2}{W_{min}} \tag{3-24}$$

节点制热材料电阻为

$$R_{HE}=\frac{(0.8U_{min})^2}{W_{min}} \tag{3-25}$$

制热导线运行参数计算方法如图 3.14 所示。

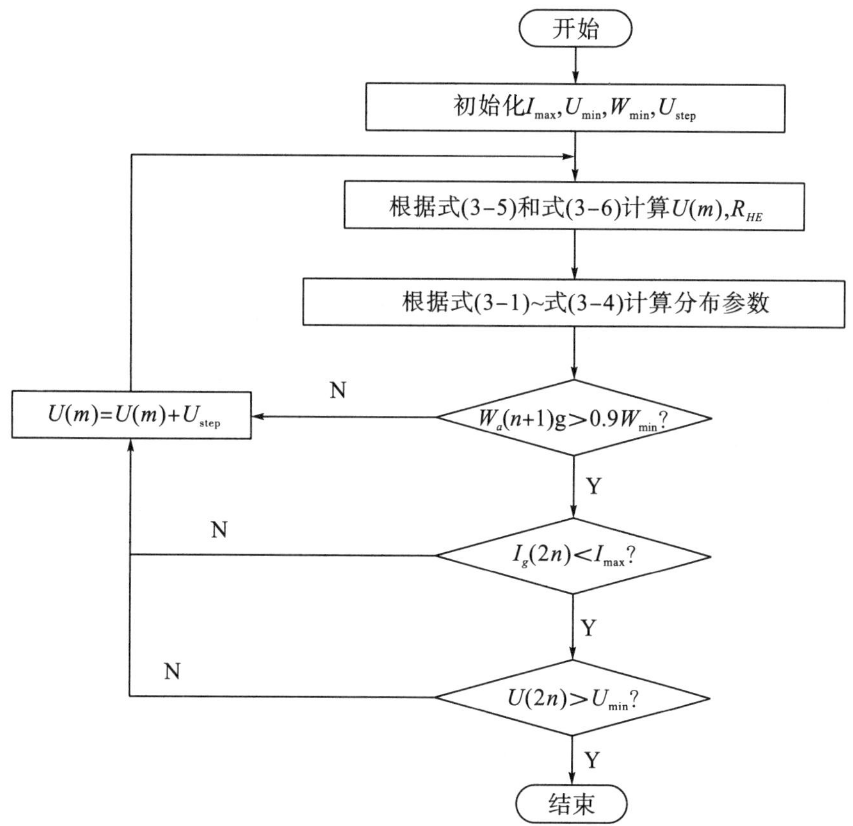

图 3.14 均匀材料单端口制热模式制热导线运行参数计算方法

3.3.2.2 双端口制热模式

(1) 计算分析方法。

对于双端口模型，先计算节点 $n+1$ 至节点 $2n$ 的电路参数。各节点电容与节点制热材料电阻并联的阻抗值为 Z_{RC}，和串联电感与串联电阻串联后的阻抗为 Z_L 的计算方法与单端口制热模式相同，如式(3-16)和式(3-17)所示。当 $i=n+1$ 时，有

$$\begin{cases} Z(n+1)=Z_{RC} \\ Z_s(n+1)=Z_L+Z(n+1) \end{cases} \tag{3-26}$$

根据等效电路结构，当 $i=n+2$，$n+3$，…，$2n$ 时，各节点综合阻抗为

$$\begin{cases} Z(i)=\dfrac{Z_{RC}Z_a(i-1)}{Z_{RC}+Z_a(i-1)} \\ Z_a(i)=Z_L+Z(i) \end{cases} \tag{3-27}$$

节点钢芯电流为

$$I_g(i)=\begin{cases} \dfrac{U_{in}}{Z_a(i)} & (i=2n) \\ I_g(i+1)-\dfrac{U(i+1)}{Z_{RC}} & (i=n+1,\ n+2,\ \cdots,\ 2n-1) \end{cases} \tag{3-28}$$

各节点电压计算方法如式(3-29)所示。

$$U(i)=\begin{cases}U_{in}-I_g(i)Z_L & (i=2n)\\ (i+1)-I_g(i)Z_L & (i=n+1,\ n+2,\ \cdots,\ 2n-1)\end{cases} \tag{3-29}$$

节点制热材料电流计算同式(3－22)。

节点1至节点n之间的参数与节点$n+1$至节点$2n$之间的参数呈对称关系，因此计算方法为

$$\begin{cases}Z(i)=Z(2n+1-i)\\ U(i)=U(2n+1-i)\\ I_h(i)=I_h(2n+1-i)\\ I_g(i)=I_g(2n+1-i)\end{cases}\quad (i=1,\ 2,\ \cdots,\ n) \tag{3-30}$$

节点功率计算同式(3－23)。

(2) 运行参数选择。

双端口制热模式制热导线运行参数选择方法与单端口制热模式制热方式类似。R_{HE}计算方法与式(3－25)相同，双端口电源制热导线运行参数计算方法与图3.14相似，设$m=\lfloor 1.5n \rfloor$，则导线计算起始节点从m开始，计算方法如图3.15所示。

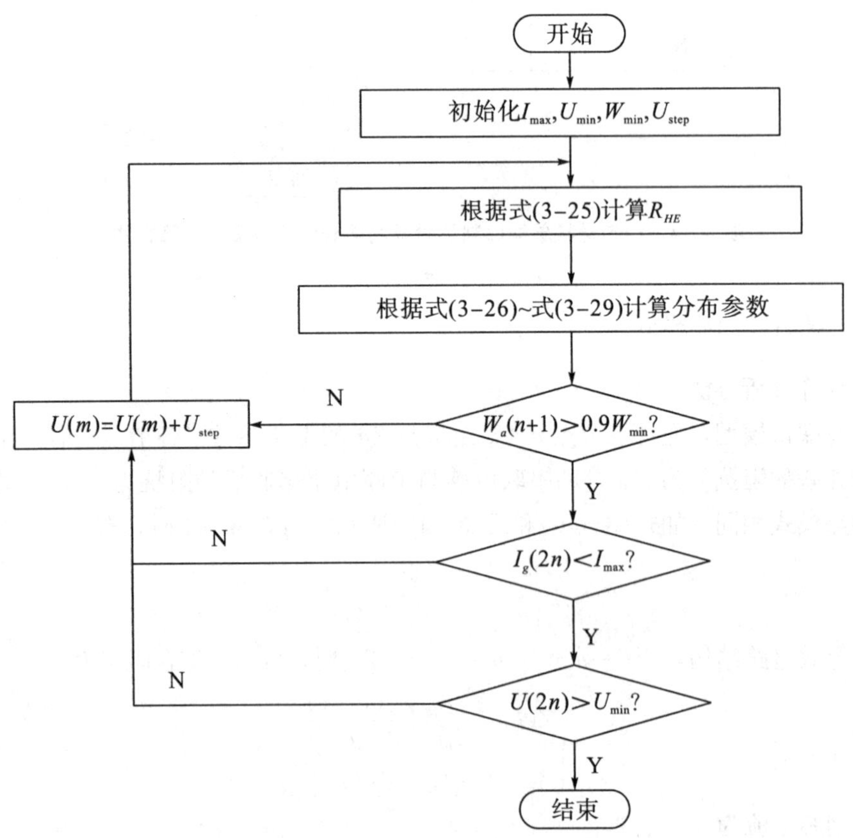

图3.15　均匀材料双端口制热模式制热导线运行参数计算方法

3.3.3　均匀功率分析

由于钢芯磁导率是可以改变的[79]，对于交流分析，有两种方式可以实现各节点功率

均匀：同时改变钢芯电感和制热材料电阻的方式；固定钢芯电感，只改变制热材料电阻的方式。

3.3.3.1　单端口制热模式

（1）同时改变钢芯电感和制热材料电阻。

改变钢芯电感方式的均匀功率分析的基本思路：固定电容值和钢芯电阻，通过调整钢芯电感和材料电阻，使得节点阻抗功率因数为 1，各段功率相等。

图 3.12 的最右侧电路分析计算如式(3－31)所示。

$$
\begin{cases}
X_C = -\dfrac{1}{314C} \\
Z(1) = \dfrac{R_H(1)X_C^2 + jR_H(1)^2X_C}{R_H(1)^2 + X_C^2} \\
I_g(1) = \dfrac{U(1)}{Z(1)} \\
I_h(1) = \dfrac{U(1)}{R_H(1)} \\
X_L(1) = -\dfrac{R_H(1)^2X_C}{R_H(1)^2 + X_C^2} \\
L(1) = \dfrac{X_L(1)}{314} \\
R(1) = 2R_s + \dfrac{R_H(1)X_C^2}{R_H(1)^2 + X_C^2}
\end{cases} \tag{3-31}
$$

式中，X_C 为电容电抗，X_L 为电感电抗，$R(1)$为从节点 1 中的钢芯电阻往右的电路电阻值。

假设本段电阻与电容流过的电流与上一段电阻、电容流过的电流近似相等，则根据每段电阻功率等于 W_h 的原则，可以计算 $R_H(i)$，计算方法为

$$
\begin{cases}
W_d(i) = W_h - 2R_s\left|I_g(i-1) + \dfrac{U(i-1)}{Z_{RC}(i-1)}\right|^2 \\
R_H(i) = \dfrac{U^2(i)}{W_d(i)} \\
Z_{RC}(i-1) = \dfrac{R_H(i-1)X_C^2 + jR_H^2(i-1)X_C}{R_H^2(i-1) + X_C^2}
\end{cases} \tag{3-32}
$$

而

$$U(i) = U(i-1) + [2R_s + jX_L(i-1)]I_g(i-1) \tag{3-33}$$

$R_H(i)$与 $R(i-1)$并联后的电阻 $R_{hp}(i)$为

$$R_{hp}(i) = R_H(i)R(i-1)/[R_H(i) + R(i-1)] \tag{3-34}$$

其他各参数计算方法如式(3－35)所示。

$$\begin{cases} Z(i)=\dfrac{R_{hp}(i)X_C^2+jR_{hp}^2(i)X_C}{R_{hp}^2(i)+X_C^2} \\ I_g(i)=\dfrac{U(i)}{Z(i)} \\ I_h(i)=\dfrac{U(i)}{R_H(i)} \\ X_L(i)=-\dfrac{R_{hp}^2(i)X_C}{R_{hp}^2(i)+X_C^2} \\ L_g(i)=\dfrac{X_L(i)}{314} \\ R(i)=2R_s+\dfrac{R_{hp}^2X_C^2}{R_{hp}^2+X_C^2} \end{cases} \tag{3-35}$$

功率计算如式(3－36)所示。

$$\begin{cases} W_g(i) = 2R_s \mid I_g(i) \mid^2 \\ W_h(i) = R_H(i) \mid I_h(i) \mid^2 \\ W_a(i) = W_g(i) + W_h(i) \end{cases} \tag{3-36}$$

(2) 固定钢芯电感，只改变制热材料电阻。

在实际工程中，改变钢芯电感会给生产带来麻烦，因此固定钢芯电感更有利于工程应用。固定电感，钢芯与铝绞线以及二者互感之间电感固定为 L_E，通过改变制热材料的电阻率实现均匀功率设计要求。计算如式(3－37)所示。

$$\begin{cases} X_C = -\dfrac{1}{314C} \\ Z(1) = \dfrac{R_H(1)X_C^2+jR_H(1)^2X_C}{R_H(1)^2+X_C^2} \\ I_g(1) = \dfrac{U(1)}{Z(1)} \\ I_h(1) = \dfrac{U(1)}{R_H(1)} \\ X_L = 314L_E \\ ZA(1) = 2R_s+jX_L+Z(1) \\ W_h(1) = R_H(1)I_g^2(1) \end{cases} \tag{3-37}$$

假设本段电阻与电容流过的电流与上一段电阻、电容流过的电流近似相等，则根据每公里电阻功率等于 W_h 的原则，可以计算 $R_H(i)$，计算方法为

$$\begin{cases} W_d(i)=W_h-2R_s\left| I_g(i-1)+\dfrac{U(i-1)}{Z_{RC}(i-1)}\right|^2 \\ R_H(i)=\dfrac{U^2(i)}{W_d(i)} \\ Z_{RC}(i-1)=\dfrac{R_H(i-1)X_C^2+jR_H^2(i-1)X_C}{R_H^2(i-1)+X_C^2} \end{cases} \tag{3-38}$$

而

$$U(i)=U(i-1)+(2R_s+jX_E)I_g(i-1) \tag{3-39}$$

其他各参数计算方法如式(3－40)所示。

$$\begin{cases} Z(i) = \dfrac{Z_{RC}(i) \times ZA(i)}{Z_{RC}(i) + ZA(i)} \\ I_g(i) = \dfrac{U(i)}{Z(i)} \\ I_h(i) = \dfrac{U(i)}{R_H(i)} \\ ZA(i) = R_{g2} + jX_L + Z(i-1) \\ W_g(i) = R_{g2} \mid I_g(i) \mid^2 \\ W_h(i) = R_H(i) \mid I_h(i) \mid^2 \\ W_a(i) = W_g(i) + W_h(i) \end{cases} \tag{3-40}$$

（3）运行参数分析计算。

与直流均匀功率模式运行参数分析一样，计算运行参数考虑的因素包括：①节点钢芯电流不能超过最大电流 I_{max}。②在节点钢芯电流不超过最大电流 I_{max}时，让最大的节点电压最小。③当满足最大节点电压低于最小电压U_{min}，且最大节点钢芯电流小于 I_{max}时，则停止计算；否则增加电压，直到最大节点钢芯电流小于 I_{max}时为止。

基于上述运算思路，在初始化时，设置最远端电压为最小电压U_{min}的一半，根据功率要求计算最远端节点电阻，即

$$\left.\begin{aligned} U(1) &= \frac{U_{min}}{2} \\ R_H(1) &= \frac{U^2(1)}{W_{min}} \end{aligned}\right\} \tag{3-41}$$

根据上述两种计算方法，计算运行参数，如果最大节点钢芯电流大于 I_{max}，则增加电压继续运算，直到最大节点钢芯电流小于 I_{max}。计算方法如图 3.16 所示。

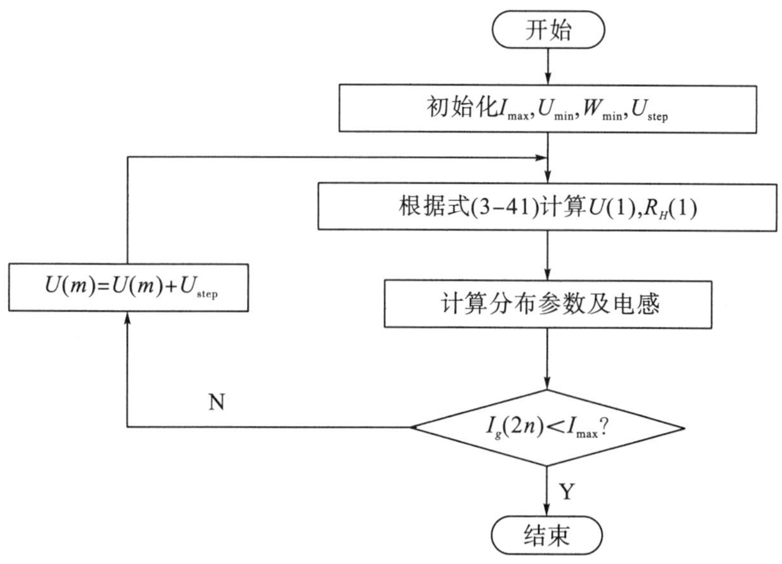

图 3.16 功率均匀模式单端口制热模式制热导线运行参数计算方法

3.3.3.2 双端口制热模式

双端口电源制热模式，其实质是两个单端口制热电源独立运行，等效于自热导线为分

析长度一半时的单端口制热模式，这里不再单独分析。

3.3.4 分段阻性设计要求

综合分析选择导线结构参数或分段导线结构参数，可使某段自制热导线的功率因数为1时，分段阻抗的虚部为0。根据单端口简化等效电路图3.3(a)，设 $L=2L_s+2L_f$，L 的电抗为 X_L，电容 C 的电抗为 X_C，AB 两端的阻抗为 Z_{AB}，BG 两端的阻抗为 Z_{BG}，令 $R=R_H$，则有

$$Z_{BG}=\frac{RX_C^2}{R^2+X_C^2}+j\cdot\frac{R^2X_C}{R^2+X_C^2} \tag{3-42}$$

$$Z_{AB}=2R_s+jX_L+Z_{BG}=2R_s+jX_L+\frac{RX_C^2}{R^2+X_C^2}+j\cdot\frac{R^2X_C}{R^2+X_C^2} \tag{3-43}$$

当虚部为0时功率因数最高，因此有：

$$jX_L+j\cdot\frac{R^2X_C}{R^2+X_C^2}=0 \tag{3-44}$$

将 $X_L=2\pi fL=314L$，$X_C=-1/(2\pi fC)=-1/(314C)$ 代入式(3－44)，有

$$X_L=314L=-\frac{R^2X_C}{R^2+X_C^2}=\frac{314CR^2}{(314C)^2R^2+1} \tag{3-45}$$

在式(3－45)中，当 $CR\geqslant 0.01$ 时，认为 $(314CR)^2+1\approx(314CR)^2$，则有 $LC\approx(1/314)^2$。

当 $CR\leqslant 0.001$ 时，认为 $(314CR)^2+1\approx 1$，有 $(L/C)=R^2$。

当 $0.01>CR>0.001$ 时，设 $(314CR)^2+1=k$，则有 $(L/C)=R^2/k$。

根据上述分析，在满足上述条件的前提下，AB 之间将呈现纯电阻形式，纯电阻出现的条件如式(3－46)所示。

$$\begin{cases} LC=\dfrac{1}{98596} & (CR\geqslant 0.01) \\ \dfrac{L}{C}=\dfrac{R^2}{k} & (0.01>CR>0.001) \\ \dfrac{L}{C}=R^2 & (CR\leqslant 0.001) \end{cases} \tag{3-46}$$

对于自制热导线来说，当导线长度确定时，防冰和融冰所需的最大功率 W_{max} 是确定的，根据防冰融冰电源电压 U_m，可以确定制热材料的电阻 $R=U_m{}^2/W_{max}$。式(2－5)的电感计算方法中，电阻率、频率、直径都是固定值，可以调整钢芯的导磁率；式(2－6)的电容计算方法中，可以通过调整材料介电常数与材料厚度来调整电容值；由于电阻、电容、电感都有调整方法，可以通过优化设计方法设计出适合于交流电源的纯电阻自制热导线。

3.4 分段方法

3.4.1 简易分段分析方法

对于工业化生产，固定参数的自制热导线有利于降低生产成本，因此，导线分段可以考虑以几公里为一段，分段太短不利于施工，还会增加导线类型和成本。

按几公里分段分析的方法称为简易分段分析方法，简易分段分析方法更趋近工程实际。

3.4.2 有限元分段分析方法

当需要精确分析时，可将分段距离缩短，分段距离缩短至 1 m 或小于 1 m，便形成有限元分段分析方法。有限元分段分析可以为自制热导线的工作参数提供更加精准的分析结果。

4 防冰融冰输电装置模型

自制热导线同时具备输电和防冰融冰能力，用于自制热导线的输电装置需同时具备输电和防冰融冰功能，本文将其命名为防冰融冰输电装置。输电线路包括直流输电线路和交流输电线路，防冰融冰电源可以是直流电源，也可以是交流电源，两种输电线路和两种防冰融冰电源共有四种组合关系，针对四种组合关系，需设计同时具备防冰融冰能力和输电能力的四种装置：交流输电—交流融冰装置，交流输电—直流融冰装置，直流输电—直流融冰装置，直流输电—交流融冰装置。

因为防冰和融冰都是对导线制热，所以有融冰功能即具备防冰功能，为表述简洁，在不冲突的情况下，本文部分内容用融冰代替防冰融冰。

4.1 交流输电—交流融冰装置

交流输电—交流融冰装置，用于交流输电系统，防冰融冰制热电源为交流输出。基于现有变压器结构，可以设计交流输电—交流融冰装置。

4.1.1 交流输电—交流融冰装置功能

自制热导线结构特点：外导体用于输电，跟现有输电导线的功能和构造一样。在内导体和外导体之间加入制热材料，并在内导体与外导体之间加入制热电源，制热电源作用在高分子导电制热材料上，使得高分子导电制热材料发热。

对于交流输电—交流融冰装置来说，其主要功能是输电功能，因此交流输电—交流融冰装置基本结构仍然是现有变压器结构。由于自制热导线是在现有输电导线的基础上，加入了制热材料，需要交流输电—交流融冰装置在内外导体之间加入电压。在原有变压器基础上，增加防冰融冰绕组，提供防冰融冰需要的能源，就可以设计出交流输电—交流融冰装置。交流输电—交流融冰装置从形式上来看是三绕组变压器，含一个一次侧绕组和两个二次侧绕组。一次侧绕组连接输电电源，两个二次侧绕组分别承担防冰融冰功能和输电功能。承担防冰融冰功能的二次侧绕组称为防冰融冰绕组（以下称为融冰绕组）。承担输电功能的二次侧绕组称为输电绕组。

不失一般性，本文只研究单相变压器模型。融冰绕组首端连接自制热导线的内导体，末端连接自制热导线的外导体。输电绕组的首端连接自制热导线的外导体。外导体既与融冰绕组连接，也与输电绕组连接。

根据交流输电—交流融冰装置一次侧绕组和二次侧绕组之间是否有电气连接，将交流输电—交流融冰装置分为常规交流输电—交流融冰装置和自耦交流输电—交流融冰装置两种类型。一次侧绕组与二次侧绕组之间没有电气连接的交流输电—交流融冰装置称为常规交流输电—交流融冰装置，一次侧绕组与二次侧绕组之间存在电气连接的称为自耦交流输电—交流融冰装置。

4.1.2 交流输电—交流融冰装置基本结构

4.1.2.1 基本结构及变量标识

交流输电—交流融冰装置包括一个一次侧绕组和两个二次侧绕组，因此交流输电—交流融冰装置的实质是一个三绕组变压器，其基本结构如图 4.1 所示。

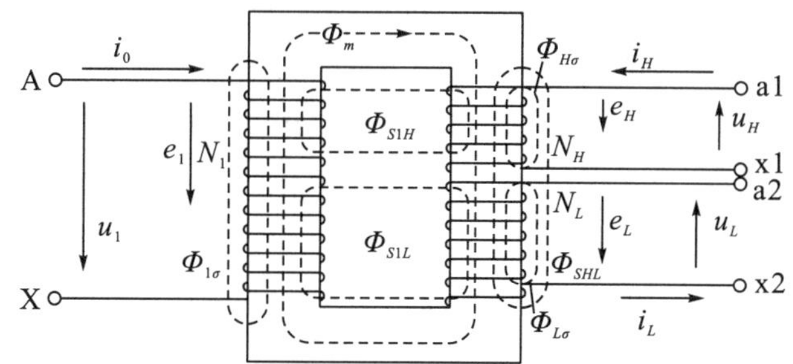

图 4.1 交流输电—交流融冰装置基本结构

交流输电—交流融冰装置基本结构中，A/X 连接的绕组为交流输电—交流融冰装置一次侧绕组，用于输入电能；a1/x1 和 a2/x2 连接的绕组为交流输电—交流融冰装置的两个二次侧绕组。a1/x1 连接的二次侧绕组用于输出融冰电能，是交流输电—交流融冰装置的融冰绕组。在需要融冰时，首端 a1 连接自制热导线的内导体，末端 x1 连接自制热导线的外导体；不需要融冰时，a1 与内导体断开；a2/x2 连接的二次侧绕组用于输出正常电能，是交流输电—交流融冰装置的输电绕组，首端 a2 与自制热导线的外导体连接。

从上述连接方法可以看出，交流输电—交流融冰装置与常规双绕组不同的是，融冰绕组的末端与输电绕组的首端连接，两个输出二次侧绕组之间是串联关系。常规双输出绕组的三绕组变压器中，两个二次侧绕组之间是并联关系。由于交流输电—交流融冰装置两个二次侧绕组与常规双输出绕组的三绕组变压器的两个二次侧绕组之间连接关系不同，交流输电—交流融冰装置与常规双绕组变压器有着不同的等效电路模型。

当图 4.1 表示空载时的交流输电—交流融冰装置基本结构，i_0 表示一次侧绕组空载电流瞬时值，I_0 表示一次侧绕组空载电流有效值，$\dot{I}_0$ 表示一次侧绕组空载电流有效值复数。当交流输电—交流融冰装置负载运行时，一次侧绕组电流瞬时值用 i_1 表示，有效值用 I_1 表示，其复数用 $\dot{I}_1$ 表示。无论是空载还是负载，一次侧绕组感应电动势瞬时值都用 e_1 表示，感应电动势有效值都用 E_1 表示，感应电动势复数都用 $\dot{E}_1$ 表示。接在一次侧绕组的交流电源瞬时值用 u_1 表示，有效值都用 U_1 表示，复数都用 $\dot{U}_1$ 表示。

在空载和负载的情况下，两个二次侧绕组的电磁信号均用相同的字符表示。在融冰绕组中，i_H 表示二次侧融冰绕组电流瞬时值，I_H 表示二次侧融冰绕组电流有效值，$\dot{I}_H$ 表示二次侧融冰绕组电流有效值复数；e_H 表示二次侧融冰绕组感应电动势瞬时值，E_H 表示二次侧融冰绕组感应电动势有效值，$\dot{E}_H$ 表示二次侧融冰绕组感应电动势有效值复数；u_H 表示二次侧融冰绕组电压瞬时值，U_H 表示二次侧融冰绕组电压有效值，$\dot{U}_H$ 表示二次侧融冰绕组电压有效值复数。

在输电绕组中，i_L 表示二次侧输电绕组电流瞬时值，I_L 表示二次侧输电绕组电流有效值，$\dot{I}_L$ 表示二次侧输电绕组电流有效值复数；e_L 表示二次侧输电绕组感应电动势瞬时值，E_L 表示二次侧输电绕组感应电动势有效值，$\dot{E}_L$ 表示二次侧输电绕组感应电动势有效值复数；u_L 表示二次侧输电绕组电压瞬时值，U_L 表示二次侧输电绕组电压有效值，$\dot{U}_L$ 表示二次侧输电绕组电压有效值复数。

图 4.1 中，N_1 表示一次侧绕组匝数，N_H 表示融冰绕组匝数，N_L 表示输电绕组匝数；Φ_m 表示变压器主磁通，$\Phi_{1\sigma}$表示一次侧绕组自漏磁通，$\Phi_{H\sigma}$表示融冰绕组自漏磁通，$\Phi_{L\sigma}$表示输电绕组自漏磁通。Φ_m 远远大于$\Phi_{1\sigma}$、$\Phi_{H\sigma}$和$\Phi_{L\sigma}$。在一次侧绕组、融冰绕组、输电绕组之间还存在相互之间的互漏磁通，一次侧绕组与融冰绕组之间的互漏磁通用Φ_{S1H}表示，一次侧绕组与输电绕组之间的互漏磁通用Φ_{S1L}表示，融冰绕组与输电绕组之间的互漏磁通用Φ_{SHL}表示。

4.1.2.2 基本结构数学模型

(1) 空载分析。

交流输电—交流融冰装置空载时，a1 与 x1 之间开路，a2 与 x2 之间开路。当一次侧 A/X 接入交流电源时，融冰绕组电流 I_{21}为零，输电绕组电流 I_{22}为零，只有一次侧绕组有电流通过，称二次侧融冰绕组和输电绕组开路时一次侧绕组的电流为空载电流，用 I_0 表示。

I_0 在变压器铁芯中建立磁通，磁通随着时间变化而变化，变化磁通将在绕组中产生感应电动势。对于一次侧来说，外加电源电压与感应电动势平衡；对于二次侧融冰绕组和输电绕组来说，感应电动势等于二次侧融冰绕组开路和输电绕组开路电压。

I_0 在铁芯中建立的磁通分为两类：主磁通 Φ_m 和漏磁通 $\Phi_{1\sigma}$。Φ_m 从铁芯通过，即和一次侧环链，又和二次侧环链。$\Phi_{1\sigma}$经过变压器油或空气形成闭路，并不沿铁芯闭合。交流输电—交流融冰装置空载运行时，电流 I_0 与主磁通 Φ_m 和漏磁通 $\Phi_{1\sigma}$参考方向符合右手螺旋规则，感应电动势 E_1 参考方向与电流 I_0 参考方向一致，交流电源 U_1 与 I_0 的参考方向符合电动机惯例。

空载运行时，一次侧感应电动势平衡方程如式(4－1)所示。

$$\dot{U}_1=-\dot{E}_1+\dot{I}_0R_1+j\dot{I}_0x_1=-\dot{E}_1+\dot{I}_0Z_1 \tag{4-1}$$

式中，R_1 为一次侧电阻，x_1 为一次侧漏电抗，Z_1 为一次侧漏阻抗，$Z_1=R_1+jx_1$。

由于漏阻抗 Z_1 压降非常小，交流电源电压与一次侧感应电动势的有效值近似相等，既 $U_1\approx E_1$。

在二次侧，由于融冰绕组和输电绕组存在漏阻抗压降，其感应电动势和输出电压近似相等，既 $U_H\approx E_H$，$U_L\approx E_L$。

根据电磁感应定律，有

$$\begin{cases}E_1=4.44fN_1\Phi_m\\E_H=4.44fN_H\Phi_m\\E_L=4.44fN_L\Phi_m\end{cases} \tag{4-2}$$

式中，f 为电源频率，单位为 Hz。

交流输电—交流融冰装置一次侧绕组、二次侧融冰绕组、二次侧输电绕组的感应电动势具有相同的相位，一次侧绕组感应电动势与二次侧融冰绕组感应电动势之比称为融冰变比，用字母 k_H 表示；一次侧绕组感应电动势与二次侧输电绕组感应电动势之比称为输电变比，用字母 k_L 表示。根据上面的分析可得

$$\begin{cases} k_H = \dfrac{\dot{E}_1}{\dot{E}_H} = \dfrac{E_1}{E_H} = \dfrac{N_1}{N_H} \approx \dfrac{U_1}{U_H} \\ k_L = \dfrac{\dot{E}_1}{\dot{E}_L} = \dfrac{E_1}{E_L} = \dfrac{N_1}{N_L} \approx \dfrac{U_1}{U_L} \end{cases} \tag{4-3}$$

交流输电—交流融冰装置铁芯中建立主磁通所需要的电流称为励磁电流，用 I_m 表示。空载时，融冰绕组和输电绕组电流为零，交流输电—交流融冰装置主磁通仅由一次侧绕组的磁动势产生。因此，在交流输电—交流融冰装置空载运行时，一次侧绕组的电流就是励磁电流，即 $I_m = I_0$。

正常运行时，交流输电—交流融冰装置漏阻抗压降很小，其一次侧的感应电动势与一次侧连接的电源电压基本相等，E_1 基本不变。根据式(4－2)，当 E_1 基本不变时，Φ_m 基本不变。设 $\Phi_m = K_1 I_0$，则 K_1 为常数。

由式(4－2)可以看出，E_1 与 Φ_m 成正比，因此 E_1 与 I_0 成正比。

设 $E_1 = x_m I_0$，其中 x_m 为励磁电抗，根据上述分析可知，x_m 为常数。

根据电磁感应定律，有 $e_m = -N_1 \cdot \dfrac{\mathrm{d}\Phi}{\mathrm{d}t}$。

由于 Φ_m 与 I_0 同相，$\dot{E}_1$ 在相位上滞后 Φ_m 90 度，即 $\dot{E}_1 = -jx_m \dot{I}_0$。

交流输电—交流融冰装置一次侧还存在铁损耗，铁损耗的影响用励磁电阻 R_m 表示，则有 $\dot{E}_1 = -\dot{I}_0(R_m + jx_m) = -\dot{I}_0 Z_m$，其中，$R_m$ 为励磁电阻，Z_m 为励磁阻抗。

根据式(4－1)，有

$$\dot{U}_1 = -\dot{E}_1 + \dot{I}_0 Z_1 = \dot{I}_0 Z_m + \dot{I}_0 Z_1 = \dot{I}_0 (Z_m + Z_1) \tag{4-4}$$

(2) 负载分析。

交流输电—交流融冰装置负载运行时，连接关系如图 4.2 所示。

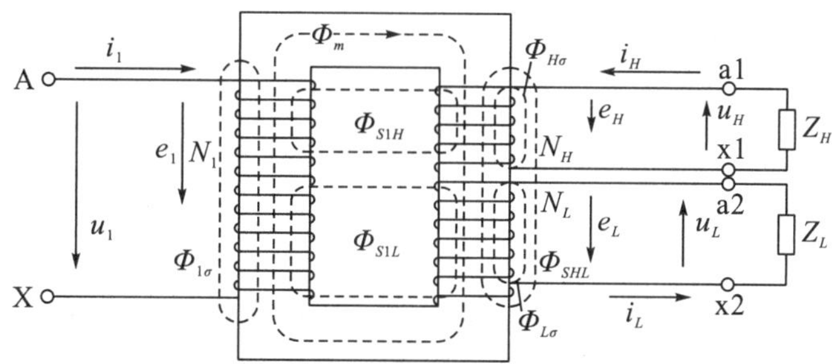

图 4.2　交流输电—交流融冰装置负载运行示意图

图 4－2 中，Z_L 为输电负载，Z_H 为融冰负载。负载运行需根据磁动势平衡和电动势平衡建立各参数关系。

1) 磁动势平衡。

在交流输电—交流融冰装置空载运行的情况下，$i_H = i_L = 0$，铁芯中的主磁通由一次侧空载电流形成，并在一次绕组形成磁动势 $\dot{F}_0$，$\dot{F}_0 = N_1 \dot{I}_0$。

根据磁路欧姆定律：$\dot{F}_0=\dot{\Phi}_m R_{mc}$，式中 R_{mc} 为磁阻。

空载时磁动势平衡方程为：$N_1\dot{I}_0=\dot{\Phi}_m R_{mc}$。

设负载时，一次侧产生的磁动势为 $\dot{F}_1$，二次侧产生的磁动势为 $\dot{F}_2$，则有

$$\begin{cases}\dot{F}_1=N_1\dot{I}_1\\ \dot{F}_H=N_H\dot{I}_H\\ \dot{F}_L=N_L\dot{I}_L\\ \dot{F}_2=\dot{F}_H+\dot{F}_L=N_H\dot{I}_H+N_L\dot{I}_L\end{cases} \tag{4-5}$$

空载时，由一次侧磁动势 $\dot{F}_0$ 产生主磁通 $\dot{\Phi}_m$，负载时，产生主磁通 $\dot{\Phi}_m$ 的磁动势为一次侧和二次侧的合成磁动势 $\dot{F}_1+\dot{F}_2$。由于主磁通 $\dot{\Phi}_m$ 的大小取决于 $\dot{U}_1$，只要 $\dot{U}_1$ 保持不变，则由空载到负载，主磁通 $\dot{\Phi}_m$ 保持不变。因此，有磁动势平衡方程：$\dot{F}_1+\dot{F}_2=\dot{F}_0$

用电流形式表示为

$$\dot{F}_1+\dot{F}_2=N_1\dot{I}_1+N_H\dot{I}_H+N_L\dot{I}_L=N_1\dot{I}_0$$

$$N_1\dot{I}_1=N_1\dot{I}_0+(-N_H\dot{I}_H)+(-N_L\dot{I}_L)$$

可以得到

$$\dot{I}_1=\dot{I}_0+\frac{(-N_H\dot{I}_H)+(-N_L\dot{I}_L)}{N_1}=\dot{I}_0+\frac{-\dot{I}_H}{k_H}+\frac{-\dot{I}_L}{k_L}=\dot{I}_0+\dot{I}_{1L} \tag{4-6}$$

式中，$\dot{I}_{1L}=\frac{-\dot{I}_H}{k_H}+\frac{-\dot{I}_L}{k_L}$。

2）电动势平衡。

如图 4.2 所示，交流输电—交流融冰装置中存在三种类型的磁通：主磁通 Φ_m；自漏磁通 $\Phi_{1\sigma}$、$\Phi_{H\sigma}$ 和 $\Phi_{L\sigma}$；互漏磁通 Φ_{S1H}、Φ_{S1L} 和 Φ_{SHL}。

主磁通将分别在一次侧绕组、融冰绕组、输电绕组中产生感应电动势。一次侧绕组主磁通感应电动势用 $\dot{E}_1$ 表示，融冰绕组主磁通感应电动势用 $\dot{E}_H$ 表示，输电绕组主磁通感应电动势用 $\dot{E}_L$ 表示。

自漏磁通 $\Phi_{1\sigma}$、$\Phi_{H\sigma}$ 和 $\Phi_{L\sigma}$ 将分别在一次侧绕组、融冰绕组、输电绕组中产生感应电动势。$\Phi_{1\sigma}$ 在一次侧绕组中产生的感应电动势用 $\dot{E}_{S1}$ 表示，$\Phi_{H\sigma}$ 在一次侧绕组中产生的感应电动势用 $\dot{E}_{SH}$ 表示，$\Phi_{L\sigma}$ 在输电绕组中产生的感应电动势用 $\dot{E}_{SL}$ 表示，$\dot{E}_{S1}$、$\dot{E}_{SH}$、$\dot{E}_{SL}$ 可以用自漏电抗压降表达，如式(4－7)所示。

$$\begin{cases}\dot{E}_{S1}=-j\dot{I}_1X_1\\ \dot{E}_{SH}=-j\dot{I}_HX_H\\ \dot{E}_{SL}=-j\dot{I}_LX_L\end{cases} \tag{4-7}$$

式中，X_1 为一次侧绕组自漏电抗；X_H 为融冰绕组自漏电抗；X_L 为输电绕组自漏电抗。

两两绕组之间的互漏磁通 Φ_{S1H}、Φ_{S1L} 和 Φ_{SHL} 将在一次侧绕组、融冰绕组、输电绕组中产生感应电动势。互漏磁通 Φ_{S1H} 将在一次侧绕组、融冰绕组中产生感应电动势，一次侧绕组中的感应电动势用 $\dot{E}_{S1H}$ 表示，融冰绕组中的感应电动势用 $\dot{E}_{SH1}$ 表示；互漏磁通 Φ_{S1L} 将在一次侧绕组、输电绕组中产生感应电动势，一次侧绕组中的感应电动势用 $\dot{E}_{S1L}$ 表示，输电绕组中的感应电动势用 $\dot{E}_{SL1}$ 表示；互漏磁通 Φ_{SHL} 将在融冰绕组、输电绕组中产生感应电动势，融冰绕组中的感应电动势用 $\dot{E}_{SHL}$ 表示，输电绕组中的感应电动势用 $\dot{E}_{SLH}$ 表示。上述感应电动势也可用互漏电抗压降表示，如式(4－8)所示。

$$\begin{cases}\dot{E}_{SH1}=-j\dot{I}_1X_{H1}\\\dot{E}_{S1H}=-j\dot{I}_{\mathrm{H}}X_{1H}\\\dot{E}_{S1L}=-j\dot{I}_LX_{1L}\\\dot{E}_{SL1}=-j\dot{I}_1X_{L1}\\\dot{E}_{SHL}=-j\dot{I}_LX_{HL}\\\dot{E}_{SLH}=-j\dot{I}_HX_{LH}\end{cases}\tag{4-8}$$

式中，X_{H1}为一次侧绕组在融冰绕组中产生的互漏电抗；X_{1H}为融冰绕组在一次侧绕组中产生的互漏电抗；X_{L1}为一次侧绕组在输电绕组中产生的互漏电抗；X_{1L}为输电绕组在一次侧绕组中产生的互漏电抗；X_{HL}为输电绕组在融冰绕组中产生的互漏电抗；X_{LH}为融冰绕组在输电绕组中产生的互漏电抗。

根据上述分析，可得到各绕组的电压方程如式(4－9)所示。

$$\begin{cases}\dot{U}_1=\dot{I}_1R_1+j\dot{I}_1X_1+j\dot{I}_HX_{1H}+j\dot{I}_LX_{1L}-\dot{E}_1\\-\dot{U}_H=\dot{I}_HR_H+j\dot{I}_1X_{H1}+j\dot{I}_HX_H+j\dot{I}_LX_{HL}-\dot{E}_H\\-\dot{U}_L=\dot{I}_LR_L+j\dot{I}_1X_{L1}+j\dot{I}_HX_{LH}+j\dot{I}_LX_L-\dot{E}_L\end{cases}\tag{4-9}$$

上述方程中的电阻和电抗由变压器设计参数和制作工艺确定，与变压器运行状态无关。

4.1.3　常规交流输电—交流融冰装置

将交流输电—交流融冰装置基本结构的 x 1和 a 2端子短路连接，短路连接后的端子用 x a表示，就构成了常规交流输电—交流融冰装置。在常规交流输电—交流融冰装置中，当 x a连接自制热导线的外导体，a 1连接自制热导线的内导体时，就构成了基于独立融冰绕组的常规交流输电—交流融冰装置；当 a 1连接自制热导线的外导体，x 1连接自制热导线的内导体时，就构成了基于共享融冰绕组的常规交流输电—交流融冰装置。

4.1.3.1　独立融冰绕组

基于独立融冰绕组的常规交流输电—交流融冰装置与自制热导线的连接方式如图 4.3 所示。图 4.3(a)为常规交流输电—交流融冰装置与自制热导线的连接示意图，图 4.3(b)为图 4.3(a)的等效电路图。对比图 4.3(b)和图 4.2 可以看出，图 4.3(b)和图 4.2 的连接方式基本相同，因此，基于独立融冰绕组的常规交流输电—交流融冰装置的参数解析式，与式(4－9)相同。

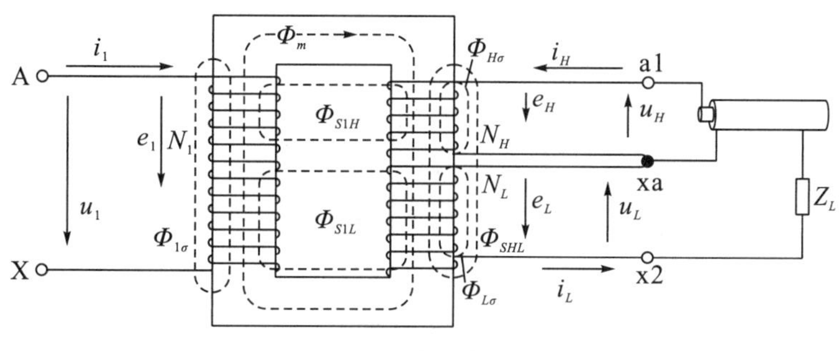

(a) 连接示意图

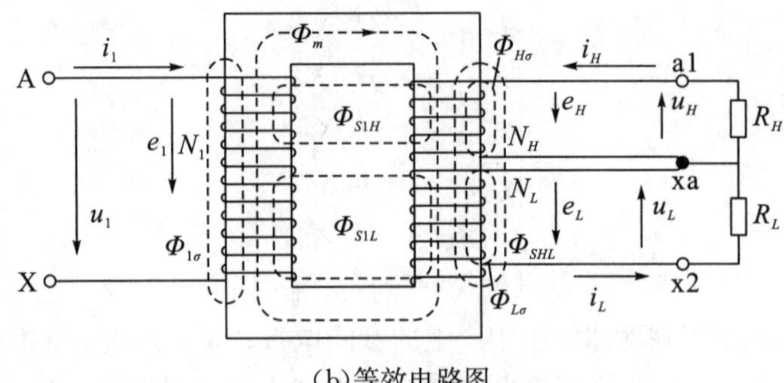

(b)等效电路图

图 4.3　独立融冰绕组

此时，i_H用于提供融冰功率，i_L用于提供输电功率。

关于 Z_H、Z_L 两端的电压及其流过的电流关系如式(4－10)所示。

$$\begin{cases}\dot{U}_L=\dot{I}_L Z_L \\ \dot{U}_H=\dot{I}_{\mathrm{H}} Z_H\end{cases} \tag{4－10}$$

联立式(4－3)、式(4－9)、式(4－10)可以求得基于独立融冰绕组的常规交流输电—交流融冰装置的各参数。

4.1.3.2　共享融冰绕组

基于共享融冰绕组的常规交流输电—交流融冰装置与自制热导线的连接方式如图 4.4 所示。

图 4.4(a)为常规交流输电—交流融冰装置与自制热导线的连接示意图，图 4.4(b)为图 4.4(a)的等效电路图。对比图 4.4(b)和图 4.2 可以看出，R_H连接方式相同，R_L连接方式不相同。

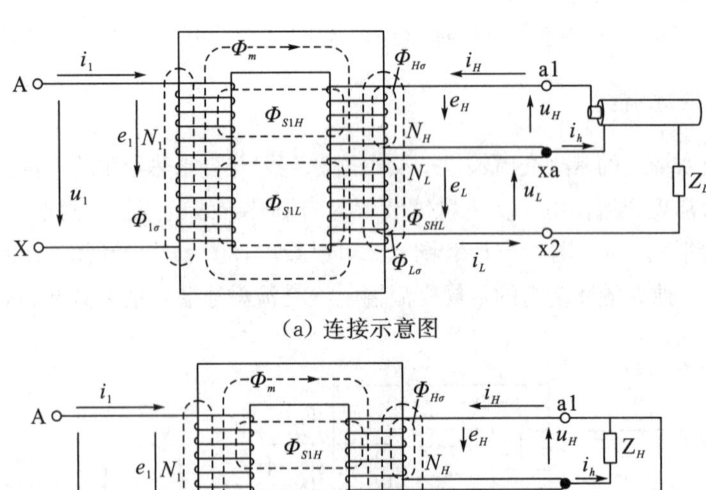

(a) 连接示意图

(b)等效电路图

图 4.4　共享融冰绕组

在式(4－9)中，各参数只与变压器结构和设计相关，与负载连接方式无关，因此，基于共享融冰绕组的常规交流输电—交流融冰装置参数之间的解析式与式(4－9)相同。

图4.4(b)中，i_h 提供融冰功率，i_L 提供输电功率，而且有：

$$i_H = i_L + i_h \tag{4-11}$$

对比基于独立融冰绕组的常规交流输电—交流融冰装置可以看出，在独立融冰绕组的常规交流输电—交流融冰装置中，融冰绕组只承担融冰功能，输电绕组只承担输电功能。在基于共享融冰绕组的常规交流输电—交流融冰装置中，融冰绕组除了承担融冰功能外，还承担输电功能，输电绕组只承担输电功能。相对基于独立融冰绕组的常规交流输电—交流融冰装置来说，基于共享融冰绕组的常规交流输电—交流融冰装置具有更加简单的结构和更低的制作成本。

从图4.4可以看出，基于共享融冰绕组的常规交流输电—交流融冰装置，其实质是在现有双绕组变压器的二次侧绕组中，加入了融冰抽头。实际使用时，融冰功率远远小于输电功率，交流输电—交流融冰装置用于融冰的时间远远小于用于输电的时间，而且融冰时可以通过在输电功率中减去融冰所需的功率来使输出电力电量不变。因此，基于共享融冰绕组的常规交流输电—交流融冰装置的分析方法，可以综合三绕组变压器的双绕组变压器分析方法进行分析。

从图4.4(b)可以看出，Z_L 两端的电压为$u_H + u_L$，流过 Z_L 的电流为i_L，Z_H 两端的电压为u_H，流过 Z_H 的电流为i_h，因此，

$$\begin{cases} \dot{U}_H + \dot{U}_L = \dot{I}_L Z_L \\ \dot{U}_H = \dot{I}_h Z_H \end{cases} \tag{4-12}$$

联立式(4－3)、式(4－9)、式(4－11)、式(4－12)，可以求得基于共享融冰绕组的常规交流输电—交流融冰装置的各参数。

4.1.4 自耦交流输电—交流融冰装置数学模型

自耦交流输电—交流融冰装置分低压变高压和高压变低压两种情况研究。高压变低压，是指一次侧绕组额定电压大于二次侧绕组额定电压，低压变高压是指一次侧绕组额定电压小于二次侧绕组额定电压。

4.1.4.1 高压变低压

将图4.1中的的X与a1端子连接，形成新端子xa1，x1端子与a2端子连接，形成新端子xa2，x2端子与A端子一起用于一次侧绕组输入电源，x2端子与xa1或xa2端子一起，用作二次侧绕组输出功率，xa1和xa2端子用于输出融冰功率，从而形成了高压变低压型自耦交流输电—交流融冰装置基本结构，如图4.5所示。

从图4.5结构可以看出，高压变低压型自耦交流输电—交流融冰装置在形式上只有一个绕组，即A与x2之间的绕组；在A与x2之间的绕组的基础上，加入了xa1和xa2两个抽头。可以看出，高压变低压型自耦交流输电—交流融冰装置被xa1和xa2两个抽头分成了三个具备不同功能的绕组，A与xa1之间的绕组，xa1与xa2之间的绕组，xa2与x2之间的绕组。

A与xa1之间的绕组为高压与低压端共有，称为公共绕组，其实质是图4.1中的一次

侧绕组。与图 4.1 命名类似，xa1 与 xa2 之间的绕组称为融冰绕组，xa2 与 x2 之间的绕组称为输电绕组。公共绕组、融冰绕组、输电绕组中的电压、感应电动势、电流等相关参数的表达方法均与图 4.1 中对应参数的表达方法类似。

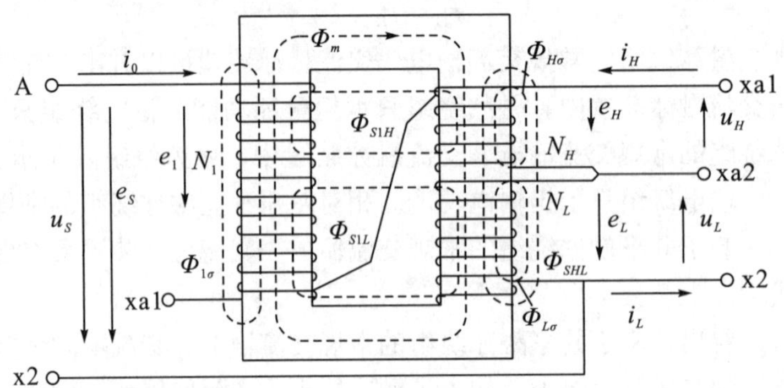

图 4.5　高压变低压基本结构

图 4.5 中所示的自耦交流输电—交流融冰装置中，将 A 与 x2 之间的绕组称为一次侧绕组，一次侧绕组的电压瞬时值、有效值、有效值复数分别用 u_S、U_S、$\dot{U}_S$ 表示。A 与 x2 之间的感应电动势瞬时值、有效值、有效值复数分别用 e_S、E_S、$\dot{E}_S$ 表示。融冰绕组和输电绕组称为二次侧绕组。

与常规交流输电—交流融冰装置一样，高压变低压的自耦交流输电—交流融冰装置的自制热导线的连接方式有两种：一种是自制热导线外导体连接到 xa2，内导体连接到 xa1；另一种是自制热导线外导体连接到 xa1，内导体连接到 xa2。这里将第一种连接方式称为独立融冰绕组连接方式，第二种连接方式称为共享融冰绕组连接方式。

(1) 空载运行。

自耦交流输电—交流融冰装置空载运行时，xa1 与 xa2 之间、xa2 与 x2 之间开路，i_H、i_L 均为零。I_0 为空载励磁电流，其产生空载励磁磁动势 F_0。A 与 xa1 之间的绕组匝数为 N_S，$N_S = N_1 + N_H + N_L$。

$$\dot{F}_0 = \dot{I}_0 N_S = \dot{I}_0 (N_1 + N_H + N_L) \tag{4-13}$$

对于大容量自耦交流输电—交流融冰装置来说，由于空载电流远远小于额定电流，而且漏电抗非常小，空载电流产生的漏抗压降可以忽略不计，因此，A、x2 端子之间的电压的大小约等于 A、x2 端子之间的感应电动势的大小，方向相反。A、x2 端子之间的感应电动势等于公共绕组、融冰绕组、输电绕组的感应电动势之和。

$$\dot{U}_S \approx -\dot{E}_S = -(\dot{E}_1 + \dot{E}_H + \dot{E}_L)$$

每匝电动势为

$$E_t = \frac{E_S}{N_S} \approx \frac{U_S}{N_S} = \frac{U_S}{N_1 + N_H + N_L}$$

融冰绕组开路电压

$$U_{HO} = E_t N_H = \frac{U_S N_H}{N_S} = \frac{U_S N_H}{N_1 + N_H + N_L} \tag{4-14}$$

输电绕组开路电压

$$U_{LO} = E_t N_L = \frac{U_S N_L}{N_S} = \frac{U_S N_L}{N_1 + N_H + N_L} \tag{4-15}$$

自耦交流输电—交流融冰装置的融冰变比 k_H 和输电变比 k_L 为

$$\begin{cases} k_H = \dfrac{U_S}{U_{HO}} = \dfrac{N_S}{N_H} = \dfrac{N_1 + N_H + N_L}{N_H} \\ k_L = \dfrac{U_S}{U_{LO}} = \dfrac{N_S}{N_L} = \dfrac{N_1 + N_H + N_L}{N_L} \end{cases} \tag{4-16}$$

(2) 独立融冰绕组。

独立融冰绕组连接方式如图 4.6 所示。图 4.6(a)为自制热导线连接示意图，图 4.6(b)为其等效电路图。

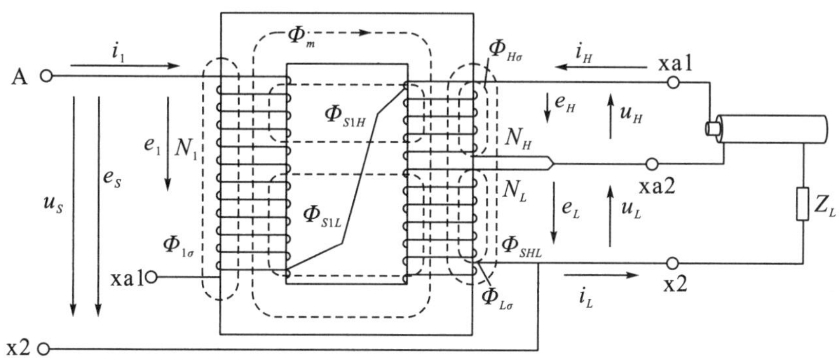

(a)连接示意图

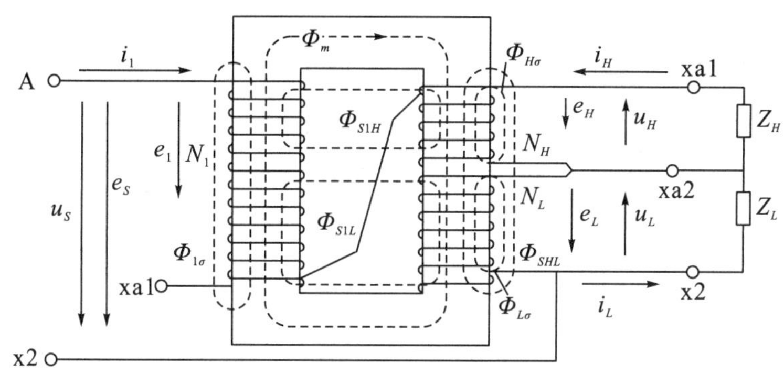

(b)等效电路图

图 4.6　独立融冰绕组

1) 磁动势平衡。

空载时，由 $\dot{F}_0$ 产生主磁通 $\dot{\Phi}_m$，负载时，产生主磁通 $\dot{\Phi}_m$ 的磁动势为公共线圈、融冰线圈、输电线圈的合成磁动势。由于主磁通 $\dot{\Phi}_m$ 的大小取决于 $\dot{U}_S$，只要 $\dot{U}_S$ 保持不变，则由空载到负载，主磁通 $\dot{\Phi}_m$ 保持不变。

接入负载后，共享线圈的电流为 $\dot{I}_1$，融冰线圈的电流为 $\dot{I}_1+\dot{I}_H$，输电线圈的电流为 $\dot{I}_1+\dot{I}_L$，此时，铁芯中的合成磁动势为

$$\dot{I}_1 N_1 + (\dot{I}_1 + \dot{I}_H) N_H + (\dot{I}_1 + \dot{I}_L) N_L = \dot{I}_1 (N_1 + N_H + N_L) + (\dot{I}_H N_H + \dot{I}_L N_L)$$

根据式(4-13)，有

$$\dot{I}_0 (N_1 + N_H + N_L) = \dot{I}_1 (N_1 + N_H + N_L) + (\dot{I}_H N_H + \dot{I}_L N_L)$$

$$\dot{I}_1 = \dot{I}_0 + \frac{(-N_H \dot{I}_H) + (-\dot{N}_L \dot{I}_L)}{N_1 + N_H + N_L} = \dot{I}_0 + \frac{-\dot{I}_H}{k_H} + \frac{-\dot{I}_L}{k_L} = \dot{I}_0 + \dot{I}_{1L} \tag{4-17}$$

式中，$\dot{I}_{1L}=\dfrac{-\dot{I}_H}{k_H}+\dfrac{-\dot{I}_L}{k_L}$

2）电压方程。

根据一次侧绕组的电压、融冰绕组电压、输电绕组电压的关系，可以得到电压方程

$$\begin{cases}\dot{U}_S=-(\dot{E}_1+\dot{E}_H+\dot{E}_L)+\dot{I}_1Z_1+(\dot{I}_1+\dot{I}_H)Z_H+(\dot{I}_1+\dot{I}_L)Z_L\\ \dot{U}_H=\dot{E}_H-(\dot{I}_1+\dot{I}_H)Z_H\\ \dot{U}_L=\dot{E}_L-(\dot{I}_1+\dot{I}_L)Z_L\end{cases}\tag{4-18}$$

式中，Z_1 为一次侧绕组阻抗；Z_H 为融冰负载阻抗；Z_L 为输电负载阻抗。

从图 4.6 可以看出，融冰负载 Z_H 两端的电压为 U_H，流过融冰负载的电流为 I_H；输电负载 Z_L 两端的电压为 U_L，流过输电负载的电流为 I_L，根据欧姆定理，有

$$\begin{cases}\dot{U}_H=\dot{I}_HZ_H\\ \dot{U}_L=\dot{I}_LZ_L\end{cases}\tag{4-19}$$

联立式(4－17)、式(4－18)、式(4－19)，可以求解基于独立融冰绕组的自耦交流输电—交流融冰装置的运行参数。

（3）共享融冰绕组。

共享融冰绕组连接方式如图 4.7 所示。图 4.7(a)为共享融冰绕组连接示意图，图 4.7(b)为其等效电路图。

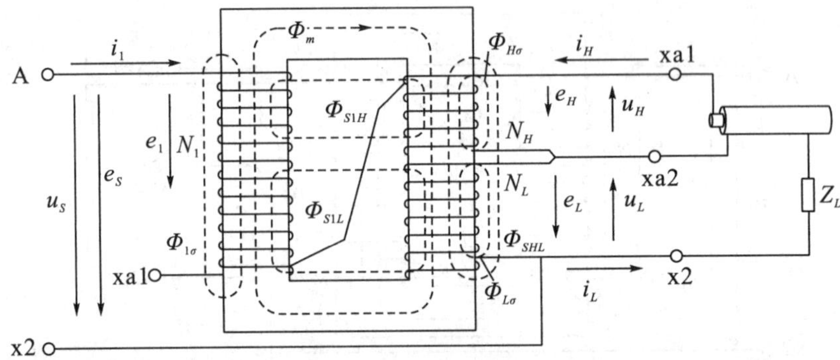

(a)连接示意图

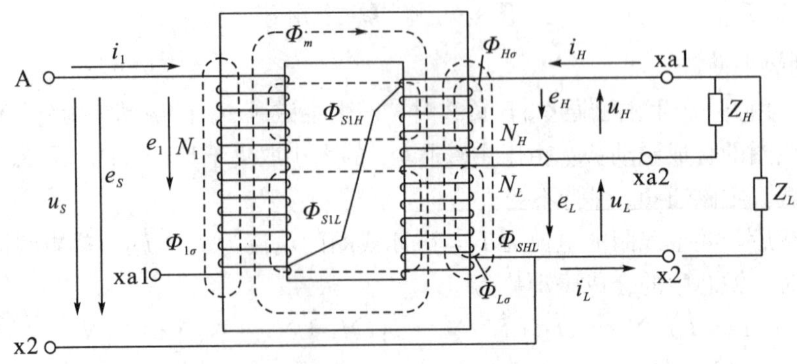

(b)等效电路图

图 4.7　共享融冰绕组

对比图 4.6 和图 4.7 可以看出，共享融冰绕组与独立融冰绕组除了外接负载电路不

同，变压器结构是相同的。因此，共享融冰绕组与独立融冰绕组有相同的磁动势方程和电压方程，但负载方程不相同。共享融冰绕组的磁动势方程如式(4－17)所示，共享融冰绕组的电压方程如式(4－18)所示。

融冰负载 Z_H 两端的电压为 U_H，流过 Z_H 的电流为 I_H-I_L。输电负载 Z_L 两端的电压为 U_H+U_L，流过 Z_L 的电流为 I_L。因此，负载方程为

$$\begin{cases}\dot{U}_H=(\dot{I}_H-\dot{I}_L)Z_H\\ \dot{U}_H+\dot{U}_L=\dot{I}_LZ_L\end{cases}\tag{4-20}$$

联立式(4－17)、式(4－18)、式(4－20)，可以求解基于共享融冰绕组的自耦交流输电—交流融冰装置的运行参数。

由于输电过程中，U_S 和 U_L 是固定的，Z_L 两端的匝数与一次侧线圈的匝数比是固定的。共享融冰绕组中，融冰线圈既有融冰作用，也有输电作用，可见共享融冰绕组比独立融冰绕组具有更简单的结构和更低的成本。

4.1.4.2 低压变高压

将图 4.1 中的 A 与 x2 端子连接，形成新端子 Ax2，x1 端子与 a2 端子连接，形成新端子 xa2，图 4.1 中的一次侧绕组仍然作为一次侧绕组输入电源。X 端子与 a1 或 xa2 端子一起，用作二次侧绕组输出输电功率，a1 和 xa2 端子用于输出融冰功率，从而形成了低压变高压型自耦交流输电—交流融冰装置基本结构，如图 4.8 所示。

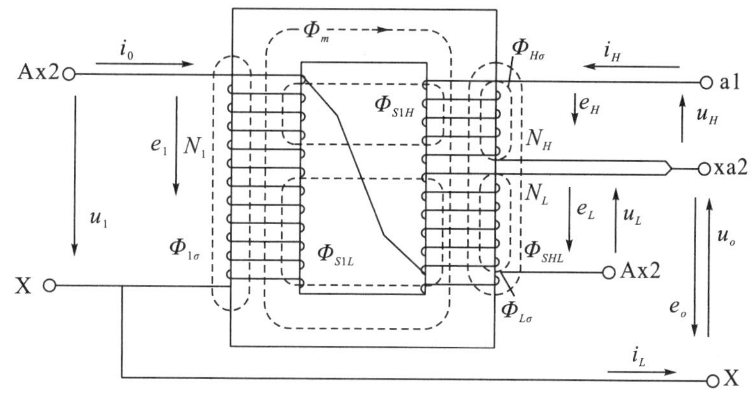

图 4.8 低压变高压基本结构

与高压变低压型自耦交流输电—交流融冰装置一样，低压变高压型自耦交流输电—交流融冰装置在形式上只有一个绕组，即 a1 与 X 之间的绕组。在 a1 与 X 之间的绕组的基础上，加入了 Ax2 和 xa2 两个抽头。可以看出，低压变高压型自耦交流输电—交流融冰装置被 Ax2 和 xa2 两个抽头分成了三个具备不同功能的绕组，即 Ax2 与 X 之间的绕组、xa2 与 Ax2 之间的绕组，xa2 与 a1 之间的绕组。

Ax2 与 X 之间的绕组为高压与低压端共有，称为公共绕组，公共绕组实质是图 4.1 中的一次侧绕组。与图 4.1 的命名类似，a1 与 xa2 之间的绕组称为融冰绕组，xa2 与 Ax2 之间的绕组称为输电绕组。公共绕组、融冰绕组、输电绕组中的电压、感应电动势、电流等相关参数的表达方法与图 4.1 中对应参数的表达方法相同。

在图 4.8 中所示的自耦交流输电—交流融冰装置中，将 xa2 与 X 之间的绕组称为二

次侧输出绕组，二次侧绕组的电压瞬时值、有效值、有效值复数分别用 u_0、U_0、$\dot{U}_0$ 表示。xa2 与 X 之间的感应电动势瞬时值、有效值、有效值复数分别用 e_0、E_0、$\dot{E}_0$ 表示。

与常规交流输电—交流融冰装置一样，低压变高压的自耦交流输电—交流融冰装置的自制热导线的连接方式有两种：一种是自制热导线外导体连接到 xa2，内导体连接到 a1；另一种是自制热导线外导体连接到 a1，内导体连接到 xa2。这里将第一种连接方式称为独立融冰绕组连接方式，第二种连接方式称为共享融冰绕组连接方式。

（1）空载运行。

自耦交流输电—交流融冰装置空载运行时，a1 与 xa2 之间、xa2 与 X 之间开路，i_H、i_L 都为零。I_0 为空载励磁电流，其产生空载励磁磁动势 F_0。Ax2 与 X 之间的绕组匝数为 N_{1L}。

$$\dot{F}_0 = \dot{I}_0 N_1 \tag{4-21}$$

对于大容量自耦交流输电—交流融冰装置来说，由于空载电流远远小于额定电流，而且漏电抗非常小，空载电流产生的漏抗压降可以忽略不计，因此，A、x2 端子之间的电压的大小约等于 A、x2 端子之间的感应电动势的大小，方向相反，即 $\dot{U}_1 \approx -\dot{E}_1$。

每匝电动势为 $E_t = \dfrac{E_1}{N_1}$。

融冰绕组开路电压 U_{HO} 为

$$U_{HO} = E_t N_H = \frac{U_1 N_H}{N_1} \tag{4-22}$$

二次侧输出绕组开路电压 U_{OO} 为

$$U_{OO} = E_t (N_L + N_1) = \frac{U_1 (N_L + N_1)}{N_1} \tag{4-23}$$

自耦交流输电—交流融冰装置的融冰变比 k_H 和二次侧输出变比 k_O 为。

$$\begin{cases} k_H = \dfrac{U_1}{U_{HO}} = \dfrac{N_1}{N_H} \\ k_O = \dfrac{U_1}{U_{OO}} = \dfrac{N_1}{N_L + N_1} \end{cases} \tag{4-24}$$

（2）独立融冰绕组。

独立融冰绕组连接方式如图 4.9 所示。图 4.9(a)为独立融冰绕组连接示意图，图 4.9(b)为其等效电路图。

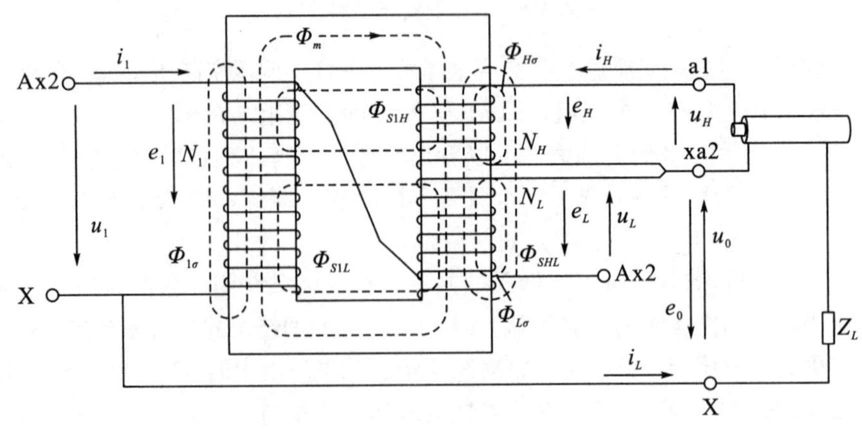

(a)连接示意图

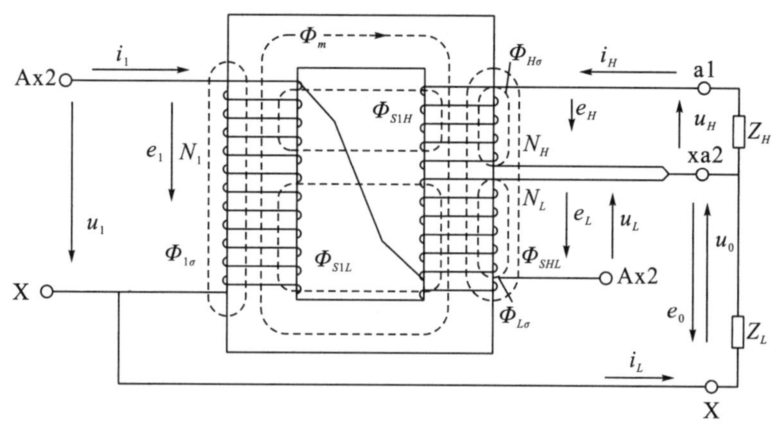

(b)等效电路图

图 4.9　独立融冰绕组

1）磁动势平衡。

空载时，由 $\dot{F}_0$ 产生主磁通 $\dot{\Phi}_m$，负载时，产生主磁通 $\dot{\Phi}_m$ 的磁动势为公共线圈、融冰线圈、输电线圈的合成磁动势。由于主磁通 $\dot{\Phi}_m$ 的大小取决于 $\dot{U}_1$，只要 $\dot{U}_1$ 保持不变，则由空载到负载，主磁通 $\dot{\Phi}_m$ 保持不变。

接入负载后，共享线圈的电流为 i_H+i_L，融冰线圈的电流为 i_H，输电线圈的电流为 i_L，此时，铁芯中的合成磁动势为

$$(\dot{I}_1+\dot{I}_L)N_1+\dot{I}_HN_H+\dot{I}_LN_L=\dot{I}_1N_1+\dot{I}_HN_H+\dot{I}_L(N_1+N_L)$$

根据式(4－21)，有

$$\dot{I}_1N_1+\dot{I}_HN_H+\dot{I}_L(N_1+N_L)=\dot{I}_0N_1$$

$$\dot{I}_1=\dot{I}_0+\frac{(-N_H\dot{I}_H)+(-N_L-N_1)\dot{I}_L}{N_1}=\dot{I}_0+\frac{-\dot{I}_H}{k_H}+\frac{-\dot{I}_L}{k_L}=\dot{I}_0+\dot{I}_{1L} \tag{4-25}$$

式中，$\dot{I}_{1L}=\dfrac{-\dot{I}_H}{k_H}+\dfrac{-\dot{I}_L}{k_L}$。

2）电压方程。

根据一次侧绕组电压、融冰绕组电压、输电绕组电压的关系，可以得到电压方程

$$\begin{cases}\dot{U}_1=-E_1+(\dot{I}_1+\dot{I}_L)Z_1\\ \dot{U}_H=\dot{E}_H-\dot{I}_HZ_H\\ \dot{U}_L=\dot{E}_L+\dot{E}_1-(\dot{I}_1+\dot{I}_L)Z_1-\dot{I}_LZ_L\end{cases} \tag{4-26}$$

从图 4.9 可以看出，融冰负载 Z_H 两端的电压为 U_H，流过融冰负载的电流为 I_H；输电负载 Z_L 两端的电压为 U_0，$U_0=U_L+U_1$，流过输电负载 Z_L 的电流为 I_L，根据欧姆定理，有

$$\begin{cases}\dot{U}_H=\dot{I}_HZ_H\\ \dot{U}_L+\dot{U}_1=\dot{I}_LZ_L\end{cases} \tag{4-27}$$

联立式(4－25)、式(4－26)、式(4－27)，可以求解基于独立融冰绕组的自耦交流输电—交流融冰装置的运行参数。

(3) 共享融冰绕组。

共享融冰绕组连接方式如图 4.10 所示。

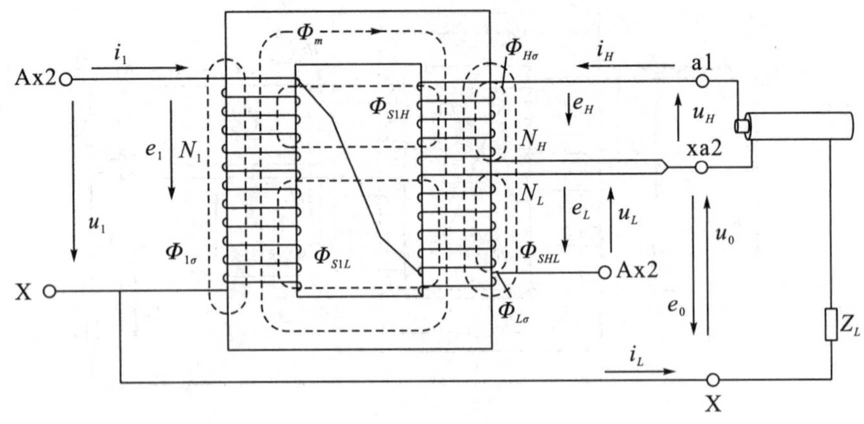

(a)连接示意图

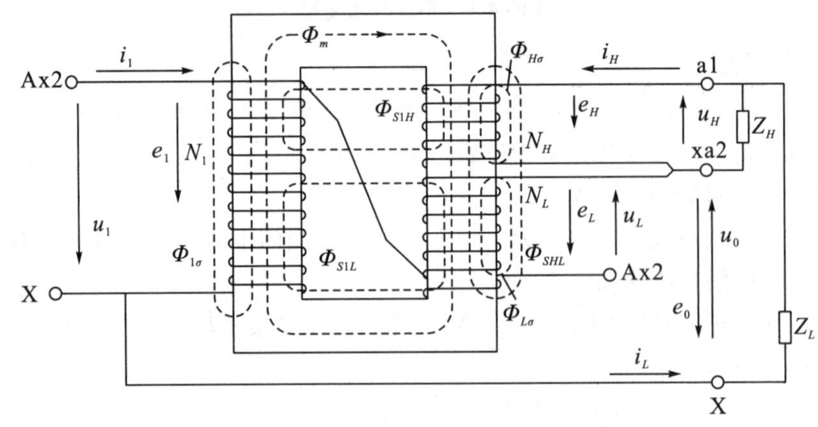

(b)等效电路图

图 4.10　共享融冰绕组

图 4.10(a)为共享融冰绕组连接示意图，图 4.10(b)为其等效电路图。

对比图 4.9 和图 4.10 可以看出，共享融冰绕组与独立融冰绕组除了外接负载电路不同，变压器结构是相同的。因此，共享融冰绕组与独立融冰绕组有相同的磁动势方程和电压方程，但是负载方程不相同。共享融冰绕组的磁动势方程如式(4－25)所示，电压方程如式(4－26)所示。

融冰负载 Z_H 两端的电压为 U_H，流过 Z_H 的电流为 I_H。输电负载 Z_L 两端的电压为 U_H+U_0，流过 Z_L 的电流为 I_L。因此，负载方程为

$$\begin{cases}\dot{U}_H=\dot{I}_H Z_H\\ \dot{U}_H+\dot{U}_0=\dot{I}_L Z_L\end{cases} \tag{4-28}$$

联立式(4－25)、式(4－26)、式(4－28)，可以求解基于共享融冰绕组的自耦交流输电—交流融冰装置的运行参数。

输电过程中，一次侧输入电压 U_1 和输电负载 Z_L 两端的电压是固定的，因此，Z_L 两端的线圈匝数与一次侧线圈的匝数比是固定。共享融冰绕组中，融冰线圈既有融冰作用，也有输电作用，可见共享融冰绕组比独立融冰绕组具有更简单的结构和更低的成本。

4.2　交流输电—直流融冰装置

交流输电—直流融冰装置，是指在交流输电线上，加直流融冰电压。假设交流输电线的电压用U_a表示，其峰值为U，作用在直流融冰的电压用U_d表示，为一常数，钢芯上的电压用U_g表示，则有$U_d=U_g-U_a$，而$U_a=U\sin(100\pi t+\theta)$，因此有

$$U_g=U_a+U_d=U\sin(100\pi t+\theta)+U_d \tag{4-29}$$

取$U=145$，$U_d=50$，则U_g、U_a波形如图 4.11 所示。

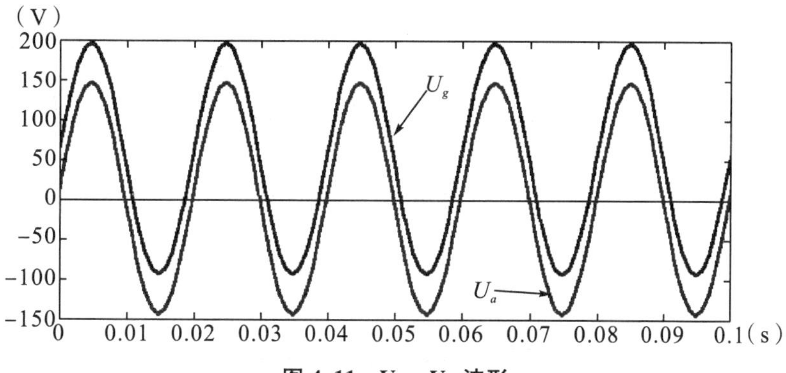

图 4.11　U_g、U_a 波形

可见，要在交流输电的条件下做到直流融冰，钢芯电压需要的是不规则电压。不规则电压的产生可以借鉴模块化多电平换流器(Modular Multilevel Converter，MMC)技术。本文借鉴多模块化技术设计的交流输电—直流融冰装置，称为多模块化融冰装置[80](Modular Multilevel Melting Device，MMMD)。

4.2.1　多模块化技术基本原理

自 2003 年前后，德国科学家 R. Marquardt 和 A. Lesnicar 等人提出了 MMC 设计技术以来，MMC 领域研究得到业内普遍重视和迅速发展，从刚开始的柔性直流输电的应用，发展到柔性交流输电装置、高压 DC/DC 变换器装置、高压大功率变频驱动装置、大规模光伏并网及储能等领域的广泛应用。

4.2.1.1　MMC 拓扑结构

三相 MMC 拓扑结构如图 4.12 所示。MMC 包括三个相单元，每个相单元分别包括两个桥臂，每个桥臂由 N 个相同的子模块(Sub-Module，SM)、一个串联电阻 R_0 和一个桥臂电抗器 L_0 串联而成。

4.2.1.2　MMC 作为整流器

由于 MMC 的拓扑结构具有对称性，三相桥臂有同样的工作情况，分析一相的数学模型，即可说明其他两相。本文以 A 相为例，建立 MMC 整流器数学模型。MMC 桥臂电压由投入子模块数量决定，每个桥臂可等效为一个受控电压源。A 相整流器等效电路模型如图 4.13 所示。

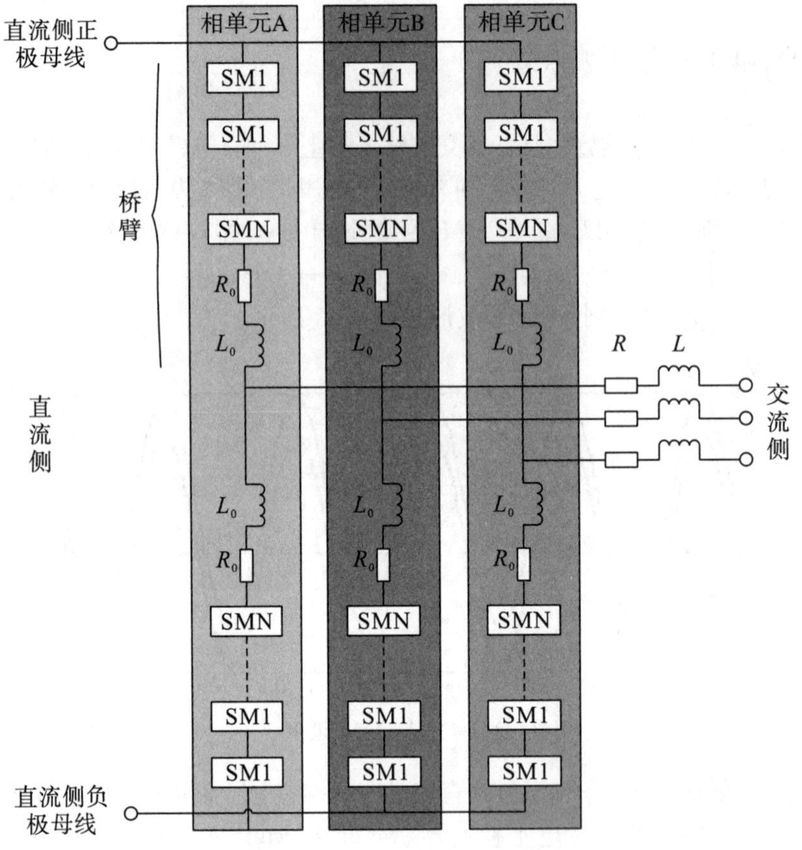

图 4.12　三相 MMC 拓扑结构

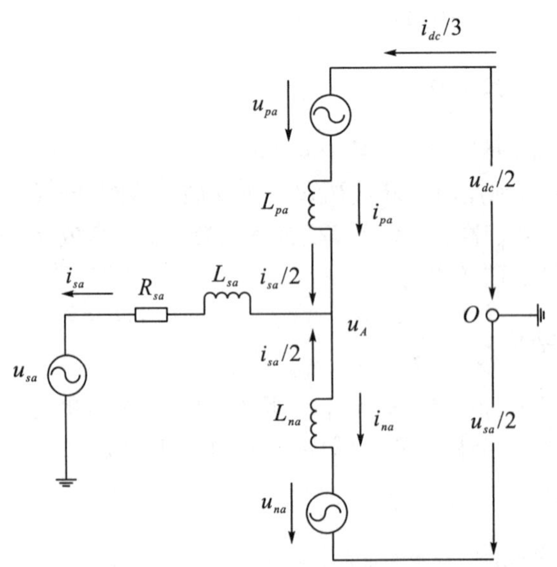

图 4.13　A 相整流器等效电路模型

图 4.13 中，i_{dc} 为直流母线电流，由于三相对称关系，A 相流过的电流为直流母线电流的 1/3。L_{pa}、L_{na} 为桥臂上的串联电感，由于较小，分析时可忽略不计。根据基尔霍夫电流定律和基尔霍夫电压定律，有

$$u_A = u_{sa} - R_{sa} i_{sa} - L_{sa} \cdot \frac{\mathrm{d} i_{sa}}{\mathrm{d} t} \tag{4-30}$$

$$u_{pa} = \frac{u_{dc}}{2} - u_A \tag{4-31}$$

$$u_{na} = \frac{u_{dc}}{2} + u_A \tag{4-32}$$

$$i_{pa} = \frac{i_{dc}}{2} + \frac{i_{sa}}{2} \tag{4-33}$$

$$i_{pa} = \frac{i_{dc}}{2} - \frac{i_{sa}}{2} \tag{4-34}$$

由式(4－31)和式(4－32)可得

$$u_{dc} = u_{pa} + u_{na} \tag{4-35}$$

$$u_A = \frac{u_{na} - u_{pa}}{2} \tag{4-36}$$

设每个子模块电压为 u_c，上桥臂子模块投入数为 n_{pa}，下桥臂子模块投入数为 n_{na}，则有

$$u_{dc} = u_{pa} + u_{na} = n_{pa} u_c + n_{na} u_c = N u_c \tag{4-37}$$

4.2.1.3　MMC 作为逆变器

同样，以 A 相为例，当 MMC 用作逆变器时，等效电路模型如图 4.14 所示。对比图 4.13 和图 4.14 可以看出，作为逆变器和整流器，MMC 本身结构没有变化，因此具有相同结构的等效电路模型。由于潮流方向发生变化，电流流向发生变化，但是电压关系相同。因此，式(4－35)、式(4－36)、式(4－37)所示的交流、直流、子模块之间的电压关系，适合于整流器和逆变器。

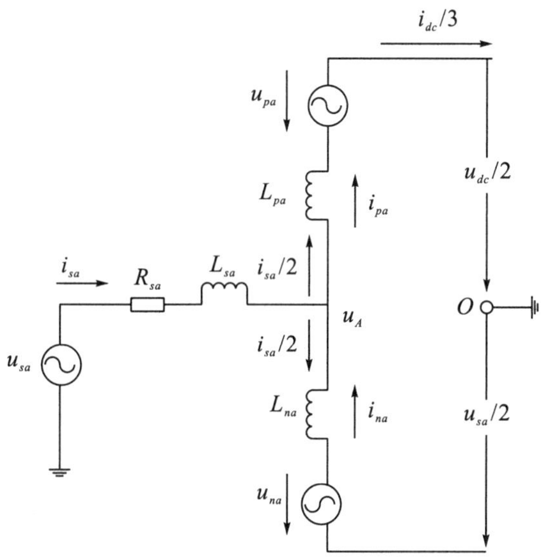

图 4.14　A 相逆变器等效电路模型

4.2.2　多模块化融冰装置结构

借鉴 MMC 的基本方法，本文提出的多模块化融冰装置结构如图 4.15 所示。

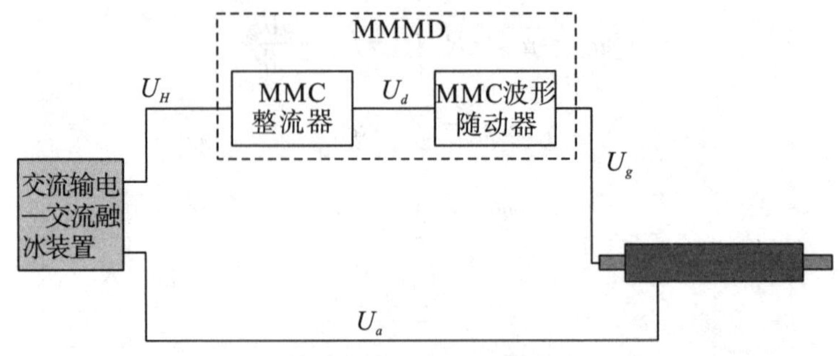

图 4.15 MMMD 结构图

多模块化融冰装置由 MMC 整流器和 MMC 波形随动器构成，交流输电—交流融冰装置产生融冰电压U_H和输电电压U_a，输电电压连接到自制热导线的外导体铝绞线上。融冰电压U_H经过 MMC 整流器变为直流后，再由 MMC 波形随动器转换为符合图 4.11 要求的U_g，然后将U_g连接到自制热导线的内导体钢芯上，用于让发热材料升温。U_H、U_a、U_{dp}、U_{dn}、U_g 的相互关系如图 4.16 所示。

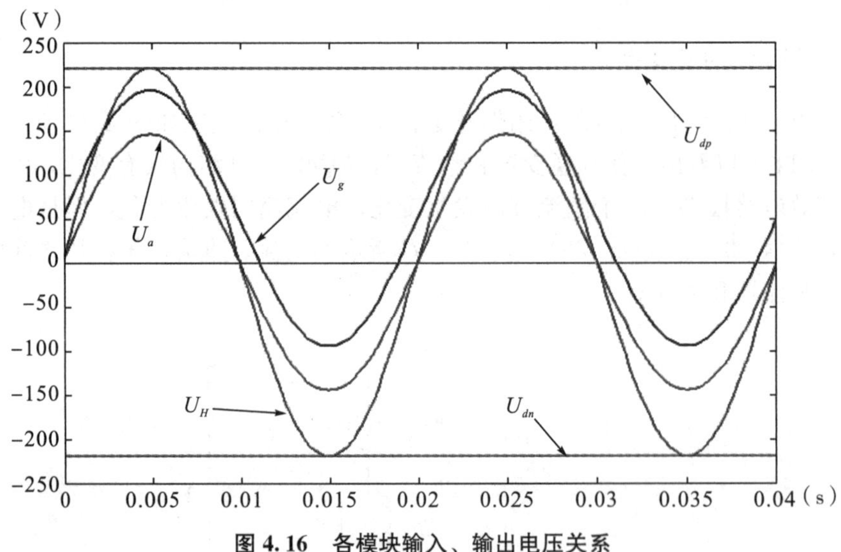

图 4.16 各模块输入、输出电压关系

4.2.3 多模块化融冰装置分析

图 4.16 中的交流输电—交流融冰装置采用图 4.3 的设计方法，U_H、U_a 按式(4-3)的方法计算。MMC 整流器和波形随动器按 4.2.1 所示原理设计。

4.2.3.1 MMC 整流器

(1) MMC 整流输出。

根据式(4-3)，有

$$\begin{cases} U_H = \dfrac{U_1}{k_H} \\ U_a = \dfrac{U_1}{k_L} \end{cases} \tag{4-38}$$

根据 4.2.1 节的分析，有

$$\begin{cases} U_{dp}=\dfrac{U_{1am}}{k_H} \\ U_{dn}=-\dfrac{U_{1am}}{k_H} \end{cases} \tag{4-39}$$

式中，U_{1am} 为 U_1 的幅值。

(2) 整流器调制。

整流器调制方法采用载波移相调制。以五电平为例，整流器每相上下桥臂各有 4 个子模块，需要 4 组相位相差 $p_i/2$ 的三角载波，设三角载波的频率为调制波的 8 倍，则上桥臂调制波和载波如图 4.17 所示。

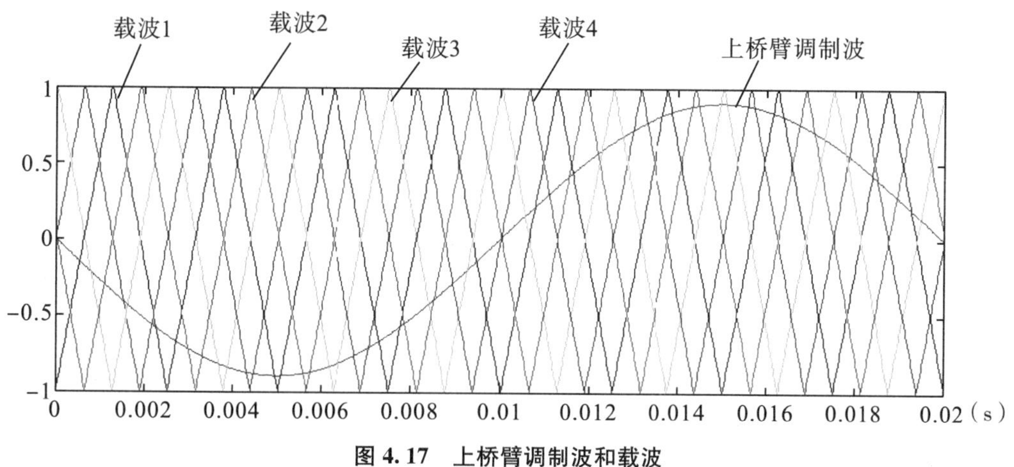

图 4.17　上桥臂调制波和载波

当调制波大于载波时，产生导通开关信号，调制波小于载波时，产生断开开关信号，产生的信号称为脉宽调制(Pulse Width Modulation，PWM)信号，因此，4 个载波对应 4 个脉宽调制信号 PWM1、PWM2、PWM3、PWM4，如图 4.18 所示。

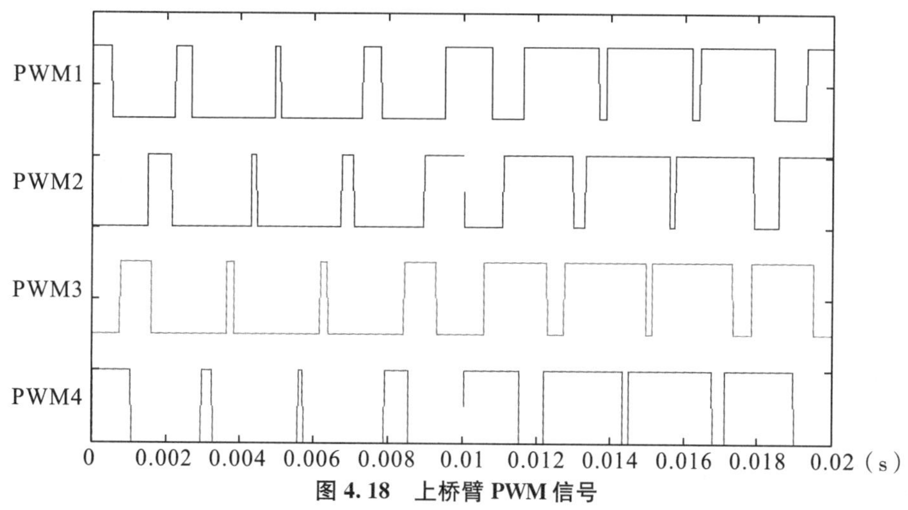

图 4.18　上桥臂 PWM 信号

上述 PWM 将控制 SM 的工作状态，正脉冲将控制 SM 处于投入状态，在投入状态时，单个 SM 输出为 U_c，因此上述 PWM 信号相加构成的波形，就是 MMC 中上桥臂输出的电压的波形，如图 4.19 所示。

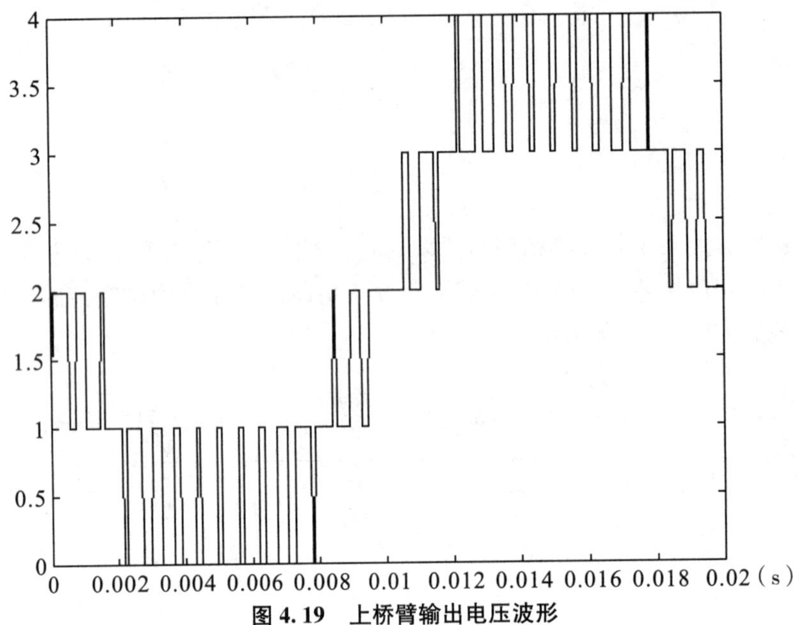

图 4.19　上桥臂输出电压波形

将图 4.18 的上桥臂调制波反向，就得到下桥臂调制波，使用与上桥臂相同的载波和相同的 PWM 产生方法，得到下桥臂 PWM 信号和下桥臂电压输出波形。下桥臂调制波和载波、下桥臂 PWM 信号、下桥臂输出电压波形分别如图 4.20、图 4.21、图 4.22 所示。

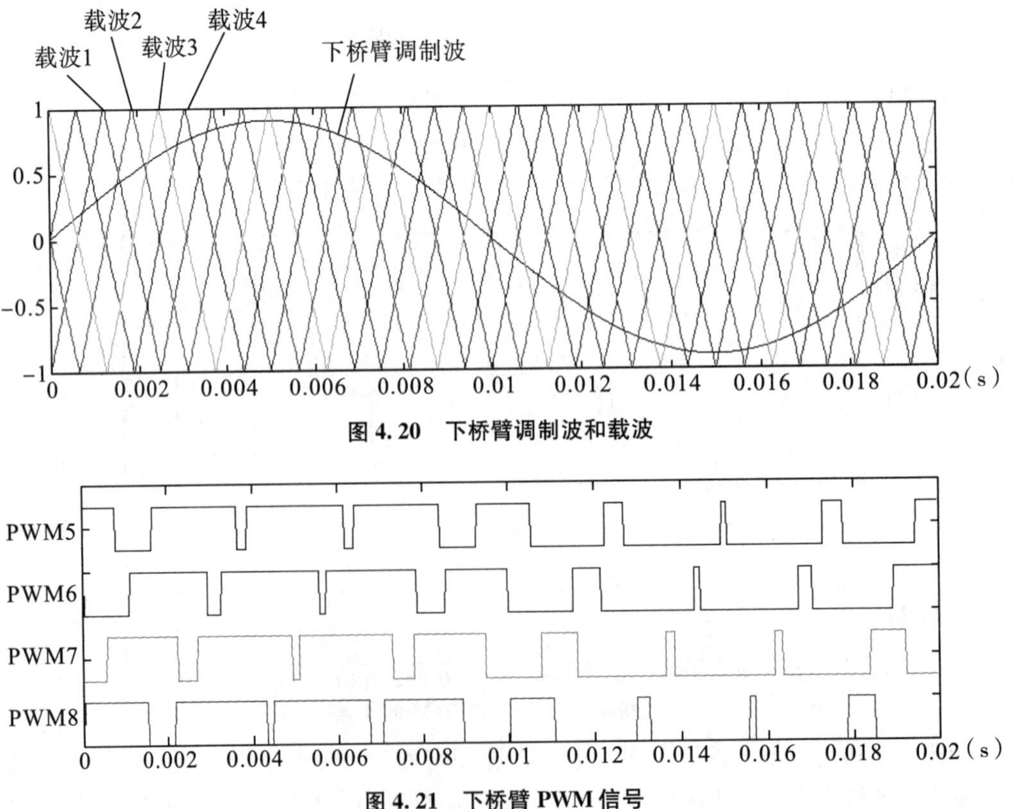

图 4.20　下桥臂调制波和载波

图 4.21　下桥臂 PWM 信号

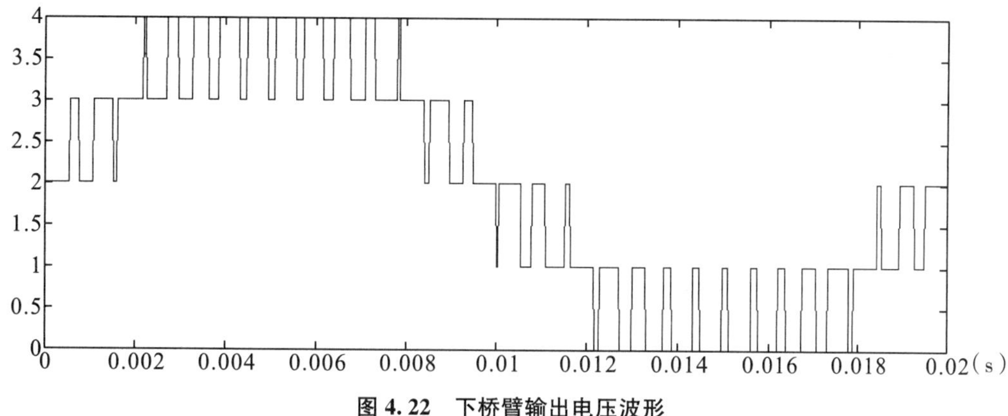

图 4.22　下桥臂输出电压波形

4.2.3.2　MMC 波形随动器

波形随动器是利用 MMC 逆变器技术，输出波形保持比输电线输送波形高于或者低于某个值，波形随动器的输出电压与输电线路输送电压为直流关系。

(1) 调制波。

根据式(4−3)、式(4−29)、式(4−39)，有

$$U_d = \frac{U_{1am}}{k_H} - \frac{U_{1am}}{k_L} = U_{1am} \cdot \frac{k_L - k_H}{k_H k_L} \tag{4-40}$$

式(4−29)中，设 U_g、U_a 的幅值为 U_{gam}、U_{aam}，用 U_H 的幅值 U_{Ham} 对 U_{aam}、U_{gam} 和 U_d 进行归一化处理，归一化处理结果分别用 U_{au}、U_{gu}、U_{du} 表示

$$\begin{cases} U_{au} = \dfrac{U_{aam}}{U_{Ham}} \\ U_{du} = \dfrac{U_d}{U_{Ham}} \\ U_{gu} = \dfrac{U_{gam}}{U_{Ham}} \end{cases} \tag{4-41}$$

根据式(4−29)，归一化处理后，U_{au}、U_{gu}、U_{du} 之间的关系为

$$U_{gu} = U_{au}\sin(100\pi t) + U_{du} \tag{4-42}$$

由式(4−42)计算得到的 U_{gu}，就是上桥臂调制所需的调制波。下桥臂的调制波为 U_{gu} 反相 180 度。

(2) 调制方法。

波形随动器的调制方法与整流器调制方法相同，采用载波移相调制。这里以五电平为例，上桥臂调制方法跟图 4.17 所示调制方法相同，图 4.23、图 4.24、图 4.25 分别示意了上桥臂调制波和载波的关系及上桥臂 PWM 信号、上桥臂输出电压波形；下桥臂调制方法跟图 4.20 所示调制方法相同，图 4.26、图 4.27、图 4.28 分别示意了下桥臂调制波和载波的关系及下桥臂 PWM 信号、下桥臂输出电压波形。

(3)输出结果。

根据式(4−36)，MMC 波形随动器输出为上桥臂输出电压与下桥臂输出电压差值的一半，根据图 4.25、图 4.28 的结果，得到 MMC 波形随动器输出，如图 4.29 所示。

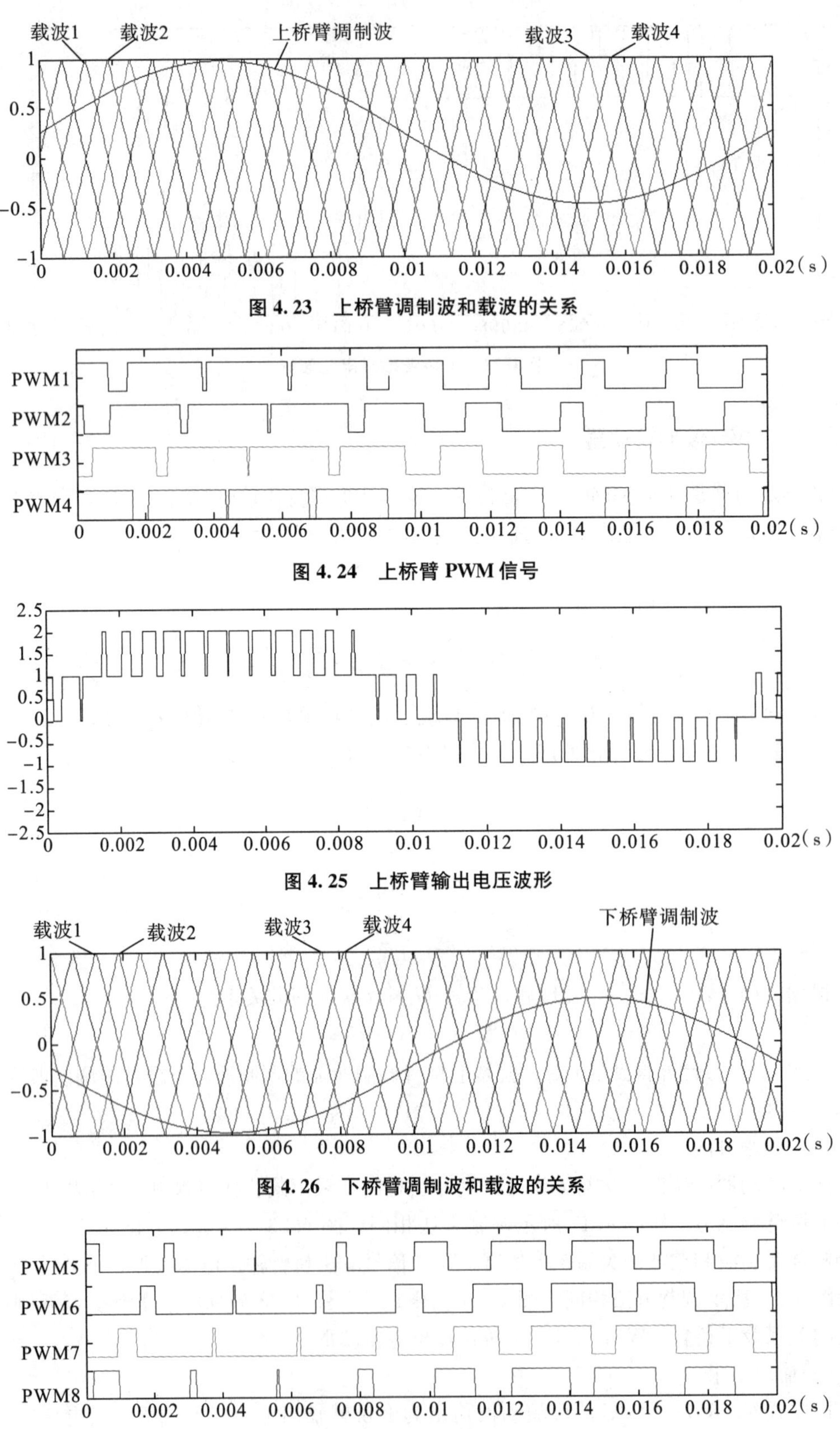

图 4.23　上桥臂调制波和载波的关系

图 4.24　上桥臂 PWM 信号

图 4.25　上桥臂输出电压波形

图 4.26　下桥臂调制波和载波的关系

图 4.27　下桥臂 PWM 信号

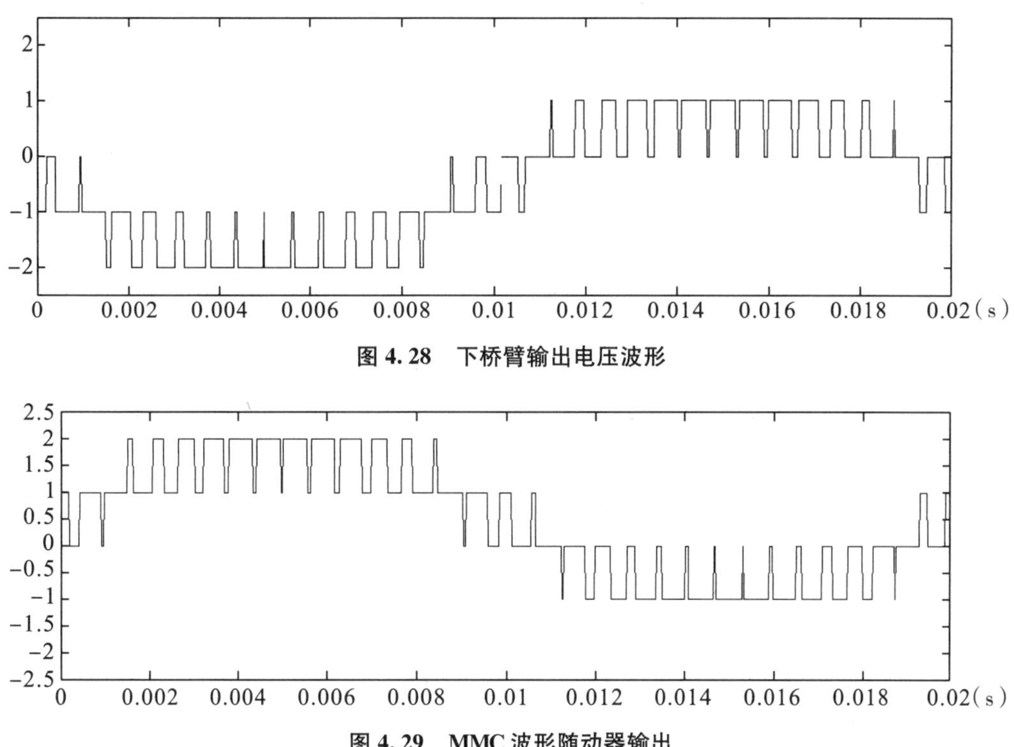

图 4.28　下桥臂输出电压波形

图 4.29　MMC 波形随动器输出

4.2.3.3　单周功率不平衡问题

当钢芯与铝绞线之间输出直流，且制热材料消耗直流功率时，在同一交流周期内，正半周和负半周的功率是不同的，如图 4.30 所示。其中，AB 段的功率消耗在上半周，BC 段的功率消耗在下半周，可以看出，AB 段的功率大于 BC 段的功率。单周功率的不平衡，对 MMC 设备本身、电力生产或电力系统分析、电网控制会有什么影响，暂时没有检索到相关文献；设备本身运行的不平衡，将在设备中产生环流，采用什么方法抑制设备的环流，将值得探究；MMC 的工作基础是电容的储能，电容储能作用能否抑制整个融冰过程单周不平衡功率消耗，也需要详细分析。

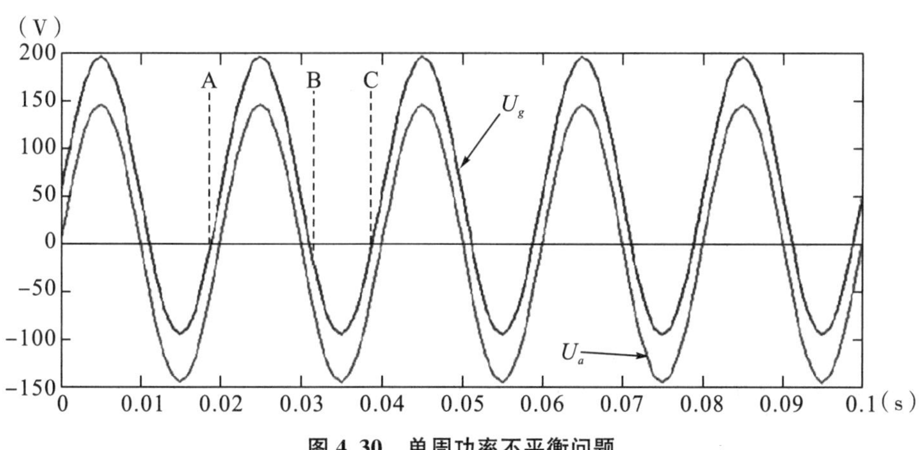

图 4.30　单周功率不平衡问题

4.3 直流输电—直流融冰装置

直流输电—直流融冰装置在交流输电—交流融冰装置的基础上，加入整流器即可。设计方法如图 4.31 所示。

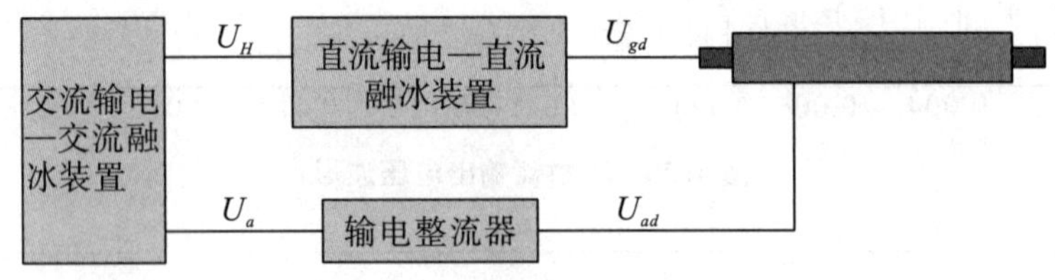

图 4.31　直流输电—直流融冰装置

图 4.31 中，交流输电—交流融冰装置可以是 4.1 节讨论的任何形式，其输出 U_a 接入输电整流器，输电整流器的输出 U_{ad} 接入自制热导线外导体，用于输电；交流输电—交流融冰装置输出 U_H，用于融冰，U_H 接入直流输电—直流融冰装置，变成融冰直流输出 U_{gd}，U_{gd} 接入自制热导线的内导体，用于融冰。

4.4 直流输电—交流融冰装置

在高压直流输电系统中，整流器与输电线路之间有平波电抗器，其作用是滤除整流器输出纹波。可见，平波电抗器两端本身就是交流信号。平波电抗器输出与自制热导线外导体连接。平波电抗器输入电源(即整流器输出电源)接入自制热导线的内导体，内外导体之间存在交流电源，实现自制热导线的在线实时防冰和融冰，如图 4.32 所示。

可见，对于直流输电—交流融冰装置，不需要专门设计防冰融冰输电装置，在现有输电线路基础上，更换输电导线即可以实现在线防冰与融冰。

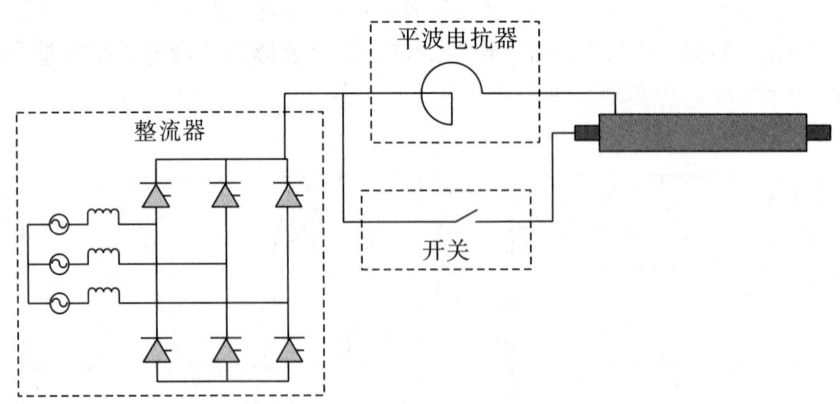

图 4.32　直流输电—交流融冰装置

5　防冰融冰控制及覆冰预测方法

5.1　自制热导线功率控制

根据防冰融冰状态的不同，需要控制不同的防冰融冰功率，控制方法如图 5.1 所示。

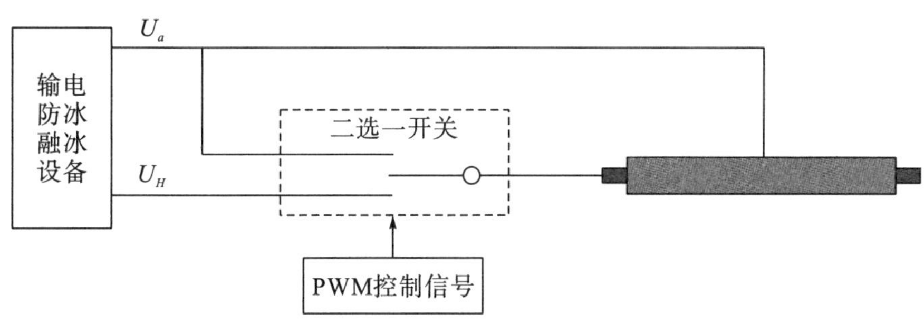

图 5.1　防冰融冰功率控制

脉宽调制(PWM)信号输出固定频率脉宽可调的 PWM 信号，当 PWM 信号为高电平时，控制二选一开关，将制热电源连接到钢芯，使得钢芯与铝绞线之间产生电压差，制热材料中因为有电流流过而制热。当 PWM 信号为低电平时，控制二选一开关选择输电电压，钢芯与铝绞线之间没有电压差，输电材料停止制热。

上述方法的防冰融冰输出功率等于脉宽占空比、最大防冰融冰功率、PWM 效率之乘积。PWM 效率是指 PWM 控制过程中因为脉宽作用，引起导线间断性制热散热带来的电热转换效率的影响。

根据式(2－31)计算输电融冰装置输出的最大融冰功率 $W_{H_{\max}}$ 为

$$W_{H_{\max}}=(U_a-U_H)^2/R_h \tag{5-1}$$

设 PWM 信号脉宽占空比为 d_r，则输电装置输出功率 W_{out} 为

$$W_{\text{out}}=d_r\cdot W_{H_{\max}}=d_r\cdot(U_a-U_H)^2/R_h \tag{5-2}$$

由于 PWM 效率参数与式(2－15)的 k_s 和式(2－32)的 k_h 有同样的功能，PWM 效率参数与 k_s 和 k_h 可以合并考虑，合并后的因子用 k_h 表示。在 PWM 信号控制下，热电材料产生的热量 $Q_{H_{\text{out}}}$ 为

$$Q_{H_{\text{out}}}=k_h\cdot d_r\cdot(U_a-U_H)^2/R_h \tag{5-3}$$

5.2　控制方法

如果已经发现覆冰，将运行融冰控制方法，如果预测到未来可能覆冰，将运行防冰控制方法。融冰控制过程分导线升温阶段和融冰阶段，防冰控制过程分导线升温阶段和防冰

阶段。导线升温阶段以及融冰阶段，在整个控制过程中不会占太长时间，导线功率不需要精确控制，可以使用比例控制算法。导线在防冰阶段工作的时间较长，需要精准控制。本文结合模糊自适应 PID 控制和模型预测控制算法，并基于模拟导线提出一种自适应动态控制方法，以实现导线防冰的精准控制。

输电线路防冰融冰过程是非线性时变过程，控制规律不容易提炼。模糊自适应控制和模型预测控制都不需要提炼控制规律，适用于防冰控制。可以采用在实时模拟导线上模拟模糊自适应 PID 控制和模型预测控制算法的方式，选择控制性能最优的控制方法，根据这一思路，可建立本文提出的自适应动态控制方法。

5.2.1 模糊自适应 PID 控制

采用模糊自适应技术，应用模糊数学理论和基本方法，可以将规则的条件和控制方法用模糊集表示，从而将非线性时变过程用模糊控制方法实现，是一种非线性时变系统中应用 PID 技术的控制方法。模糊自适应 PID 控制框图如图 5.2 所示。

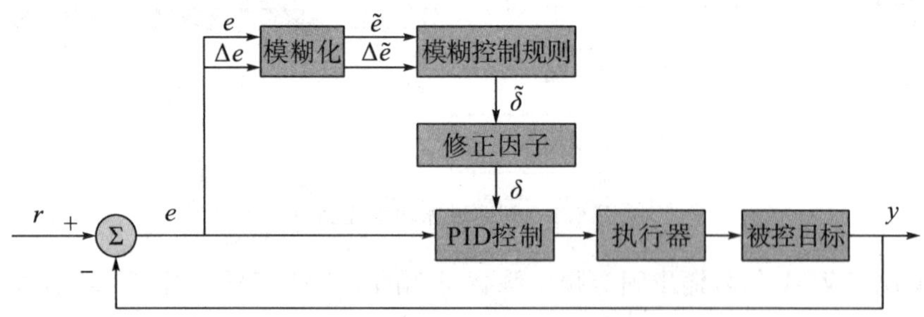

图 5.2 模糊自适应 PID 控制框图

在图 5.2 中，先对 e 和 Δe 进行模糊化处理，利用模糊控制规则，对 PID 控制器的输出进行调整、修正，以满足不同的 e 和 Δe 对控制参数的不同要求，使被控目标具有良好的性能。设 δ 为修正因子，取值范围为 $[-0.5, 0.5]$，则经过修正后的 PID 控制器的输出 p' 的计算公式为

$$p'=p(1+\delta) \tag{5-4}$$

设系统处于稳态时，PID 控制器输出为 p_0，则式(5-4)表示为增量形式

$$\begin{cases} p_0+\Delta p'=(p_0+\Delta p)(1+\delta) \\ \Delta p'=\Delta p(1+\delta)+p_0\delta \end{cases} \tag{5-5}$$

设的模糊量 $\tilde{\delta}$ 取自下列模糊集

$$\tilde{\delta}=\{\text{NB, NM, NS, ZO, PS, PM, PB}\} \tag{5-6}$$

其中，NB、NM、NS、ZO、PS、PM 和 PB 分别表示负大、负中、负小、零、正小、正中和正大。

$\tilde{\delta}$ 的论域取为 7 个等级，均为 $\{-3, -2, -1, 0, 1, 2, 3\}$。

5.2.1.1 误差模糊化

e 和 Δe 的模糊量分别用 $\tilde{e}$ 和 $\Delta\tilde{e}$ 表示，其模糊集为

$$\tilde{e}=\{\text{NB, NM, NS, ZO, PS, PM, PB}\}$$

$$\Delta\tilde{e}=\{\text{NB},\ \text{NM},\ \text{NS},\ \text{ZO},\ \text{PS},\ \text{PM},\ \text{PB}\} \tag{5-7}$$

$\tilde{e}$ 和 $\Delta\tilde{e}$ 的论域取13个等级，均为｛−6，−5，−4，−3，−2，−1，0，1，2，3，4，5，6｝。设误差 e 的最大值为 e_{max}，最小值为 e_{min}；Δe 的最大值为 Δe_{max}，最小值为 Δe_{min}；e 和 Δe 按式(5−8a)和式(5−8b)的方法模糊化。

$$\tilde{e}=\begin{cases}\left\langle\dfrac{12e}{e_{max}-e_{min}}\right\rangle & (e_{min}\leqslant e\leqslant e_{max})\\ -6 & (e<e_{min})\\ 6 & (e>e_{max})\end{cases} \tag{5-8a}$$

$$\Delta\tilde{e}=\begin{cases}\left\langle\dfrac{12e}{\Delta e_{max}-\Delta e_{min}}\right\rangle & (\Delta e_{min}\leqslant \Delta e\leqslant \Delta e_{max})\\ -6 & (\Delta e<\Delta e_{min})\\ 6 & (\Delta e>\Delta e_{max})\end{cases} \tag{5-8b}$$

式中，算子“〈 〉”表示四舍五入取整。

5.2.1.2　隶属函数

(1) 误差隶属函数。

$\tilde{e}$ 和 $\Delta\tilde{e}$ 的隶属函数如图5.3所示，隶属度赋值见表5.1。

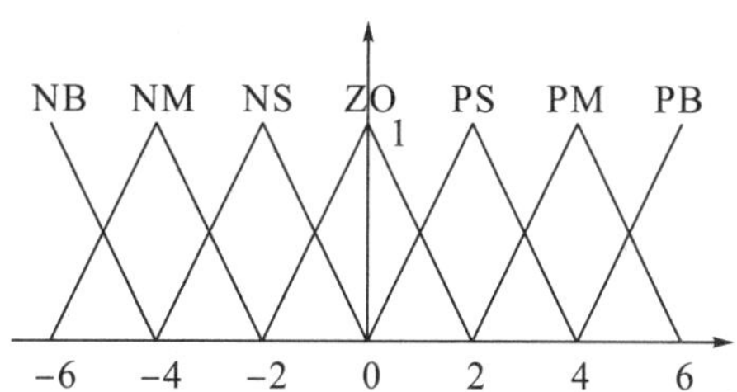

图5.3　$\tilde{e}$ 和 $\Delta\tilde{e}$ 的隶属函数

表5.1　$\tilde{e}$ 和 $\Delta\tilde{e}$ 的隶属度赋值

F 集	−6	−5	−4	−3	−2	−1	0	1	2	3	4	5	6
NB	1	0.5											
NM		0.5	1	0.5									
NS				0.5	1	0.5							
ZO						0.5	1	0.5					
PS								0.5	1	0.5			
PM										0.5	1	0.5	
PB												0.5	1

(2) 修正因子。

修正因子 δ 的隶属函数如图5.4所示，隶属度赋值见表5.2。

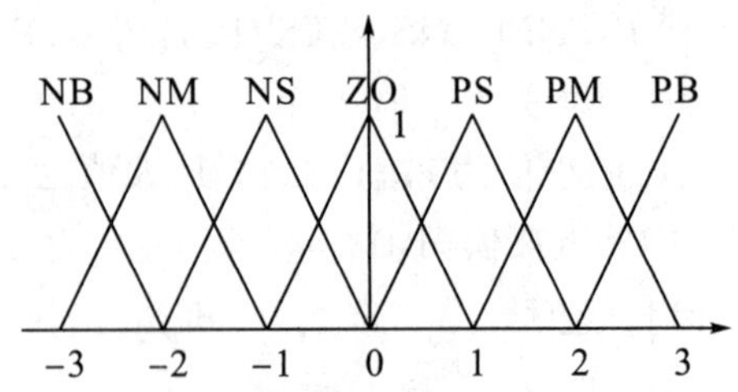

图 5.4　**δ** 的隶数函数

表 5.2　**δ** 的隶属度赋值

F 集	−3	−2	−1	0	1	2	3
NB	1						
NM		1					
NS			1				
ZO				1			
PS					1		
PM						1	
PB							1

5.2.1.3　模糊控制规则

修正因子 δ 的模糊量 $\tilde{\delta}$ 的模糊控制规则见表 5.3。

表 5.3　$\tilde{\delta}$ 的模糊控制规则

		$\Delta\tilde{e}$						
		NB	NM	NS	ZO	PS	PM	PB
$\tilde{e}$	NB			NB	NB	NM		
	NM			NB	NM	NS		
	NS	NB	NB	NM	NS	ZO	PS	PM
	ZO	NB	NM	NS	ZO	PS	PM	PB
	PS	NM	NS	ZO	PS	PM	PB	PB
	PM			PS	PM	PB		
	PB			PM	PB	PB		

根据表 5.3 的模糊控制规则，可以计算模糊量 $\tilde{\delta}$ 的确切值，见表 5.4。

表 5.4　$\tilde{\delta}$ 的模糊控制量表

	$\Delta\tilde{e}$													
	−6	−5	−4	−3	−2	−1	0	1	2	3	4	5	6	
$\tilde{e}$	−6	−3	−3	−3	−3	−3	−3	−3	−2	−2	−1	−1	0	0
	−5	−3	−3	−3	−3	−3	−3	−3	−2	−2	−1	−1	0	0
	−4	−3	−3	−3	−3	−3	−3	−2	−1	−1	0	0	1	1
	−3	−3	−3	−3	−3	−3	−3	−2	−1	−1	0	0	1	1
	−2	−3	−3	−3	−3	−2	−2	−1	0	0	1	1	2	2
	−1	−3	−3	−3	−3	−2	−2	−1	0	0	1	1	2	2
	0	−3	−3	−2	−2	−1	0	0	1	1	2	2	3	3
	1	−2	−2	−1	−1	0	0	1	2	2	3	3	3	3
	2	−2	−2	−1	−1	0	0	1	2	2	3	3	3	3
	3	−1	−1	0	0	1	1	2	3	3	3	3	3	3
	4	−1	−1	0	0	1	1	2	3	3	3	3	3	3
	5	0	0	1	1	2	2	3	3	3	3	3	3	3
	6	0	0	1	1	2	2	3	3	3	3	3	3	3

5.2.1.4　模糊自适应方法

根据表 5.4，可以得到 $\tilde{\delta}$ 的模糊控制量。表 5.3 和表 5.4 体现了模糊控制规则，模糊控制的精确性，也取决于模糊控制规则。但是，模糊控制规则需要由大量的先验数据来修正和完善。本文通过模拟导线实时的监测数据，自动修改和调制模糊控制规则，以提高控制性能。

表 5.4 的控制规则可以用式(5−9)表示为

$$\tilde{\delta}=\begin{cases}-3 & \left(\langle\frac{\tilde{e}}{2}\rangle+\langle\frac{\Delta\tilde{e}}{2}\rangle<-3\right)\\ \langle\frac{\tilde{e}}{2}\rangle+\langle\frac{\Delta\tilde{e}}{2}\rangle & \left(-3\leqslant\langle\frac{\tilde{e}}{2}\rangle+\langle\frac{\Delta\tilde{e}}{2}\rangle\leqslant 3\right)\\ 3 & \left(\langle\frac{\tilde{e}}{2}\rangle+\langle\frac{\Delta\tilde{e}}{2}\rangle>3\right)\end{cases} \tag{5-9}$$

式中，算子“〈 〉”表示四舍五入取整。为适应不同控制方法，可以在式(5−9)的基础上引入一个加权因子 α，得

$$\tilde{\delta}=\begin{cases}-3 & (\langle\alpha\tilde{e}\rangle+\langle(1-\alpha)\Delta\tilde{e}\rangle<-3)\\ \langle\alpha\tilde{e}\rangle+\langle(1-\alpha)\Delta\tilde{e}\rangle & (-3\leqslant\langle\alpha\tilde{e}\rangle+\langle(1-\alpha)\Delta\tilde{e}\rangle\leqslant 3)\\ 3 & (\langle\alpha\tilde{e}\rangle+\langle(1-\alpha)\Delta\tilde{e}\rangle>3)\end{cases} \tag{5-10}$$

α 根据误差绝对值 $|\tilde{e}|$ 的大小自动调整，如式(5−11)所示。

$$\alpha=\frac{1}{6}\alpha_1-\alpha_2|\tilde{e}|+\alpha_1 \quad (0\leqslant\alpha_1\leqslant\alpha_2\leqslant 1) \tag{5-11}$$

式(5－11)中，α_1、α_2 根据实验数据或模拟导线监测数据取值。

$$\delta=\tilde{\delta}/6 \tag{5-12}$$

根据上述方法，可以计算得到修正因子 δ，根据修正因子和式(5－4)，可以对 PID 控制进行调整。

5.2.2 模型预测控制

模型预测控制不需要建立被控对象的精确模型，可以根据某一优化性能指标设计，确定控制量时间序列，使得未来一段时间内被调量与期望轨迹之间的误差最小。模型预测控制有很多种方法，本文采用基于脉冲响应的无约束预测控制方法，其框图如图 5.5 所示。

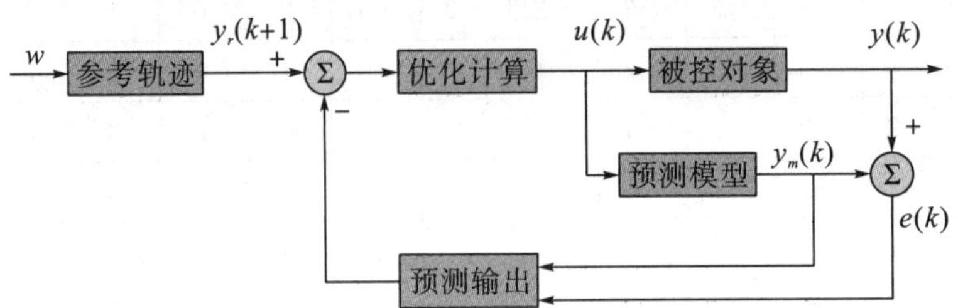

图 5.5 基于脉冲响应的无约束预测控制框图

5.2.2.1 模型描述

设被控对象脉冲响应的离散差分形式如式(5－13)所示。

$$\begin{cases} y(k+1)=g_1u(k)+g_2u(k-1)+\cdots+g_Nu(k-N+1)+\varepsilon(k+1) \\ \qquad\qquad =g(z^{-1})u(k)+\varepsilon(k+1) \\ g(z^{-1})=g_1+g_2z^{-1}+\cdots+g_Nz^{-N+1} \end{cases} \tag{5-13}$$

式中，$y(k+1)$为 $k+1$ 时刻系统输出；$u(k)$为 k 时刻系统输入；$\varepsilon(k+1)$为 $k+1$ 时刻系统不可测干扰或噪声。

式(5－13)对应的模型在实际使用时通过测量或参数估计得到，这个模型叫预测模型，用式(5－14)表示。

$$\begin{cases} y_m(k+1)=\hat{g}_1u(k)+\hat{g}_2u(k-1)+\cdots+\hat{g}_Nu(k-N+1)=\hat{g}(z^{-1})u(k) \\ \hat{g}(z^{-1})=\hat{g}_1+\hat{g}_2z^{-1}+\cdots+\hat{g}_Nz^{-N+1} \end{cases} \tag{5-14}$$

预测模型输出的矢量形式为

$$\boldsymbol{Y}_m(k+1)=\boldsymbol{G}\cdot\boldsymbol{U}(k)+\boldsymbol{F}_0\cdot\boldsymbol{U}(k-1) \tag{5-15}$$

式中，$\boldsymbol{Y}_m(k+1)$为预测模型输出矢量，可表示为

$$\boldsymbol{Y}_m(k+1)=(y_m(k+1),\ y_m(k+2),\ \cdots,\ y_m(k+p))^{\mathrm{T}}$$

$\boldsymbol{U}(k)$为待求控制矢量，可表示为

$$\boldsymbol{U}(k)=(u(k),\ u(k+1),\ \cdots,\ u(k+M+1))^{\mathrm{T}}$$

$\boldsymbol{U}(k-1)$为已知控制矢量，可表示为

$$\boldsymbol{U}(k-1)=(u(k-N+1),\ u(k-N+2),\ \cdots,\ u(k-1))^{\mathrm{T}}$$

$\boldsymbol{G}$、$\boldsymbol{F}_0$ 如式(5－16)、式(5－17)所示。

$$
\boldsymbol{G}=\begin{bmatrix} \hat{g}_1 & 0 & \cdots & 0 \\ \hat{g}_2 & \hat{g}_1 & \cdots & 0 \\ \vdots & \vdots & & \vdots \\ \hat{g}_P & \hat{g}_{P-1} & \cdots & \hat{g}_{P-M+1} \end{bmatrix}_{P\times M} \tag{5-16}
$$

$$
\boldsymbol{F}_0=\begin{bmatrix} \hat{g}_N & \hat{g}_{N-1} & \cdots & \hat{g}_3 & \hat{g}_2 \\ 0 & \hat{g}_N & \cdots & \hat{g}_4 & \hat{g}_3 \\ \vdots & \vdots & & \vdots & \vdots \\ 0 & \cdots & \hat{g}_N & \cdots & \hat{g}_{P+1} \end{bmatrix}_{P\times (N-1)} \tag{5-17}
$$

预测模型的输出与实际对象存在差异，需要用误差修正项对预测输出进行修正，如式(5－18)所示。

$$
\begin{aligned} \boldsymbol{Y}_p(k+1) &= \boldsymbol{Y}_m(k+1)+\boldsymbol{h}[y(k)-y_m(k)] \\ &= \boldsymbol{G}\times \boldsymbol{U}(k)+\boldsymbol{F}_0\times \boldsymbol{U}(k-1)+\boldsymbol{h}[e(k)] \end{aligned} \tag{5-18}
$$

式中，$e(k)$为 k 时刻预测模型输出误差，$e(k)=y(k)-y_m(k)$；$\boldsymbol{h}$ 为误差修正矢量，$\boldsymbol{h}=(h_1, h_2, h_3, \cdots, h_p)^{\mathrm{T}}$。

5.2.2.2　参考轨迹

参考轨迹是指通过控制，使得系统输出沿着预先设定的曲线达到设定值 w，一般采用从现在时刻输出值出发的指数形式，如式(5－19)所示。

$$
\begin{cases} y_r(k+i)=y(k)+[w-y(k)](1-\mathrm{e}^{-\frac{iT_s}{\tau}}) \\ y_r(k)=y(k) \end{cases} \tag{5-19}
$$

式中，w 为输出设定值；τ 为时间常数；T_s 为采样周期。

5.2.2.3　控制器设计

设最优控制律的指标函数为

$$
J_p=\sum_{i=1}^{P} q_i\,[y_p(k+1)-y_r(k+1)]^2+\sum_{j=1}^{M}\lambda_j\,[u(k+j-1)]^2 \tag{5-20}
$$

式中，q_i、λ_j 为输出预测误差和控制量的加权系数；$y_r(k+1)$为输入轨迹。

性能指标 J_p 的矢量形式为

$$
\boldsymbol{J}_p=[\boldsymbol{GU}(k)+\boldsymbol{Y}_0-\boldsymbol{Y}_r(k+1)]^{\mathrm{T}}\boldsymbol{Q}[\boldsymbol{GU}(k)+\boldsymbol{Y}_0-\boldsymbol{Y}_r(k+1)]+\boldsymbol{U}(k)^{\mathrm{T}}\boldsymbol{\Lambda}\boldsymbol{U}(k) \tag{5-21}
$$

式中，$\boldsymbol{Y}_r(k+1)=(y_r(k+1), y_r(k+2), \cdots, y_r(k+P))^{\mathrm{T}}$，为参考输入矢量；$\boldsymbol{Y}_0(k)=\boldsymbol{F}_0\boldsymbol{U}(k-1)+\boldsymbol{h}e(k)$，为未来输入取零时的已知输出预测矢量；$\boldsymbol{Q}=\mathrm{diag}(q_1, q_2, \cdots, q_P)$；$\boldsymbol{\Lambda}=\mathrm{diag}(\lambda_1, \lambda_2, \cdots, \lambda_M)$。

式(5－21)对未知控制矢量$\boldsymbol{U}(k)$求导，令$\partial \boldsymbol{J}_p/\partial \boldsymbol{U}(k)=\boldsymbol{0}$，得到控制方法为

$$
\boldsymbol{U}(k)=(\boldsymbol{GTQG}+\boldsymbol{\Lambda})^{-1}\boldsymbol{G}^{\mathrm{T}}\boldsymbol{Q}[\boldsymbol{Y}_r(k+1)-\boldsymbol{Y}_0(k)] \tag{5-22}
$$

5.2.2.4 模型预测 PID 控制

（1）模型描述。

$$y(k+1)=y(k)+g(z^{-1})\Delta u(k)+\varepsilon(k+1) \tag{5-23}$$

式中，$\varepsilon(k+1)$为噪声或干扰。

（2）预测模型。

$$y_m(k+i)=y_m(k+i-1)+\hat{g}(z^{-1})\Delta u(k+i-1) \tag{5-24}$$

（3）预测模型输出矢量。

$$\boldsymbol{Y}_m(k+1)=\boldsymbol{G}\Delta\boldsymbol{U}(k)+\boldsymbol{F}_0\Delta\boldsymbol{U}(k-1) \tag{5-25}$$

式中，$\boldsymbol{Y}_m(k+1)$为预测模型输出矢量，$\boldsymbol{Y}_m(k+1)=(y_m(k+1),\ y_m(k+2),\ \cdots,\ y_m(k+P))^{\mathrm{T}}$；$\Delta\boldsymbol{U}(k)$为待求控制增量矢量，$\Delta\boldsymbol{U}(k)=(u(k),\ u(k+1),\ \cdots,\ u(k+M+1))^{\mathrm{T}}$；$\Delta\boldsymbol{U}(k-1)$为已知控制增量矢量，$\Delta\boldsymbol{U}(k-1)=(u(k-N+1),\ u(k-N+2),\ \cdots,\ u(k-1))^{\mathrm{T}}$；$\boldsymbol{G}$、$\boldsymbol{F}_0$ 分别如式(5－26)、式(5－27)所示。

$$\boldsymbol{G}=\begin{pmatrix}\hat{g}_1 & 0 & \cdots & 0\\ \hat{g}_2 & \hat{g}_1 & \cdots & 0\\ \vdots & \vdots & & \vdots\\ \hat{g}_P & \hat{g}_{P-1} & \cdots & \hat{g}_{P-M+1}\end{pmatrix}_{P\times M} \tag{5-26}$$

$$\boldsymbol{F}_0=\begin{pmatrix}\hat{g}_N & \hat{g}_{N-1} & \cdots & \hat{g}_3 & \hat{g}_2\\ 0 & \hat{g}_N & \cdots & \hat{g}_4 & \hat{g}_3\\ \vdots & \vdots & & \vdots & \vdots\\ 0 & \cdots & \hat{g}_N & \cdots & \hat{g}_{P+1}\end{pmatrix}_{P\times(N-1)} \tag{5-27}$$

（4）经过误差修正后的多步输出预测方程。

$$\boldsymbol{Y}_p(k+1)=\boldsymbol{G}\Delta\boldsymbol{U}(k)+\boldsymbol{F}_0\boldsymbol{U}(k-1)+\boldsymbol{h}e(k)=\boldsymbol{G}\Delta\boldsymbol{U}(k)+\boldsymbol{Y}_0(k) \tag{5-28}$$

式中，$\boldsymbol{Y}_p(k+1)$为输出预测矢量，$\boldsymbol{Y}_p(k+1)=(y_p(k+1),\ y_p(k+2),\ \cdots,\ y_p(k+P))^{\mathrm{T}}$；$\boldsymbol{Y}_0(k)$为未来输出取零时的输出预测矢量，$\boldsymbol{Y}_0(k)=\boldsymbol{F}_0\boldsymbol{U}(k-1)+\boldsymbol{h}e(k)$；$\boldsymbol{h}=(h_1,\ h_2,\ \cdots,\ h_p)^{\mathrm{T}}$；$e(k)=y(k)-y_m(k)$。

（5）控制器设计。

1）输出增量预测变量。

$$\begin{aligned}\boldsymbol{J}_p=&\boldsymbol{K}_P[\bar{\boldsymbol{Y}}_p(k+1)-\bar{\boldsymbol{Y}}_r(k+1)]^{\mathrm{T}}[\bar{\boldsymbol{Y}}_p(k+1)-\bar{\boldsymbol{Y}}_r(k+1)]\\&+\boldsymbol{K}_I[\bar{\boldsymbol{Y}}_p(k+1)-\bar{\boldsymbol{Y}}_r(k+1)]^{\mathrm{T}}[\bar{\boldsymbol{Y}}_p(k+1)-\bar{\boldsymbol{Y}}_r(k+1)]\\&+[\Delta\boldsymbol{U}(k)]^{\mathrm{T}}\boldsymbol{\Lambda}[\Delta\boldsymbol{U}(k)]\end{aligned} \tag{5-29}$$

式中，$\boldsymbol{\Lambda}=\mathrm{diag}(\lambda_1,\ \lambda_2,\ \cdots,\ \lambda_M)$；$\boldsymbol{K}_P$、$\boldsymbol{K}_I$ 分别为比例因子和积分因子；$\bar{\boldsymbol{Y}}_p(k+1)$按式(5－30)确定。

$$\bar{\boldsymbol{Y}}_p(k+1)=\bar{\boldsymbol{G}}\Delta\boldsymbol{U}(k)+\bar{\boldsymbol{F}}_0\Delta\boldsymbol{U}(k-1)+\boldsymbol{h}e(k)=\bar{\boldsymbol{G}}\Delta\boldsymbol{U}(k)+\bar{\boldsymbol{Y}}_0(k) \tag{5-30}$$

式中，$\bar{\boldsymbol{Y}}_0(k)=\bar{\boldsymbol{F}}_0\Delta\boldsymbol{U}(k-1)+\boldsymbol{h}e(k)$，$\bar{\boldsymbol{G}}$、$\bar{\boldsymbol{F}}_0$ 分别如式(5－31)、式(5－32)所示。

$$\bar{\boldsymbol{G}}=\begin{pmatrix}\hat{g}_1 & 0 & \cdots & 0\\ \hat{g}_2 & \hat{g}_1 & \cdots & 0\\ \vdots & \vdots & & \vdots\\ \hat{g}_P & \hat{g}_{P-1} & \cdots & \hat{g}_{P-M+1}\end{pmatrix}_{P\times M} \tag{5-31}$$

$$\overline{\boldsymbol{F}}_0=\begin{bmatrix} \hat{g}_N & \hat{g}_{N-1} & \cdots & \hat{g}_3 & \hat{g}_2 \\ 0 & \hat{g}_N & \cdots & \hat{g}_4 & \hat{g}_3 \\ \vdots & \vdots & & \vdots & \vdots \\ 0 & \cdots & \hat{g}_N & \cdots & \hat{g}_{P+1} \end{bmatrix}_{P\times(N-1)} \tag{5-32}$$

2）控制律。

当 $\partial \boldsymbol{J}_p/\partial \Delta\boldsymbol{U}(k)=\boldsymbol{0}$，得到控制方法为

$$\Delta\boldsymbol{U}(k)=\overline{\boldsymbol{K}}_P[\overline{\boldsymbol{Y}}_r(k+1)-\overline{\boldsymbol{Y}}_0(k)]+\overline{\boldsymbol{K}}_I[\overline{\boldsymbol{Y}}_r(k+1)-\overline{\boldsymbol{Y}}_0(k)] \tag{5-33}$$

式中，$\overline{\boldsymbol{K}}_P=\boldsymbol{K}_P\ (\boldsymbol{K}_P\overline{\boldsymbol{G}}^{\mathrm{T}}\overline{\boldsymbol{G}}+\overline{\boldsymbol{K}}_I\boldsymbol{G}^{\mathrm{T}}\boldsymbol{G}+\boldsymbol{\Lambda})^{-1}\overline{\boldsymbol{G}}^{\mathrm{T}}$，$\overline{\boldsymbol{K}}_I=\boldsymbol{K}_I\ (\boldsymbol{K}_P\overline{\boldsymbol{G}}^{\mathrm{T}}\overline{\boldsymbol{G}}+\overline{\boldsymbol{K}}_I\boldsymbol{G}^{\mathrm{T}}\boldsymbol{G}+\boldsymbol{\Lambda})^{-1}\overline{\boldsymbol{G}}^{\mathrm{T}}$。

3）即时控制策略。

$$\Delta u(k)=k_P\ [\overline{\boldsymbol{Y}}_r(k+1)-\overline{\boldsymbol{Y}}_0(k)]\ +k_I\ [\overline{\boldsymbol{Y}}_r(k+1)-\overline{\boldsymbol{Y}}_0(k)] \tag{5-34}$$

式中，$k_P=(1,\ 0,\ \cdots,\ 0)\overline{\boldsymbol{K}}_P$，$k_I=(1,\ 0,\ \cdots,\ 0)\overline{\boldsymbol{K}}_I$。

5.2.3　自适应动态控制方法

模糊自适应 PID 控制方法和模型预测 PID 控制方法有各自的优点和缺点。本文拟采用一种动态控制策略，通过模拟导线分别模拟模糊自适应 PID 控制方法和模型预测 PID 控制方法，分析模拟结果，实时选择实际控制手段。基于现场模拟系统的 PID 控制算法决择框图如图 5.6 所示。

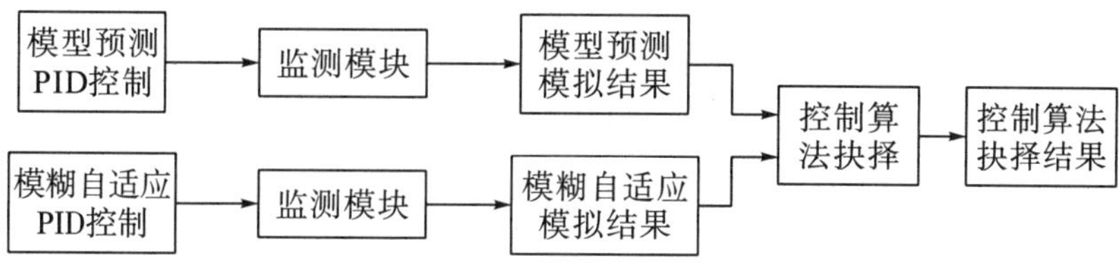

图 5.6　基于现场模拟系统的 PID 控制算法决择框图

在模拟导线上分别运行模型预测 PID 控制和模糊自适应 PID 控制，对比两个控制方法的性能，选择性能好的在线融冰和防冰的控制策略作为下一个时间段的控制策略，并开始新的对比测试。

性能比较参数计算方法：通过计算采样时间内的误差平方和，选择测试时间的误差平方和最小值作为下一个控制策略。误差平方和计算方法如式(5－35)所示。

$$\left.\begin{aligned} eh_r &= \sum_{k=1}^{n}[y_h(k)-y_s]^2 \\ eh_m &= \sum_{k=1}^{n}[y_m(k)-y_s]^2 \end{aligned}\right\} \tag{5-35}$$

式中，eh_r 为模型预测 PID 控制误差平方和；eh_m 为模糊自适应 PID 控制误差平方和；$y_h(k)$为采用模型预测 PID 控制方法在监控模块上的控制输出；$y_m(k)$为采用模糊自适应 PID 控制方法在监控模块上的控制输出。

基于上述思路，自适应动态控制算法如图 5.7 所示。首先在测试时间段内按采样频率采样，然后分别计算模型预测 PID 控制误差平方和 eh_r 和模糊自适应 PID 控制误差平方和 eh_m，比较 eh_r 和 eh_m 的大小，如果 eh_r 大于 eh_m，则选择模糊自适应 PID 控制方法作为下一个时间段的融冰或防冰控制方法，否则，选择模型预测 PID 控制方法。

自适应动态控制，可以提高控制系统的控制指标，实现控制的快、准、稳，使得平衡建立时间最短，余差和偏差最小。

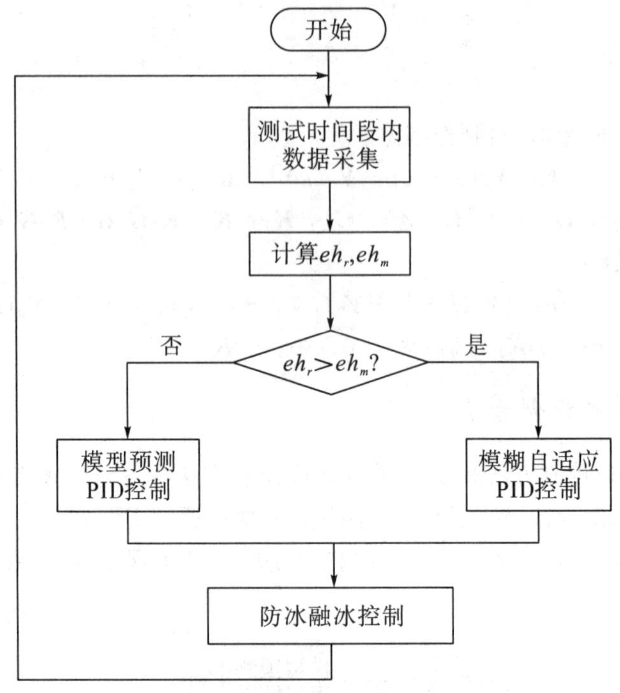

图 5.7　自适应动态控制算法

5.2.4　PID 初始参数整定方法

PID 初始参数采用 Ziegler-Nichols PID 参数整定法，具体步骤如下：

(1) 构建闭环控制回路，测定稳定极限。关闭控制器的 I 和 D 元件，逐渐加大 P 元件，使产生振荡。再慢慢减小 P，使系统找到临界等幅振荡点，此时的 P 值称为临界系数，用 $K_{P_{crit}}$ 表示；系统振荡周期称为临界振荡周期，用 T_{crit} 表示，如图 5.8 所示。

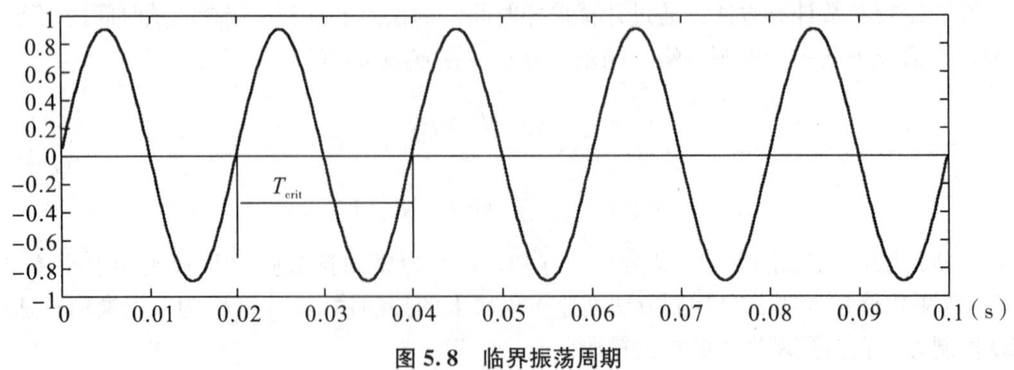

图 5.8　临界振荡周期

(2) 计算控制器参数，计算方法如式(5－36)所示。

$$\begin{cases} K_P = 0.6K_{P_{\text{crit}}} \\ K_I = \dfrac{1.2K_{P_{\text{crit}}}}{T_{\text{crit}}} \\ K_D = 0.6K_{P_{\text{crit}}} \end{cases} \tag{5-36}$$

5.3　覆冰监测与预测方法

防冰控制、模糊 PID 控制和模型预测控制方法必须依据导线的覆冰监测与预测数据来制定。由于制热控制时刻和升温时刻基本上没有时延，防冰与融冰控制方法需依据超短期预测，监测与预测的准确性将对控制性能参数产生重要影响。

5.3.1　输电线路覆冰机理

输电导线覆冰主要有两种模式，冻雨积冰和云中覆冰。冻雨积冰模型和云中覆冰模型，对于输电导线积冰预测与防冰融冰控制具有重要意义。

5.3.1.1　冻雨积冰模拟

冻雨积冰模拟主要解决两个问题：①判断冬季降雨类型，预判冻雨的发生；②根据冻雨气候特征，预测积冰量。

(1) 冻雨预判。

冻雨预判，主要依据大气层的微物理模式，存在多种研究思路：Derouin[81]通过冻结层的高度来预测降水类型；Koolwine[82]采用 700～850 hPa 和 850～1000 hPa 两个大气层的温度预测冻雨；Canon 和 Bachand[83]在 Koolwine 预测方法的基础上，加入了大气层垂直运动强度和天气趋势等因素；Ramer[84]考虑了相对湿度、不同等压面温度等因素预判降雨类型；Bourgouin[85]考虑大气层各层平均温度和降水粒子在各层的滞留时间预测降雨类型。

(2) 积冰量预测。

对于输电线路的防冰融冰，更需要关注的是积冰量(ice load)。业内学者进行了多方面研究，提出了多种冻雨结冰模型：Chaine 和 Castonguay[86]认为，积冰厚度由降雨强度和风速决定；Jones[87]根据垂直雨滴、风向雨滴和降雨强度的关系，建立了冻雨积冰模型；Szilder[88]的积冰模型提出了冻雨积冰形状分析方法，并提出了一个考虑冰柱出现的积冰模式；Makkone[89]根据导线表面的热传递机制、雨滴与导线的碰撞率、风的影响等因素，建立了冻雨积冰模型。

在上述积冰模型中，Jones 的模型受到业内学者更多的认可，Degaetano[90]、周悦等都通过实验对 Jones 的公式进行了验证。Jones 给出的冻雨积冰模型如式(5－37)所示。

$$R_{eq} = \frac{1}{\rho_i \pi}\sum_{j=1}^{n}\sqrt{\left(\frac{1}{60}P_j\rho_w\right)^2 + (0.06V_jW_j)^2} \tag{5-37}$$

式中，R_{eq}是导线覆冰等效厚度；n 是冻雨持续时间，单位为 min；P_j是对应时刻的降雨强度，单位为 mm・h^{-1}；W_j是对应时刻液水含量，单位为 g・m^{-3}；ρ_i为冰密度；ρ_w为水密度。

5.3.1.2 云中覆冰的模拟研究

前期研究成果表明，输电线路云中覆冰需满足两个条件：①大气中有充足的过冷水滴；②过冷水滴碰撞到输电线路，并被输电线路捕获。根据上述条件，结合输电线路表面的热平衡方程，业内学者推荐的输电线路覆冰增长公式如式(5－38)所示。

$$\frac{\mathrm{d}M}{\mathrm{d}t}=\alpha_1\alpha_2\alpha_3 wvA \tag{5-38}$$

式中，α_1 表示碰撞率；α_2 表示捕获率；α_3 表示冻结率；w 表示粒子群含水量；v 为有效粒子速度；A 表示有效覆冰横截面积。

（1）碰撞率。

碰撞率，是指碰撞到物体表面液滴的质量通量密度与空气中总液滴的质量通量密度之比。Langmuir、Blodgett、McComber、Touzot 和 Finstad 等人均对液滴碰撞率进行了研究，并取得了相应的研究成果[91－93]。目前，业内常用的液滴碰撞率计算方法是 Finstad 方法，如式(5－39)所示。

$$\begin{cases}\alpha_1=A-0.028-C(B-0.0454)\\ A=1.066K^{-0.00616}\exp(-1.103K^{-0.688})\\ B=3.641K^{-0.498}\exp(-1.497K^{-0.694})\\ C=0.0063\,(\varphi-100)^{0.381}\end{cases} \tag{5-39}$$

式中，$K=\rho_w vd^2/(9\mu D)$，$\varphi=Red^2/K$，$Red=\rho_a dv/\mu$。D 为输电导线直径，d 为液滴直径，ρ_a 为空气密度，ρ_w 为水密度，v 为风速，μ 为空气黏度。

（2）捕获率。

留在输电导线表面的过冷水滴与碰撞到输电导线表面的所有过冷水滴之比称为捕获率。业内捕获率通常采用 Admirat[94] 的经验公式来计算，如式(5－40)所示。

$$\alpha_2=\begin{cases}\dfrac{1}{v} & (v\geqslant 1)\\ 1 & (v<1)\end{cases} \tag{5-40}$$

（3）冻结率。

冻结在输电导线上的水滴与碰撞并留在输电导线表面的水滴总量之比称为冻结率。由于液滴冻结率在干增长和湿增长状态中处于不同的物理过程，冻结率计算方法也不相同。

1）干增长。

当输电导线覆冰过程处于干增长状态时，由于所有被输电导线捕获的液滴全部冻结在输电导线上，所以 $\alpha_3=1$。

2）湿增长。

当输电导线覆冰过程处于湿增长状态时，由于输电导线表面的冰与水之间将发生热传递，输电导线表面部分积冰可能会融化成液体水，并在重力的作用下离开输电导线，部分液态水可能随着热传递的作用冻结到输电导线表面。湿增长状态的热平衡公式如式(5－41)所示。

$$Q_f+Q_v=Q_c+Q_e+Q_l+Q_s \tag{5-41}$$

式中，Q_v为气流与冰面摩擦产生的热；Q_f为水滴冻结释放的潜热；Q_e为冰面蒸发损失的热；Q_c为气流带走的热；Q_s为短波辐射和长波辐射产生的热；Q_l为加热过冷水滴到冰点损失的热。通过求解输电线路表面的热平衡公式，可以计算冻结率，如式(5－42)所示。

$$\alpha_3=\frac{1}{F(1-\lambda)L_f}\left[(h-\sigma a)(t_s-t_a)+\frac{h\varepsilon L_e(e_s-e_a)}{c_pP}\cdot\left(-\frac{hrv^2}{2c_p}\right)+Fc_w(t_s-t_d)\right] \tag{5-42}$$

式中，$F=\alpha_1\alpha_2wv$；σ 为斯蒂芬波尔兹曼常数；h 为对流热交换系数；a 为辐射常数；P 为大气压；ε 为水汽摩尔分子比；c_p为空气的比热容；c_w为水的比热容；e_a为水气压；e_s为饱和水气压；t_s为冰面温度；t_a为气温；t_d为液滴碰撞温度；L_f为冰冻结潜热；L_e为蒸发潜热；r 为电线表面局部恢复系数。

5.3.2 冰厚视频监测系统

为保证防冰融冰控制与预测的精准性，需要监测冰厚。冰厚监测由冰厚视频监测系统实现。

5.3.2.1 视频监测系统设计

视频监测系统硬件电路由 CCD 控制电路、时序与模数转换控制电路、FPGA 控制电路、JPEG 图像压缩控制电路、嵌入式 ARM 控制电路、电源控制电路六个电路模块组成，各电路模块组成结构如图 5.9 所示。

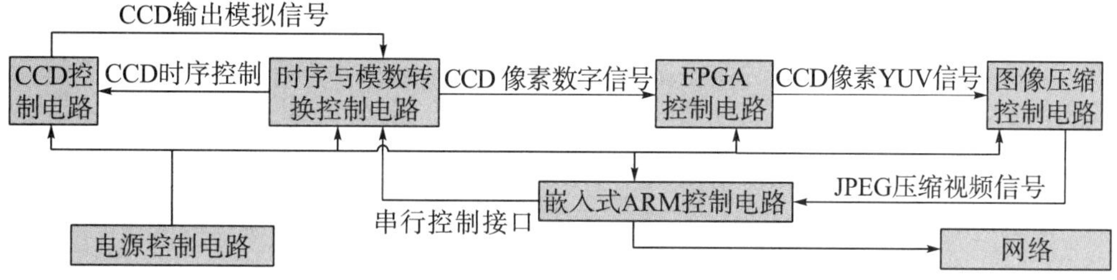

图 5.9 视频监测系统电路模块组成结构

CCD 控制电路采用 SONY 公司设计生产的 ICX274，时序与模数转换电路采用 ANALOG DEVICES 公司设计生产的 AD9923A，FPGA 控制电路采用 Xilinx 公司设计生产的 XC3S1200E，JPEG 图像压缩控制电路芯片采用 TOKYO 公司设计生产的 TE3310RPF，嵌入式 ARM 控制电路主芯片采用 ATMEL 公司设计生产的 AT91RM9200。

(1) CCD 控制电路。

CCD 控制电路原理图如图 5.10 所示。

(2) FPGA 控制电路。

FPGA 的主要功能是接收模数转换器的 BAYER 格式数字视频信号，将 BAYER 数字视频信号转换生成 RGB 视频信号，再将 RGB 视频信号转换为 YUV 数字视频信号，将 YUV 数字视频信号输送到图像压缩电路。FPGA 选用 Xilinx 公司设计生产的 XC3S1200E，电路结构如图 5.11 所示。

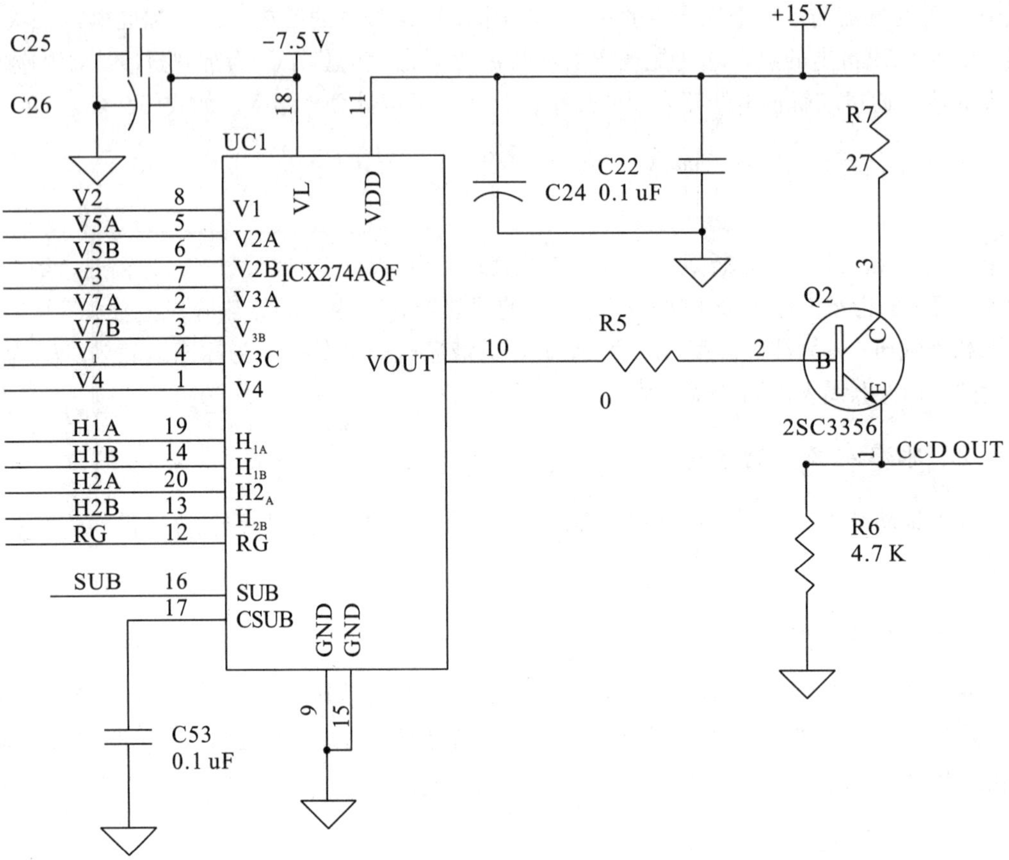

图 5.10　CCD 控制电路原理图

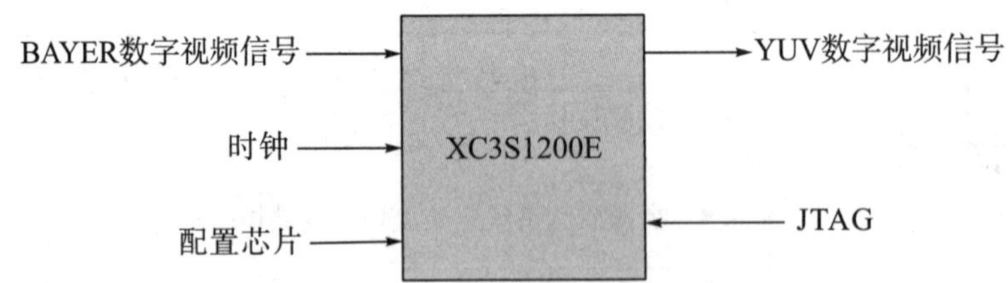

图 5.11　XC3S1200E 电路结构图

(3) JPEG 图像压缩控制电路。

图像压缩单元采用 TOKYO 公司的高速 JPEG 图像压缩集成电路 TE3310RPF。TE3310RPF 的电路结构如图 5.12 所示。

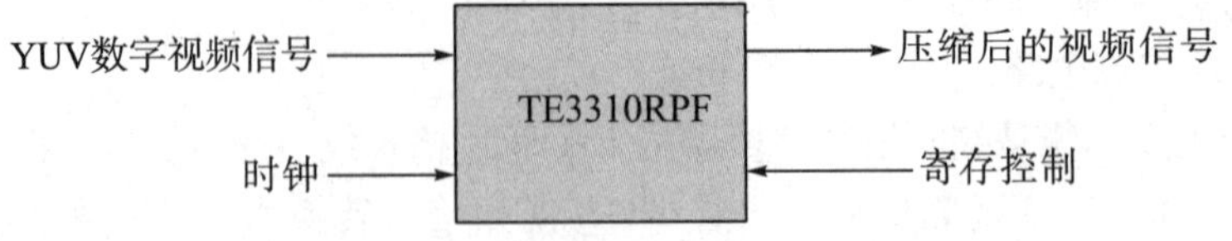

图 5.12　TE3310RPF 的电路结构

(4) 嵌入式 ARM 控制电路。

嵌入式 ARM 控制电路主芯片采用 ATMEL 公司生产的 AT91RM9200。AT91RM9200

的外围电路以及接口结构如图 5.13 所示。

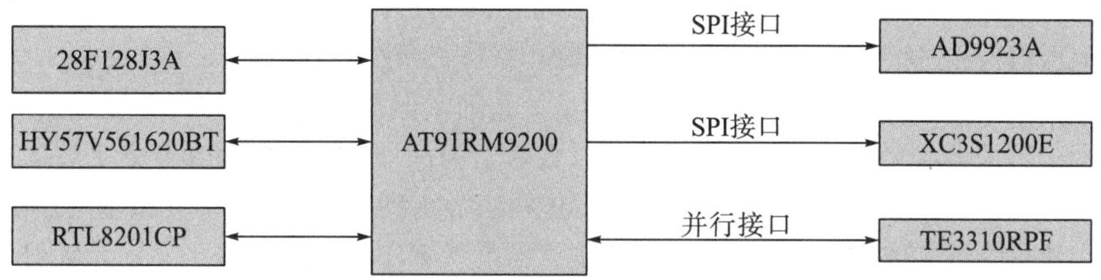

图 5.13 AT91RM9200 的外围电路以及接口结构

5.3.2.2 抗纵向光晕驱动时序

冰厚视频监测，将面对朝阳和夕阳。朝阳和夕阳强光将直射 CCD 传感器，阳光会使其对应感光像素光敏二级管产生过量的电荷，这些电荷有可能流入邻近像素单元，导致邻近像素单元积累的电荷多于实际感光电荷，从而产生晕光现象，使得所拍摄的图像失真。为提高图像质量，须在 CCD 传感过程中运行抗光晕算法。

（1）纵向光晕产生的原因分析。

CCD 传感器的单个像元的结构如图 5.14 所示。

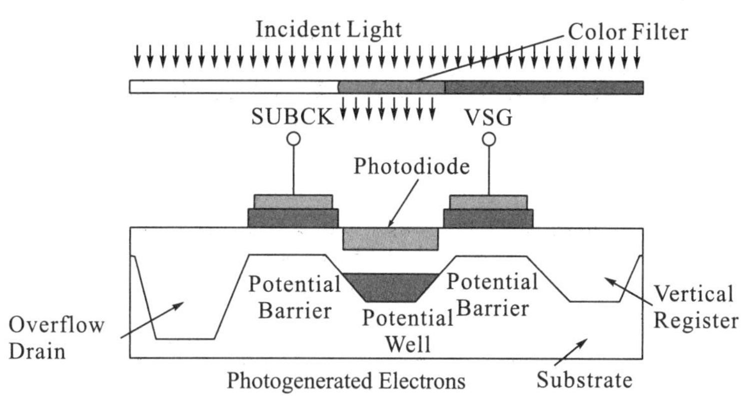

图 5.14 CCD 传感器的单个像元的结构

当光照到 CCD 传感器的光敏二极管上时，在光电二极管下的势阱中形成信号电荷，信号电荷的电荷量与入射光的辐射通量和光照时间成线性关系，其关系如式(5−43)所示。

$$Q_{in}=K\Phi_e t_c \tag{5-43}$$

式中，Q_{in}为注入电荷量；K 为常数，其值与光敏二极管材料、受光面积等设计和制造的因素相关；Φ_e 为入射光的辐射通量；t_c 为光照时间。

在光照下，光敏二极管产生的电荷在势阱积分。图 5.14 中，SUBCK 用于将势阱中的电荷导入电荷溢出沟，VSG 用于将电荷转移到垂直移位寄存器。电荷光积分时间是最后一个电荷导入电荷溢出沟与电荷转移到垂直移位寄存器之间的时间，所以 CCD 曝光时间是最后一个 SUBCK 起作用的时刻和 VSG 起作用时刻之间的时间段。

在曝光时间内，CCD 光敏二极管产生的在势阱积分累积的电荷在 VSG 信号作用下转移到垂直寄存器。各像素对应的垂直寄存器中的电荷，在垂直移位控制信号的控制下，依次一行一行往下移，而最下边一行的垂直寄存器中的电荷移到水平移位寄存器。在水平移位控制信号的控制下，将电荷依次移出，在输出端通过转换电路，将电荷转换为电压输出，电压信号经过模数转换以及 BAYER 转换，可得到数字图像信号。

在 CCD 感光时，所有像素的感光时间是一致的，但是各像素点的光辐射通量有很大的差别。当像素点之间的光辐射通量差别过大时，为保证低亮度的像素产生足够的电荷，高亮度对应像素产生的电荷将饱和，多余的电荷会溢出到临近的像素单元或垂直移位寄存器中，使得临近的像素或通过该垂直移位寄存器的像素单元的感光多于实际光辐射通量，致使图像失真。

CCD 的抗晕设计采用的主要方法：在电荷积分的势阱旁边设计一个溢出沟，而且溢出沟的势垒比其他势垒都低。当势阱电荷饱和时，多余的电荷会通过较低的势垒流入溢出沟。但是，当光照特别强的时候，溢出沟的电荷也会积满，多余的电荷还是会流向旁边的单元。

（2）高照度像素纵向光晕现象以及产生原因分析。

对于摄像机来说，基本不使用机械快门，曝光时间由电子快门控制。CCD 电子快门的控制方法：在不感光的时间段，每一行会产生一个 SUBCK 信号将电荷导入溢出沟，随后清除溢出沟的电荷。但是，如果某像素照度太高，在一行的感光时间内，即使是溢出沟的电荷也达到饱和，多余的电荷大多流入垂直移位寄存器。由于每行都有饱和电荷流入垂直移位寄存器，流入的电荷将叠加到每行垂直移位路过的同列像素，导致高照度像素对应列有一条纵向光带。

(3)抗光晕设计方法。

高照度像素的上半部分纵向光晕是因上一帧图像溢出的电荷残留在垂直移位寄存器附加到本帧中而导致该帧图像失真，如果有方法能在本帧曝光前，将上帧遗留在垂直移位寄存器中的电荷清除，就可清除上边的纵向光晕。实现清除遗留电荷的最佳办法是用垂直移位时序将上帧垂直移位寄存器中的电荷移出。

(4)实验验证。

用 FPGA 编写抗光晕控制时序，采用夜间汽车灯光进行抗光晕算法效果测试，测试结果如图 5.15 所示。

(a)未采用抗光晕时序

(b)采用抗光晕时序

图 5.15　采用抗光晕时序图像效果测试

图 5.15(a)为未采用抗光晕时序的效果，图 5.15(b)为采用了抗光晕时序的效果。图

5.15(a)中，由于纵向光晕的影响，驾驶室内的图像被干扰而不清晰，图 5.15(b)中，车前灯上部的纵向光晕消除，驾驶室内的图像清晰。

5.3.2.3 自动白平衡算法

由于环境色温的变化、成像设备的滤光镜特性、感光结构、电路设计的差异，导致数字成像设备采集的红色、绿色、蓝色的感光值与所拍摄对象的真实值不存在线性关系，使得数字成像设备拍摄的图像与所拍对象之间存在颜色差异。在要求对拍摄对象的原始色彩精确还原的情况下，需在拍摄对象中预置专业色卡进行色彩校正。由于拍摄环境的影响以及拍摄时机的随意性，绝大多数拍摄无法预置专业色卡，对颜色的校正只能依赖自动白平衡。

目前研究较多的自动白平衡算法主要有两类：广泛假设法和先验知识法。广泛假设法的算法思想是采用一定的假设条件寻找拍摄目标的参考白色或参考灰色。采用广泛假设法的研究方法主要有灰度世界算法、全反射理论算法以及基于灰度世界算法和全反射理论的各种加权或正交组合算法。这些算法的主要问题：对所寻找的假设灰度空间设定了亮度范围，在所设定的亮度范围内计算假设灰度像素上采集的红色、绿色、蓝色数字信号的线性关系，利用设定的亮度范围内的这种线性关系修正所有亮度像素的颜色。由于成像设备在从拍摄对象到采集得到数字信号的过程中存在光学滤波、感光器件的自身特性、电路放大与滤波等多种环节，每个环节中不同颜色对不同的拍摄信号存在不同的的非线性关系，用于设定亮度范围的修正系数不同于其他亮度的修正系数。在所有亮度下使用单一的修正系数，将造成其他亮度下的颜色误差。此外，由于设定了参与计算的灰色的亮度范围，导致可用于计算的像素过少，影响计算精度。

针对上述问题，本文提出一种基于 HSL(Hue，Saturation，Lightness)颜色空间的自动白平衡算法，称为 HSL 灰轴算法。HSL 灰轴算法属于广义假设法，该算法认为 HSL 颜色空间的灰轴附近的像素为灰色，可以用于计算的灰色覆盖了整个亮度范围，有效地扩展了灰色取值空间。

(1) HSL 颜色空间。

HSL 颜色空间是以色相(Hue)、饱和度(Saturation)、亮度(Lightness)来表示颜色的一种计算机颜色空间表示方式，其表示方法为如图 5.16(a)所示的双锥形。色相 H 用角度表示，不同的角度代表不同的色相，其取值范围为 0～360 度。饱和度 S 代表了像素颜色的纯度，取值范围为 0～1。亮度用双锥形轴向表示，越向上亮度越高。双锥形底部顶点表示黑色，取值为 0，顶部顶点表示白色，取值为 1。如果用图 5.16(a)的水平平面切割的双锥形来表示，则切割的高度表示亮度，切割得到的圆表示色相与饱和度，如图 5.16(b)所示。色相用角度表示，其中红色为 0 度，绿色为 120 度，蓝色为 240 度。饱和度用到圆心的距离表示，离圆心越近，饱和度越低。黑色与白色的连接线为双锥形的轴心，表示灰色。本文中将白色和黑色的连接线定义为灰轴(Gray Axis)。

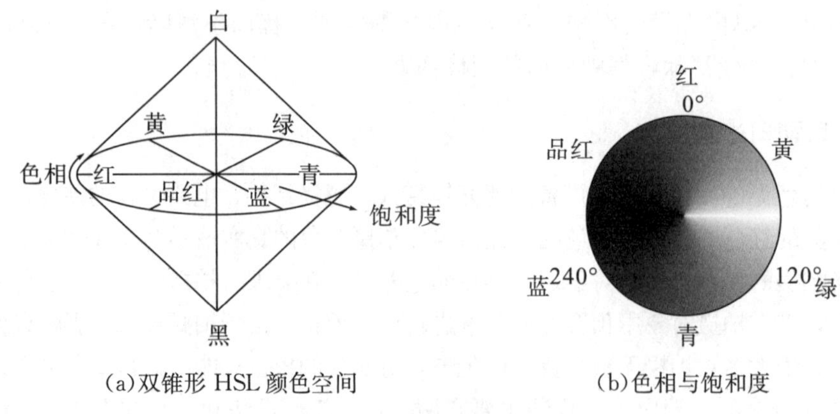

(a)双锥形 HSL 颜色空间　　(b)色相与饱和度

图 5.16　HSL 颜色空间

(2) 基于 HSL 颜色空间的自动白平衡算法思想。

本算法假设灰轴附近的相近亮度的像素红色分量 R、绿色分量 G、蓝色分量 B 趋于相等。根据这一假设，对灰轴附近相近亮度的像素的红色分量 R、绿色分量 G、蓝色分量 B 分别取平均值，以绿色分量为基准，对红色和蓝色分量计算修正系数 K_r 和 K_b。由于所有像素的红色分量 R、绿色分量 G、蓝色分量 B 都参与计算，各分量总数相同，所以计算时只需计算各分量数值总和。由于采用了灰轴附近像素计算修正系数，本算法被命名为 HSL 灰轴算法。

设相近亮度灰轴附近有 n 个像素，每个像素的红色分量、绿色分量、蓝色分量分别用 $R_1 \sim R_n$、$G_1 \sim G_n$、$B_1 \sim B_n$ 表示，根据上述方法，K_r、K_b 的计算公式如式(5－44)所示。计算出 K_r 和 K_b 后，用 K_r、K_b 修正各像素的红色分量和蓝色分量，然后在修正后的图像上，用上述方法继续校正，直到 K_r、K_b 趋近于 1，自动白平衡计算完成。

$$K_r = \frac{\sum_{i=1}^{n} G_i}{\sum_{i=1}^{n} R_i} \tag{5-44a}$$

$$K_b = \frac{\sum_{i=1}^{n} G_i}{\sum_{i=1}^{n} B_i} \tag{5-44b}$$

(3) 基于 HSL 颜色空间的自动白平衡算法的实现。

假设根据图像像素亮度将像素分为 M 段，用 m 表示某个具体的段，各段的红色分量和蓝色分量的修正系数为 K_{mr}、K_{mb}。某像素的红色分量、绿色分量、蓝色分量分别用 r、g、b 表示，色相分量、饱和度分量、亮度分量分别用 h、s、l 表示，则具体算法实现如图 5.17 所示。

算法步骤如下：

1)传感器输出的颜色空间为 RGB 颜色空间，首先要由 RGB 颜色空间计算 HSL 颜色空间。由 RGB 颜色空间计算 HSL 颜色空间的方法为：

先将 r、g、b 归一化，找出某像素 r、g、b 中间的最大值与最小值，设其为 max、min，则 RGB 颜色空间转 HSL 颜色空间的计算方法如下所述。

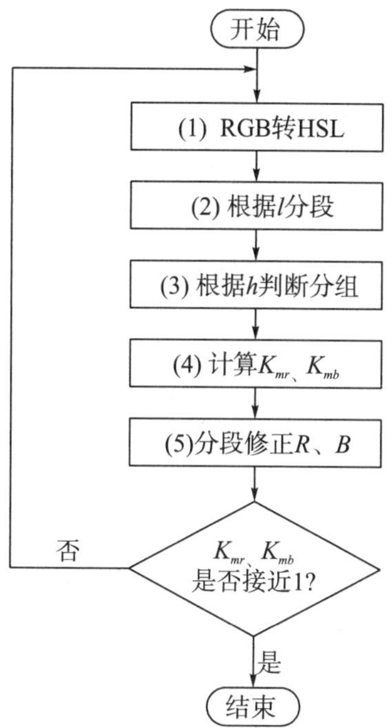

图 5.17 HSL 灰轴算法

①色相 h 的计算。

当 max=min 时，$h=0$。

当 max=r，且 $g \geqslant b$ 时，

$$h=60^\circ \times \frac{g-b}{\max-\min} \tag{5-45a}$$

当 max=r，且 $g<b$ 时，

$$h=60^\circ \times \frac{g-b}{\max-\min}+360^\circ \tag{5-45b}$$

当 max=g 时，

$$h=60^\circ \times \frac{b-r}{\max-\min}+120^\circ \tag{5-45c}$$

当 max=b 时，

$$h=60^\circ \times \frac{r-g}{\max-\min}+240^\circ \tag{5-45d}$$

②亮度 l 的计算。

$$l=(\max+\min)/2 \tag{5-46}$$

③饱和度 s 的计算。

当 $l=0$ 时，$s=0$。

当 $l \leqslant 0.5$ 时，

$$s=0.5\times(\max-\min)/l \tag{5-47a}$$

当 $l>0.5$ 时，

$$s=0.5\times(\max-\min)/(l-1) \tag{5-47b}$$

2)设定分段数量，根据分段数量设置各段的亮度区间。根据 l 值将像素分类到某一组。

3)设置假想为灰色的 h 值最大值 H_{max}，当 h 小于 H_{max}时，认为该像素为灰色。

4) 根据式（5－44a）和式（5－44b）分段计算 K_{mr}、K_{mb}

5)分段修正红色分量和蓝色分量。设修正后的红色分量和蓝色分量为 R、B，校正前的红色分量和蓝色分量为 r、b，则：$R=K_{mr}\times r$，$B=K_{mb}\times b$。并将 R、B 的值赋给 r、b，即 $r=R$，$b=B$。

6)设置结束计算的 K_{mr}、K_{mb}的偏差值为 ρ，设各段 K_{mr}、K_{mb}的最大值为 $MAX_{K_{mr}}$，$MAX_{K_{mb}}$，当同时满足 $|MAX_{K_{mr}}-1|\leqslant\rho$，$|MAX_{K_{mb}}-1|\leqslant\rho$ 时，结束运算，否则返回第一步。

5.3.2.4　冰厚计算

摄像机与监测导线在同一水平面，且与监测导线垂直，假设监测到的画面如图 5.18 所示。画面宽为 m 像素，高为 n 像素。假设左上角坐标为(1，1)，右下角坐标为(m，n)，则图片按像素来计算总共有 m 列。图 5.18 中上边的曲线为冰的上沿，下边的曲线为冰的下沿，同一列冰的上沿纵坐标为 $x(i)$，冰的下沿纵坐标为 $y(i)$，取各列下沿与上沿差的平均值，乘以每个像素表征的物理宽度，则可以得到覆冰后的导线平均厚度。将覆冰后的导线平均厚度减去导线正常厚度，就是覆冰厚度。设每个像素表征的物理宽度为 w，导线正常厚度为 d，覆冰后导线的厚度为 D，覆冰厚度为 h，则 h 的计算方法如式(5－48)所示。

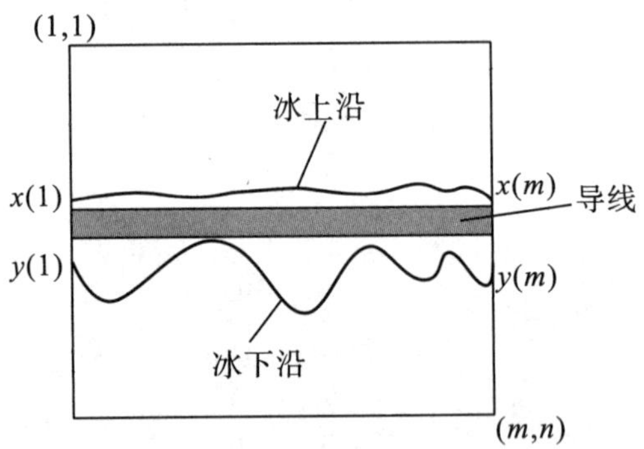

图 5.18　冰厚监测示意图

$$\begin{cases} D=\dfrac{\sum\limits_{i=1}^{m}[y(i)-x(i)]}{m}w \\ h=D-d \end{cases} \tag{5-48}$$

设图像传感器每个像素的宽度为 a，摄像机与导线距离为 L，镜头焦距为 f，则像素代表的物理宽度 w 为

$$w=\frac{L}{f}a \tag{5-49}$$

计算 $x(i)$和 $y(i)$，需先将图像阈值化，然后按列的方向计算相邻像素差值。从上到下，第一个差值非零点为 $x(i)$；从下至上，第一个差值非零点为 $y(i)$。

图像阈值化计算方法：计算图像的直方图，对直方图进行平滑处理，从低亮度开始寻找直方图的第一个频度峰值点，设该峰值点为 A；在 A 点与最高亮度之间，寻找直方图频度峰值点(如果有多个频度峰值点，选择接近 A 点的峰值点)，设其为 B；在 A 点和 B 点之间，寻找频度最低点(如果有多个频度最低点，选择接近 A 点的最低点)，设其为 C；C 点的亮度即为阈值。图像阈值化算法流程如图 5.19 所示。

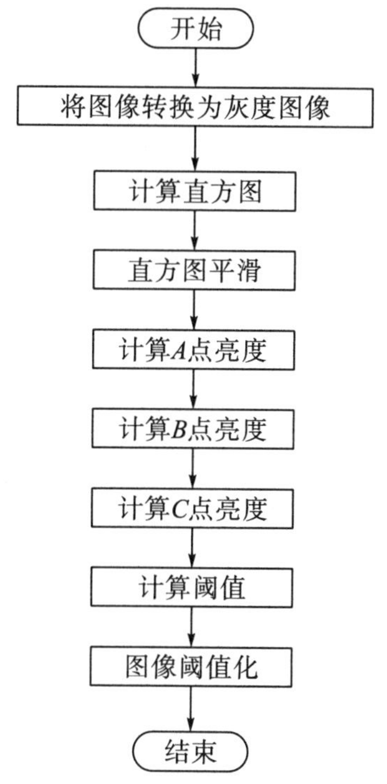

图 5.19　图像阈值化算法流程

5.3.3　微气象监控系统

输电线路覆冰计算、预测技术都与输电线路附近气象有关，将监测输电线路附近的气象因素称为微气象。影响输电线路的气象因素包括空气含水量、液滴直径、液滴温度、降雨强度、空气温度、空气湿度、大气压、降雨量、风速、风向。考虑工程应用的经济性和实际需求，微气象监控系统测量参数包括空气温度、空气湿度、降雨量、大气压、风速、风向，其设计框图如图 5.20 所示。

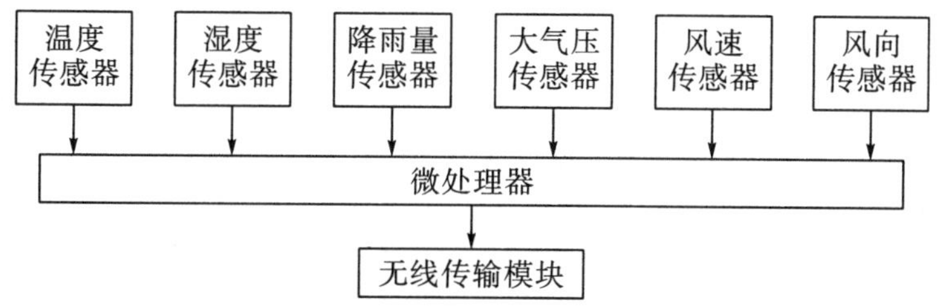

图 5.20　微气象监控系统测量设计框图

从图 5.20 可以看出，微气象站使用的传感器主要有温度传感器、湿度传感器、降雨量传感器、大气压传感器、风速传感器、风向传感器。单片机采集各传感器数据，并对传感器数据进行加密和封装，再将封装后的数据通过无线传输模块发送到控制中心。

5.3.4 导线状态跟踪系统

导线状态跟踪系统用于跟踪导线的运行状态，包括导线传感系统和模拟导线监测系统。

5.3.4.1 导线传感系统

导线传感系统由传感器和传感器数据采集系统组成。传感器数据采集系统一般是在微处理器控制下，将传感器模拟数据转换为数字数据，并控制传输模型将数据传输到中央控制系统。由于微处理控制下的数据采集技术比较成熟，本文不过多讨论数据采集技术。

架空输电线路上的传感器安装方式如图 5.21 所示。

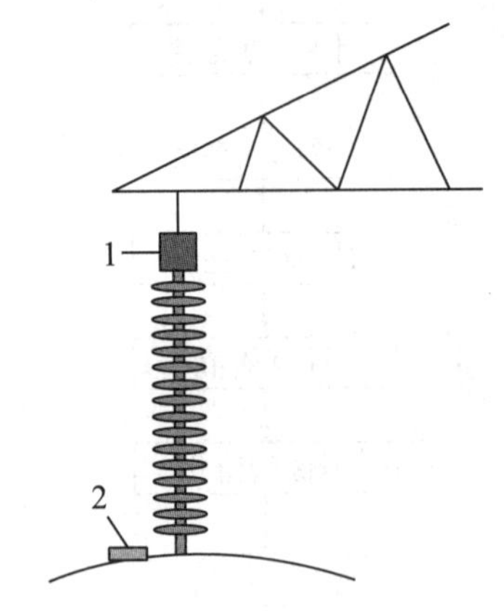

图 5.21 架空输电线路传感器安装

图 5.21 中，1 为绝缘子悬挂点，在绝缘子悬挂点安装拉力传感器。2 为导线上的温度传感器，由于导线有电流流过，导线温度传感器可以测量电流流过对导线温度升高的作用。

5.3.4.2 模拟导线监测系统

尽管对输电线路制热可以实现输电导线在线实时防冰与融冰，但是制热过程需耗电，尤其在冬季，防冰过程将长时间运行，精准预测导线未来覆冰的可能性以及在不采取措施的情况下覆冰增长的速度，将为精准控制防冰融冰的制热过程且做到耗能最低提供可靠依据。

如果在相同的环境状态下，放置一根与输电导线一样的模拟输电导线，本文称之为“模拟导线”。测量模拟导线的覆冰厚度增长状态，结合微气象站数据和历史数据，可实现对输电导线未来 10～30 分钟内可能覆冰增长的精确预测。

(1) 模拟导线监测系统结构。

根据上述设计思路构建的模拟导线监测系统如图 5.22 所示，其中，1−1、1−2、1−3、1−4、1−5分别为称重测量装置，具有相同的结构，内含拉力传感器；2−1、2−2、2−3、2−4、2−5 为温度传感器；3−1、3−2、3−3、3−4、3−5 为与输电导线相同规格的单位长度输电导线，可以根据监测现场设计要求取值；4−2、4−3、4−4、4−5 为可控开关，可以在微处理器控制下闭合或者断开。称重测量装置、温度传感器、单位长度输电导线和可控开关组成一个监测模块，为描述方便，从左至右，将监测模块编号，分别为 1 号监测模块、2 号监测模块、3 号监测模块、4 号监测模块和 5 号监测模块。微处理器用于接收各拉力传感器和温度传感器数据，通过发出 PWM 信号控制可控开关的闭合或断开，达到控制单位长度输电导线温度的目的，并通过控制通信模块与外界通信。

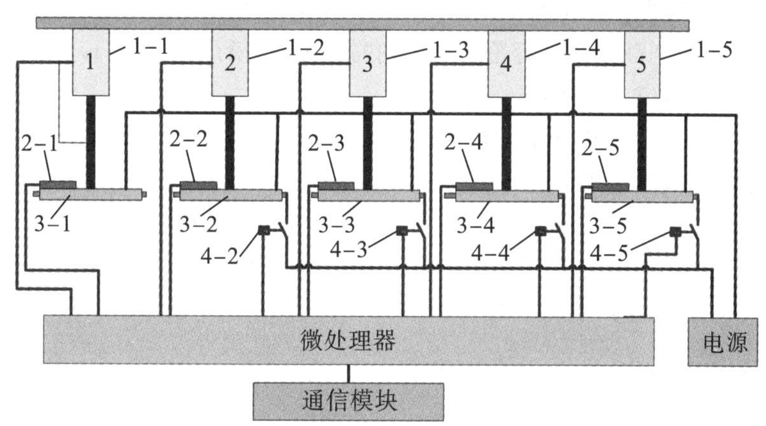

图 5.22 模拟导线监测系统

(2) 称重测量装置。

称重测量装置结构如图 5.23 所示。

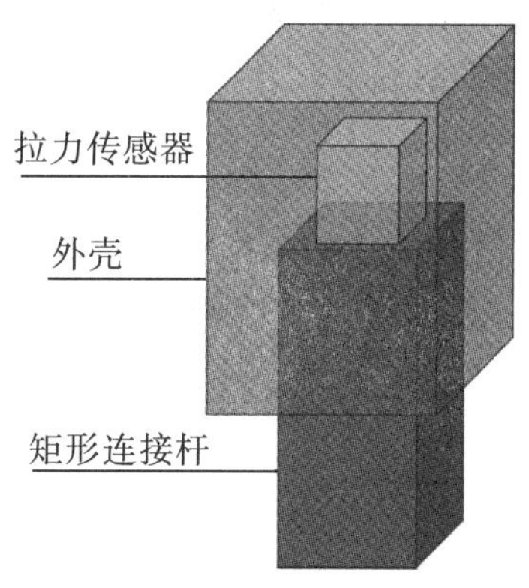

图 5.23 称重测量装置结构

图 5.23 中，外壳为有矩形槽的矩形容器，矩形槽内安装拉力传感器，外壳顶部固定在支架上，不会因为风力的影响而发生摇摆和扭变。拉力传感器一端固定在外壳上，另一端与矩形连接杆连接，用于测量连接杆与连接在连接杆上的单位长度输电导线的重力。

5.3.5 超短期精准覆冰预测方法

目前的输电线路覆冰预测研究内容主要是长期覆冰预测和中短期覆冰预测，本文基于灰色预测理论和向量机预测理论，提出超短期精准覆冰预测方法。

5.3.5.1 灰色预测理论方法

灰色预测模型采用 $GM(1,1)$ 模型，对于给定序列 $X=(x(1), x(2), x(3), \cdots,$

$x(n))$，预测方法如下。

(1) 第一步：极比检查。

极比计算如式(5-50)所示。

$$\sigma(k)=\frac{x(k-1)}{x(k)} \tag{5-50}$$

根据式(5-50)构建极比序列：$\sigma=(\sigma(2), \sigma(3), \sigma(4), \cdots, \sigma(n))$，根据 n 确定可容覆盖范围，当极比序列都落在可容覆盖范围内时，可以进行 $GM(1,1)$建模。

(2) 第二步：$GM(1,1)$建模。

$GM(1,1)$建模计算过程如下所述。

1) 初始序列为数据采集值。

$$\begin{aligned} X(0) &= (x^{(0)}(1), x^{(0)}(2), x^{(0)}(3), \cdots, x^{(0)}(n)) \\ &= (x(1), x(2), x(3), \cdots, x(n)) \end{aligned}$$

2) 根据式(5-51)计算累加序列 $X(1)$。

$$x^{(1)}(k) = \sum_{i=1}^{k} x^{(0)}(i) \quad (k=1, 2, 3, \cdots, n) \tag{5-51}$$

$$X(1) = (x^{(1)}(1), x^{(1)}(2), x^{(1)}(3), \cdots, x^{(1)}(n))$$

3) 根据式(5-52)计算紧邻均值序列 $Z(1)$。

$$z^{(1)}(k) = \frac{x^{(1)}(k) + x^{(1)}(k-1)}{2} \tag{5-52}$$

$$Z(1) = (z^{(1)}(2), z^{(1)}(3), z^{(1)}(4), \cdots, z^{(1)}(n))$$

4) 根据式(5-53)、式(5-54)、式(5-55)计算发展系数 a 和灰色作用系数 b。

$$\boldsymbol{B} = \begin{pmatrix} -z^{(1)}(2) & 1 \\ -z^{(1)}(3) & 1 \\ \vdots & \vdots \\ -z^{(1)}(n) & 1 \end{pmatrix} \tag{5-53}$$

$$\boldsymbol{Y}_n = \begin{pmatrix} x^{(0)}(2) \\ x^{(0)}(3) \\ \vdots \\ x^{(0)}(n) \end{pmatrix} \tag{5-54}$$

$$\begin{pmatrix} a \\ b \end{pmatrix} = (\boldsymbol{B}^{\mathrm{T}}\boldsymbol{B})^{-1}\boldsymbol{B}^{\mathrm{T}}\boldsymbol{Y}_n \tag{5-55}$$

根据上述方法，可以算出 a、b。

(3) 第三步：预测。

令 $x^{(1)}(0)=x^{(0)}(1)$，根据式(5-56)、式(5-57)进行计算。

$$\hat{x}^{(1)}(k+1) = \left[x^{(1)}(0) - \frac{b}{a}\right]\mathrm{e}^{-ak} + \frac{b}{a} \tag{5-56}$$

$$\hat{x}^{(0)}(k+1) = \hat{x}^{(1)}(k+1) - \hat{x}^{(1)}(k) \tag{5-57}$$

当 k 的值小于等于 n 时，计算值为模型值，用于检验模型是否正确。当检验模型正确时，取 k 的值大于 n，就可对未来进行预测。

(4) 第四步：检验。

检验采用残差检验方法，如式(5－58)所示。

$$残差=(实际值-模型值)/实际值 \tag{5-58}$$

一般要求残差绝对值小于0.2。

5.3.5.2 向量机预测理论方法

(1) 支持向量机回归预测理论。

回归分析要解决的问题：对于输入—输出数据集$(x_i, y_i)(i=1, 2, \cdots, M)$，分析输入与输出数据之间的关系，其中$\boldsymbol{X}=(x_i)$为$n$维向量，$\boldsymbol{Y}=(y_i)$为输出数据，$x_i$、$y_i$分别表示第$i$组输入数据和输出数据，$M$表示样本总数。

用非线性映射φ：$R_n \to R_m (m \geqslant n)$，将输入空间映射到高维特征空间，然后在高维特征空间用线性函数来拟合，如式(5－59)所示。

$$\boldsymbol{Y}=f(\boldsymbol{X})=\langle \boldsymbol{W}, \varphi(\boldsymbol{X})\rangle+b \tag{5-59}$$

式中，$\boldsymbol{W}$，$f(\boldsymbol{X})$为m维矢量，$\langle \boldsymbol{W}, \varphi(\boldsymbol{X})\rangle$表示$\boldsymbol{W}$和$\varphi(\boldsymbol{X})$的点积，$b$表示阈值。

通过极小化目标函数，支持向量机可以确定回归函数。

$$\min \boldsymbol{W}, b: \frac{1}{2}\ \|\boldsymbol{W}\|^2+c\sum_{i=1}^{n}\left|\boldsymbol{Y}_i-\langle \boldsymbol{W}, \varphi(\boldsymbol{X}_i)\rangle-b_i\right|_{\varepsilon} \tag{5-60}$$

式中，c用于平衡训练误差项的权重函数及平衡模型的复杂性，$|\boldsymbol{Y}_i-\langle \boldsymbol{W}, \varphi(\boldsymbol{X}_i)\rangle-b_i|_{\varepsilon}$为$\varepsilon$的不敏感损失参数，由式(5－61)确定。

$$\begin{aligned}&\left|\boldsymbol{Y}_i-\langle \boldsymbol{W}, \varphi(\boldsymbol{X}_i)\rangle-b_i\right| \\ &=\begin{cases}0 & (|\boldsymbol{Y}_i-\langle \boldsymbol{W}, \varphi(\boldsymbol{X}_i)\rangle-b_i|<\varepsilon) \\ |\boldsymbol{Y}_i-\langle \boldsymbol{W}, \varphi(\boldsymbol{X}_i)\rangle-b_i|-\varepsilon & (|\boldsymbol{Y}_i-\langle \boldsymbol{W}, \varphi(\boldsymbol{X}_i)\rangle-b_i| \geqslant \varepsilon)\end{cases}\end{aligned} \tag{5-61}$$

式(5－59)难以直接求解，需转化为对偶问题，如式(5－62)所示。

$$\begin{aligned}\max\{a_i\}, a_i^*: &-\frac{1}{2}\sum_{i=1}^{N}\sum_{j=1}^{N}(a_i-a_i^*)(a_i-a_j^*)K(\boldsymbol{X}_i, \boldsymbol{X}_j) \\ &-\varepsilon\sum_{i=1}^{N}(a_i+a_i^*)+\sum_{i=1}^{N}y_i(a_i-a_i^*)\end{aligned} \tag{5-62}$$

式中，$K(\boldsymbol{X}_i, \boldsymbol{X}_j)$为核函数；$a_i$、$a_i{}^*$为对偶函数，需满足式(5－63)。

$$\sum_{i=1}^{N}(a_i-a_i^*)=0 \quad (a_i, a_i^* \in [0, c]) \tag{5-63}$$

此时，式(5－59)可以表示为式(5－64)。

$$f(\boldsymbol{X})=\sum_{i=1}^{N}(a_i-a_i^*)K(\boldsymbol{X}_i, \boldsymbol{X}_j)+b \tag{5-64}$$

根据支持向量机回归函数的性质，$a_i a_i^*=0$，且只有少数a_i，a_i^*不等于0。

(2) 最优回归算法。

将式(5－61)写成标准的二次规划形式，如式(5－65)所示。

$$\boldsymbol{Q}\min\frac{1}{2}(a^{\mathrm{T}}, a^{*\mathrm{T}})\begin{pmatrix}a \\ a^*\end{pmatrix}+\boldsymbol{p}\begin{pmatrix}a \\ a^*\end{pmatrix} \tag{5-65}$$

式中，$\boldsymbol{p}=(\varepsilon\boldsymbol{E}^{\mathrm{T}}+\boldsymbol{Y}^{\mathrm{T}}, \varepsilon\boldsymbol{E}^{\mathrm{T}}-\boldsymbol{Y}^{\mathrm{T}})$，$\boldsymbol{E}$为$1\times n$的单位向量，$\boldsymbol{Y}=(y_1, y_1, \cdots, y_n)^{\mathrm{T}}$，$\boldsymbol{Q}$如式(5－68)所示。

$$\boldsymbol{Q}=\begin{pmatrix} K & -K \\ -K & K \end{pmatrix},\ K_{ij}=K \tag{5-66}$$

约束条件如式(5－67)。

$$\boldsymbol{R}^{\mathrm{T}}\begin{bmatrix} a \\ a^{*} \end{bmatrix}=\boldsymbol{0} \quad (0\leqslant a_i,\ a_i^{*}\leqslant c(i=1,\ 2,\ \cdots,\ n)) \tag{5-67}$$

式中，$\boldsymbol{R}=(r_n)_{1\times 2n}$，当 $i=1,\ 2,\ \cdots n$ 时，$r_i=1$；当 $i=n+1,\ n+2,\ \cdots,\ 2n$ 时，$r_i=-1$。

支持向量机回归是将待求问题转化为线性约束二次规划问题，由于算法中的矩阵规模大，占用内存多，需要利用相关算法加速运算，减少存储器占用量。目前，广泛采用的方法是将支持向量机回归问题分解成若干个小规模子问题，并通过迭代方法计算原问题解。目前，主要使用的分解方法有序列最小化算法(sequential minimal optimization)、分解算法(decomposing)和选块算法(chunking)。本文采用序列最小化算法。

核函数选择高斯径向基核函数，如式(5－68)所示。

$$k(x,\ y)=\mathrm{e}^{|x-y|^{2}/2\sigma^{2}} \tag{5-68}$$

(3)本文支持向量机算法。

本文支持向量机预测模型中，输入 x 为气象数据(温度、雨量、湿度)，输出 y 为覆冰厚度。根据历史数据建立训练样本集和预测样本集，确定支持向量机回归目标函数，计算最优解，再将最优解代入回归决策函数方程，构成回归决策函数，并进行预测。具体步骤为：

1）对输入数据进行预处理及归一化处理；

2）建立训练样本集和预测样本集；

3）建立用于输电线路覆冰厚度预测的支持向量机模型，根据训练样本建立支持向量机回归目标函数，计算最优解；

4）确定回归决策函数，得到决策回归方程。

5.3.5.3 基于在线数据监测的自适应超短期精准覆冰预测方法

超短期预测是10分钟到半小时的预测，针对不同防冰与融冰算法的需求，包括精准覆冰预测、防冰预测和融冰预测三个方面。精准覆冰预测用于结冰开始后对未来可能的覆冰状态进行预测；防冰预测用于结冰未开始时，对未来可能的结冰进行预测；融冰预测用于对融冰过程进行预测。

(1) 冻雨积冰。

通过微气象站数据采集模块和模拟监控系统，每3分钟采集一组数据，总共采集10组数据，根据所采集的10组数据建立 $GM(1,\ 1)$ 模型，根据 $GM(1,\ 1)$ 模型预测未来15分钟内的风速、降雨量、液水含量，通过预测的风速、降雨量、液水含量，预测未来15分钟内的覆冰增长状态。具体方法如下所述。

1) 输入数据。

每隔3分钟采集一次降雨强度、风速、覆冰重量，按时间先后顺序，分别记为 $P=\{p(1),\ p(2),\ p(3),\ \cdots,\ p(10)\}$；$W=\{w(1),\ w(2),\ w(3),\ \cdots,\ w(10)\}$；$G=\{g(1),\ g(2),\ g(3),\ \cdots,\ g(10)\}$。对应的等效覆冰厚度分别为 $R=\{r(1),\ r(2),$

$r(3)$，…，$r(10)\}$，有

$$r(i+1)=r(i)+\frac{3}{\rho_i\pi}\sqrt{\left(\frac{1}{60}P_{i+1}\rho_w\right)^2+(0.06V_{i+1}W_{i+1})^2} \tag{5-69}$$

令 $\Delta=\frac{3}{\rho_i\pi}\sqrt{\left(\frac{1}{60}P_{i+1}\rho_w\right)^2+(0.06V_{i+1}W_{i+1})^2}$，有 $r(i+1)=r(i)+\Delta$，Δ 表示覆冰厚度增长。

设模拟导线长度为单位长度 1 m，导线的半径为 R_d，则，

$$g(i+1)=\pi[R_d+r(i)+\Delta]^2\rho_i+g_0 \tag{5-70}$$

$$g(i)=\pi[R_d+r(i)]^2\rho_i+g_0 \tag{5-71}$$

式(5－70)与式(5－71)的 g_0 为模拟导线重量减去与模拟导线等体积的冰的重量。式(5－70)减去式(5－71)，忽略 Δ^2 项，得到

$$g(i+1)-g(i)=2\rho_i\pi[R_d+r(i)]\Delta \tag{5-72}$$

根据式(5－72)，可以得到

$$w(i+1)=\frac{1}{0.06v(i+1)}\sqrt{\left\{\frac{g(i+1)-g(i)}{6[R_d+r(i)]}\right\}^2-\left[\frac{p(i+1)\rho_w}{60}\right]^2} \tag{5-73}$$

根据式(5－71)，可以算出

$$r(i)=\sqrt{\frac{g(i)-g_0}{\pi\rho_i}}-R_d \tag{5-74}$$

由此，可以计算出上述所有参数。

2）预测。

根据输入数据，采用灰色预测方法，可以预测第 3 min、6 min、9 min、12 min、15 min的降雨强度、液水含量和风速。

3）根据式(5－37)，计算覆冰厚度。

(2）云中覆冰。

云中覆冰计算公式如式(5－38)，但是，在式(5－38)中，碰撞率、捕获率、冻结率、粒子群含水量、有效粒子速度都没法用廉价仪器测量，有效覆冰横截面积可以根据重量由式(5－74)来计算。

将碰撞率、捕获率、冻结率、粒子群含水量、有效粒子速度用一个综合因子 k 来表示，令 $k=\alpha_1\alpha_2\alpha_3wv$，则式(5－38)变为

$$\frac{\mathrm{d}M}{\mathrm{d}t}=kA \tag{5-75}$$

通过计算 k，根据式(5－75)可以预测云中覆冰状态。具体步骤为：

1）测量模拟导线的重量；

2）根据式(5－74)计算覆冰厚度；

3）计算有效覆冰横截面积；

4）计算 k；

5）根据灰色预测方法预测 k；

6）根据式(5－75)计算覆冰重量。

(3) 防冰预测。

防冰预测，是指结冰没有发生时，预测未来可能会发生的结冰状况。防冰预测方法是根据微气象站采集的历史数据以及模拟导线结冰重量，采用支持向量机技术，建立决策回归方程，再根据决策回归方程，现场采集数据进行预测。

5.4 防冰功率控制方法

5.4.1 控制思路

当预测未来可能结冰时，启动防冰控制。防冰控制分两个阶段：升温阶段和保温阶段。当导线温度低于0℃时，每15分钟升温为当前温度与1℃之差的一半。当导线温度高过0℃时，每15分钟升温1℃。

当判断未来有结冰的可能并启动防冰程序时，根据温度曲线计算所需热量，分别按模糊自适应PID控制方法和模型预测PID控制方法启动第一个15分钟的模拟导线防冰控制，同时，按模糊自适应PID控制方法启动输电导线的防冰控制。在第一个15分钟结束时，根据模拟导线误差平方和选择最优控制方法作为下一个15分钟的输电导线防冰控制方法，每15分钟选择一次。

5.4.2 未来结冰预测方法

对未来可能结冰的预测采用支持向量机预测技术。当模拟覆冰监测导线上没有覆冰时，支持向量机采用最近的覆冰监测历史数据，当开始覆冰一个小时后，采用前一个小时采样的气候数据与覆冰增长数据进行预测。预测流程如图5.24所示。

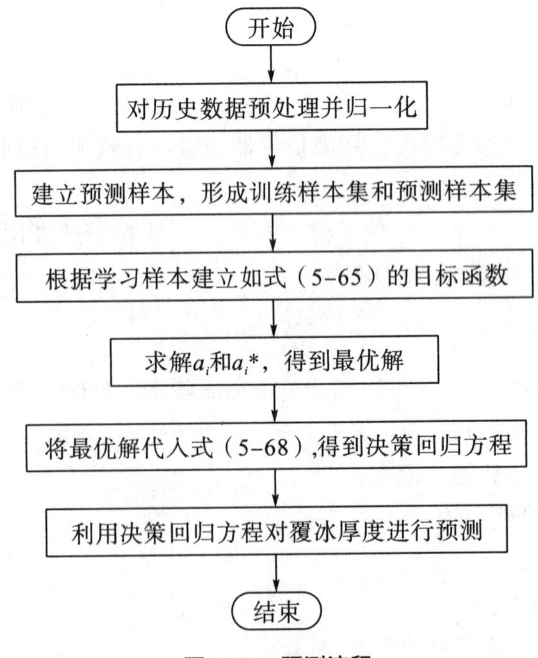

图5.24　预测流程

5.4.3 预测控制的预测模型建立

模拟导线系统中有 5 个监测模块，每个监测模块有一根单位长度导线。输电导线由于有电流存在，监测模块首先必须模拟输电导线的电流。监测模块的电源电压来自防冰融冰输电装置的融冰电压。通过一定宽度的 PWM 信号，可以让单位导线跟踪输电导线温度。用跟踪温度所需要的脉宽，加上导线融冰脉宽，通过测量温度变化，就可以建立预测控制所需的脉冲响应模型。

5.4.3.1 导线温度跟踪控制

导线温度跟踪采用 PID 控制方法，先通过现场参数采集确定 PID 参数，然后再运用 PID 控制方法跟踪导线温度。设监控模块单位导线温度为 T_t，输电导线温度为 T_d。将式(5－3)的占空比 d_r 设为 0，慢慢增加 d_r 占空比使得 T_t 大于 T_d，然后慢慢降低 d_r，找到 T_t 小于 T_d 的 d_r 第一个占空比作为初始占空比，记为 DR_0。在 DR_0 的基础上，增加占空比 d_r，所增加值记为 Δd_r，以 Δd_r 作为控制量对系统进行控制。导线温度跟踪控制方法如图 5.25 所示。

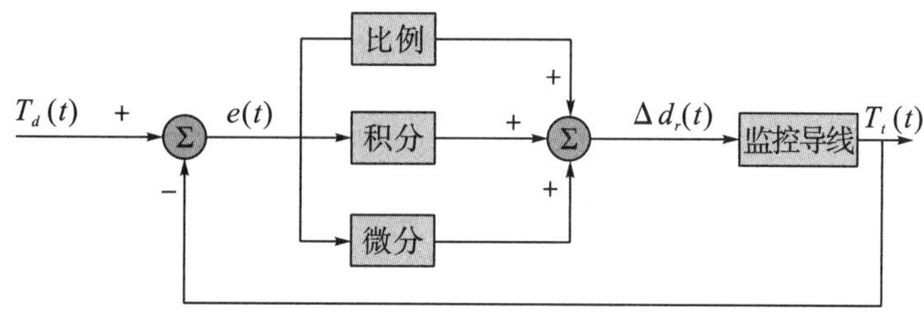

图 5.25 导线温度跟踪控制方法

跟踪监控导线温度时，计算加温功率控制 PWM 信号占空比的平均值，可以得到因输电导线与监控导线的电流差导致的输电导线与监控导线之间防冰融冰所需功率的差值。用模拟导线运行时，需考虑这个差值。

5.4.3.2 脉冲响应模型

模型预测 PID 控制需要脉冲响应模型。这里的脉冲响应模型采用模拟导线监控系统实现。在一个控制采样周期内加入防冰功率，作为防冰脉冲，测量模拟导线在防冰脉冲输入前后的温度变化，即可得到脉冲响应模型。脉冲响应在线测量方法如图 5.26 所示。图 5.26 中，PWM 信号按时间顺序分为保温、升温、保温三个阶段。0～60 s 为保温阶段，PWM 脉宽为保持模拟导线与输电导线有相同温度的脉宽。图中，假设输电导线为−3℃。保温 60 s 后，进入制热阶段，PWM 信号产生融冰所需功率脉宽，总共保持 60 s，然后进入保温阶段。采集第 120 s、180 s、240 s、300 s 的温度作为脉冲响应序列值 g_1、g_2、g_3、g_4。

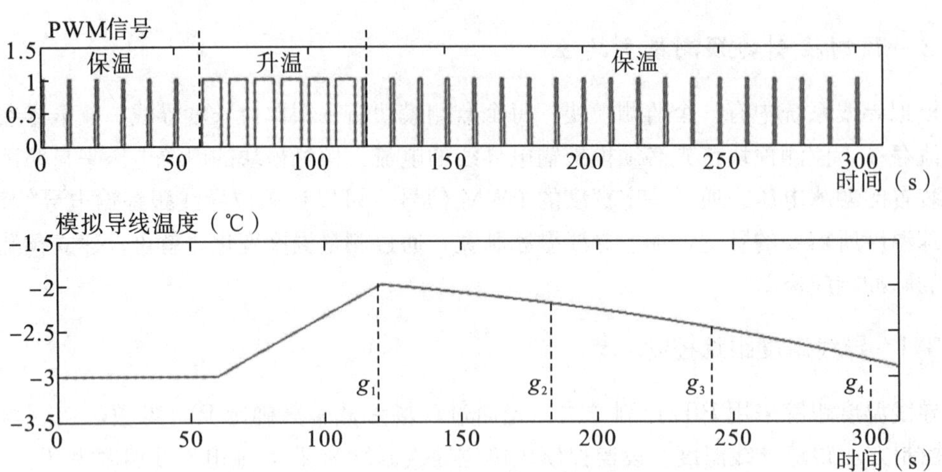

图 5.26　脉冲响应在线测量方法

5.4.4　控制方法

防冰控制步骤为：①计算 PWM 初始脉宽；②模拟导线模拟模糊自适应 PID 控制；③模拟导线模拟模型预测 PID 控制；④择优选择控制方法进行防冰控制。

5.4.4.1　计算 PWM 初始脉宽

PWM 初始脉宽包括两个阶段，升温阶段和保温阶段。升温阶段是指从输电导线目前温度上升到 1℃的 PWM 脉宽。保温阶段是指输电导线保持 1℃的 PWM 脉宽。

(1) 升温阶段初始脉宽计算。

当导线温度低于 1℃时，导线属于升温阶段，此阶段热量 Q_{up} 计算方法如式(2－21)所示。升温阶段初始脉宽产生的热量 $Q_{H_{out}}$ 计算方法如式(5－3)所示，由于升温阶段初始脉宽产生的热量 $Q_{H_{out}}$ 与导线升温阶段热量 Q_{up} 相等，根据式(2－18)、式(2－21)和式(5－3)，有

$$\begin{cases} \frac{1}{2}Q_{1t}+Q_{2t}+Q_{3t}+Q_m+Q_s=\frac{720\cdot k_h\cdot d_r\cdot(U_a-U_h)^2}{R_h} & (t_1<-1℃) \\ Q_{11}+Q_{21}+Q_{31}+Q_m+Q_s=\frac{720\cdot k_h\cdot d_r\cdot(U_a-U_h)^2}{R_h} & (-1℃\leqslant t_1<1℃) \end{cases} \tag{5-76}$$

根据式(5－76)，可以计算升温阶段初始脉宽，如式(5－77)所示。

$$\begin{cases} d_r=\frac{(Q_m+Q_s+0.5Q_{1t}+Q_{2t}+Q_{3t})\cdot R_h}{720\cdot k_h\cdot(U_a-U_h)^2} & (t_1<-1℃) \\ d_r=\frac{Q_{11}+Q_{21}+Q_{31}+Q_m+Q_s\cdot R_h}{720\cdot k_h\cdot(U_a-U_h)^2} & (-1℃\leqslant t_1<1℃) \end{cases} \tag{5-77}$$

(2) 保温阶段脉宽计算。

当输电导线温度升至 1℃时，进入保温阶段。保温阶段所需热量 Q_{on} 计算方法如式(2－22)所示，保温阶段初始脉宽产生的热量 $Q_{H_{out}}$ 计算方法如式(5－3)所示，式(2－22)计算的 Q_{on} 和式(5－3)计算的 $Q_{H_{out}}$ 相等，有

$$g_{12}L_m + 2\pi r_3 h(1 - t_c) = \frac{720 \cdot k_h \cdot d_r \cdot (U_a - U_h)^2}{R_h} \tag{5-78}$$

根据式(5−78)，可以计算保温阶段初始脉宽，如式(5−79)所示。

$$d_r = \frac{g_{12}L_m + 2\pi r_3 h(1 - t_c) \cdot R_h}{720 \cdot k_h \cdot (U_a - U_h)^2} \tag{5-79}$$

5.4.4.2　模拟导线模拟模糊自适应 PID 控制

使用模拟导线，可以模拟保温阶段输电线路模糊自适应 PID 控制效果。

(1) PWM 初始脉宽。

模拟导线的 PWM 初始脉宽包含两个功率，跟踪输电导线温度所需功率和保温所需功率。因此，模拟导线的 PWM 初始脉宽由跟踪输电导线温度所需功率脉宽和保温所需功率脉宽相加而成。设跟踪输电导线温度所需功率脉宽为 d_{r0}，保温所需功率脉宽为 d_{rt}，则 PWM 初始脉宽 PWM_0 为

$$PWM_0 = d_{r0} + d_{rt} \tag{5-80}$$

(2) 控制量。

控制量为温度，在保温阶段，为破坏结冰条件，需要保持模拟导线温度为 1℃。

(3) 误差模糊化。

根据式(5−8a)和(5−8b)，进行误差模糊化。式中，$e_{\min} = -0.8$℃，$e_{\max} = 0.8$℃；$\Delta e_{\min} = -0.3$℃，$\Delta e_{\max} = 0.3$℃。

(4) PID 初始参数。

PID 初始参数根据式(5−36)确定。

(5) 控制流程。

控制流程如图 5.27 所示。

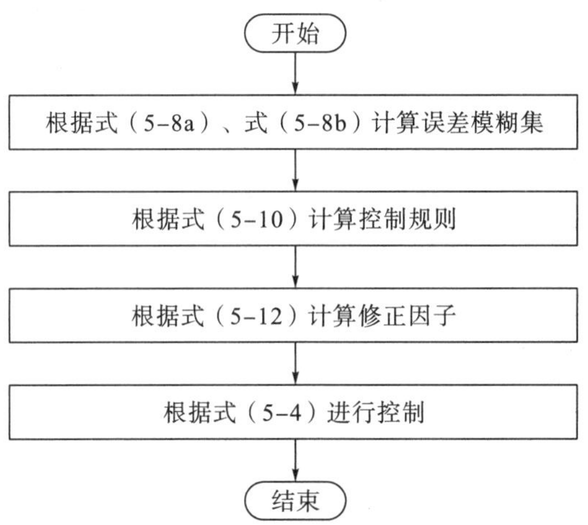

图 5.27　模拟导线模拟模糊自适应 PID 控制流程

5.4.4.3　模拟导线模拟模型预测 PID 控制

使用模拟导线，可以模拟保温阶段输电线路模型预测 PID 控制效果。

(1) PWM 初始脉宽。

模拟导线模拟模型预测 PID 控制的 PWM 初始脉宽的计算方法与模拟导线模拟模糊自适应 PID 控制的 PWM 初始脉宽的计算方法相同。

(2) 控制量。

控制量为温度，在保温阶段，为破坏结冰条件，需要保持模拟导线温度为 1℃。

(3) PID 初始参数。

PID 初始参数根据式(5－36)确定。

(4) 脉冲响应模型。

脉冲响应模型根据图 5.27 中标识的方法确定。

(5) 控制流程。

控制流程如图 5.28 所示。

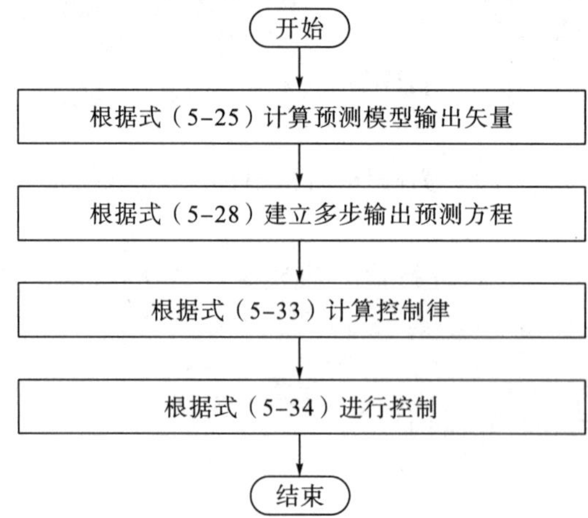

图 5.28　模拟导线模拟模型预测 PID 控制流程

5.4.4.4　防冰控制过程

防冰控制过程有两个阶段：升温阶段和保温阶段。升温阶段是指从导线当前温度上升到 1℃的阶段。保温阶段是指导线温度保持 1℃的阶段。

(1) 升温控制。

升温阶段由于对控制精度要求不高，只需保持导线温度升高即可，因此升温控制采用比例控制，控制规律为

$$\begin{cases} u(t)=K_P \cdot e(t) \\ e(t)=T_r-T_c \end{cases} \tag{5-81}$$

式中，T_r 为给定温度；T_c 为实际测量温度。运行式(5－81)的控制规律，需要确定升温曲线、初始脉宽和 K_P 值。

1) 升温曲线。

设 T_c 为导线当前温度，在升温阶段，需控制导线在 30 min 内将温度上升到 0℃，然后 15 min 内，将温度从 0℃上升到 1℃。导线温度输出响应曲线如图 5.29 所示。

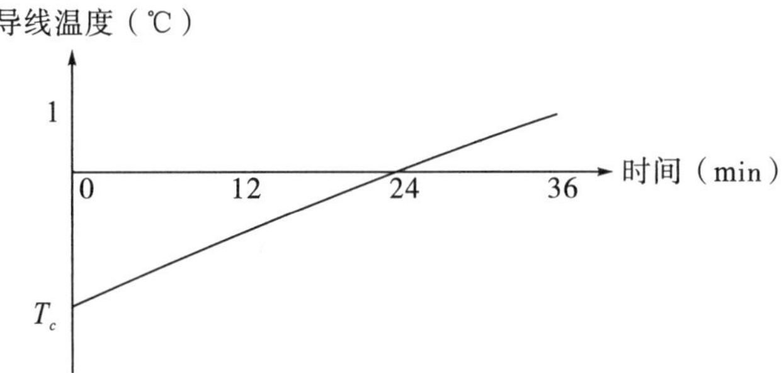

图 5.29 导线温度输出响应曲线

2）初始脉宽。

根据式(5－77)计算初始脉宽。

3）K_P 值。

K_P 值采用 Ziegler-Nichols PID 参数整定法确定。临界系数 $K_{P_{crit}}$ 和临界振荡周期 T_{crit} 根据 5.2.4 节介绍的方法确定。

$$K_P = 0.5K_{P_{crit}} \tag{5－82}$$

(2) 保温控制。

保温控制阶段，导线低于 0℃，将导致结冰，导线高于 1℃，将导致不必要的能耗，因此在保温阶段，最好让导线温度精确保持在 1℃左右。因此，需选择高精度控制方法。输电导线结冰状况和结冰过程都与气候有关，主要影响因素包括空气中的液水含量、湿度、温度、对流层、风向等。气候因素具有随机性和非线性，因此，基于气候因素的结冰状态和结冰过程也具有随机性和非线性，很难用线性控制方法来准确控制。模糊自适应 PID 控制方法和模型预测 PID 控制方法对随机性和非线性控制系统有较好的效果。本文通过模拟导线分别模拟模糊自适应 PID 控制方法和模型预测 PID 控制方法，每 15 分钟分别计算一次误差平方和，选择误差平方和最小的控制方法作为下一个 15 分钟内保温控制的控制方法，实现动态控制过程。

1）初始脉宽。

根据式(5－79)计算初始脉宽。

2）初始 PID 控制参数。

初始 PID 控制参数采用 Ziegler-Nichols PID 参数整定法确定。

3）控制流程。

根据上述分析，保温阶段控制流程如图 5.30 所示

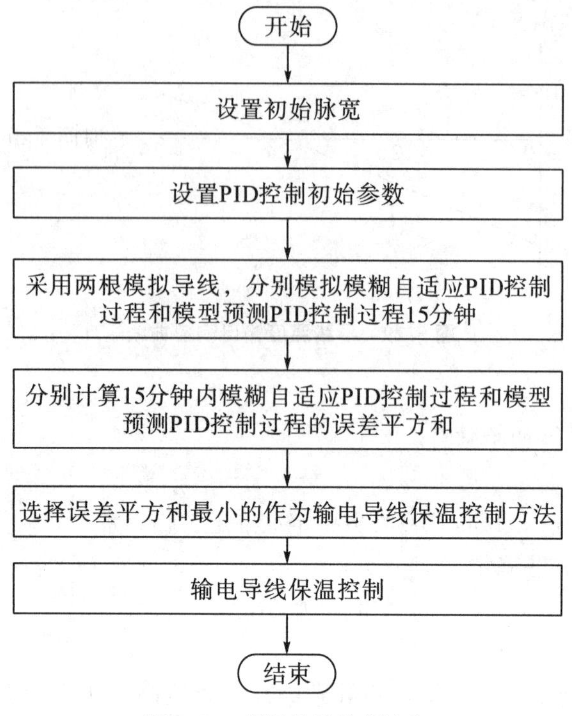

图 5.30　保温阶段控制流程

5.5　融冰功率控制

5.5.1　控制思路

当发现导线覆冰时，启动融冰过程。融冰以 15 分钟为一个阶段，当导线温度低于0℃且监测重量的一半大于最小融冰重量时，每 15 分钟融冰功率按监测重量的一半来计算；当监测重量的一半大于零且小于最小融冰重量时，每 15 分钟融冰功率按最小融冰重量来计算；当称重传感器监测覆冰重量为零时，停止融冰并根据预测结果判断是否进入防冰过程。

5.5.2　融冰功率增长预测

计算融冰功率增长，需计算未来覆冰增长。未来覆冰增长可以采用覆冰预测方法，参考 5.3.5 节。

通过覆冰监测，可以监测前 15 分钟覆冰增长；根据覆冰预测，可以预测后 15 分钟覆冰增长。设监测到的前 15 分钟单位长度导线覆冰重量为 G_p，预测后 15 分钟单位长度导线覆冰重量为 G_r，则后一阶段覆冰增量为

$$\Delta G = G_r - G_p \tag{5-83}$$

后 15 分钟覆冰增量需要的融冰热量为

$$\Delta Q = \Delta G \cdot L_m = (G_r - G_p) \cdot L_m \tag{5-84}$$

后 15 分钟融冰脉宽增量为

$$\Delta P=\Delta Q/Q_{as}=(G_r-G_p)\cdot L_m/Q_{as} \tag{5-85}$$

5.5.3　控制方法

融冰控制步骤为：①计算 PWM 初始脉宽；②升温阶段控制；③融冰阶段控制。

5.5.3.1　计算 PWM 初始脉宽

PWM 初始脉宽包括两个阶段，升温阶段和融冰阶段。升温阶段是指从输电导线目前温度上升到 0℃的 PWM 脉宽，融冰阶段是指输电导线融冰的 PWM 脉宽。

(1) 升温阶段。

升温阶段需要产生的热量为式(2－26)计算的热量。升温阶段用 30 min 完成，因此

$$Q_a=\frac{1440\cdot k_h\cdot d_r\cdot(U_a-U_h)^2}{R_h} \tag{5-86}$$

$$d_r=\frac{Q_a\cdot R_h}{1440\cdot k_h\cdot(U_a-U_h)^2} \tag{5-87}$$

(2) 融冰阶段。

融冰阶段融完冰所需要的热量如式(2－30)中的 Q_{as}，现有导线覆冰在 30 分钟内融完，因此

$$Q_{as}=\frac{1800\cdot k_h\cdot d_r\cdot(U_a-U_h)^2}{R_h} \tag{5-88}$$

$$d_r=\frac{Q_{as}\cdot R_h}{1800\cdot k_h\cdot(U_a-U_h)^2} \tag{5-89}$$

5.5.3.2　升温阶段控制

在升温阶段，控制量为温度。升温阶段用 30 min 将导线温度从当前温度上升到 0℃。导线温度响应如图 5.31 所示。

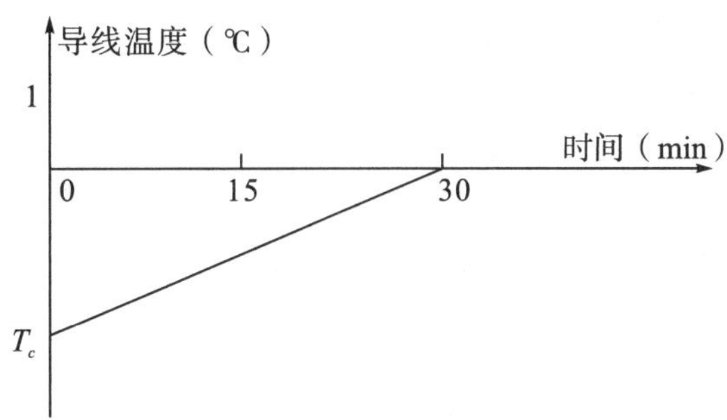

图 5.31　导线温度响应

由于升温过程对温度不需要严格精确控制，只需保持导线温度升高即可，升温控制采用比例控制，控制规律为

$$\begin{cases}u(t)=K_P\cdot e(t)\\ e(t)=T_r-T_c\end{cases} \tag{5-90}$$

式中，T_r 为给定温度；T_c 为实际测量温度。

运行式(5－90)的控制规律，需要计算初始脉宽和 K_P 值。

（1）升温阶段初始脉宽。

根据式(5－89)计算初始脉宽。

（2）升温阶段 K_P 值。

K_P值采用 Ziegler-Nichols PID 参数整定法确定。

$$K_P = 0.5K_{P_{crit}} \tag{5-91}$$

5.5.3.3 融冰阶段控制

融冰阶段，控制量为导线覆冰重量。融冰阶段用 30 min 将导线覆冰融完。导线覆冰重量输出响应如图 5.32 所示。

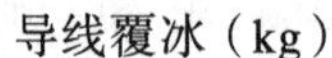

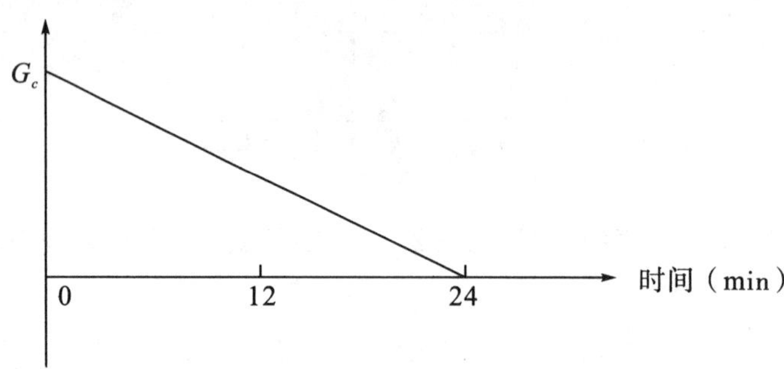

图 5.32　导线覆冰重量输出响应

由于融冰过程对导线覆冰重量不需要严格精确控制，只需保持导线覆冰重量减少即可，融冰控制采用比例控制，控制规律为

$$\begin{cases} u(t) = K_P \cdot e(t) \\ e(t) = G_r - G_c \end{cases} \tag{5-92}$$

式中，G_r 为给定覆冰重量；G_c 为实际测量覆冰重量。

运行式(5－92)的控制规律，需要计算初始脉宽和 K_P 值。

（1）融冰阶段初始脉宽。

根据式(5－89)计算初始脉宽。

（2）融冰阶段 K_P 值。

K_P值采用 Ziegler-Nichols PID 参数整定法确定。

$$K_P = 0.5K_{P_{crit}} \tag{5-93}$$

5.6　导线防冰融冰综合控制流程

防冰融冰控制将在微处理器控制下进行，根据上述分析，系统的防冰融冰综合控制微处理器工作流程为：

（1）融冰状态变量赋值为 0；

（2）采集传感器数据，包括拉力传感器数据和温度传感器数据；

（3）通过通信模型接收数据，所接收的数据包括微气象站的环境温度、环境湿度、降雨量、大气压、风速、风向，以及输电线路在线监测数据（包括拉力传感器测量的输电导线重力、绝缘子倾角、输电导线的温度)；

(4) 判断环境温度是否大于 0℃，如果小于 0℃，就转到 (6)，如果大于 0℃，就转到 (5)；

(5) 判断融冰变量是否为 1，如果为 1，转到 (6)，如果为 0，转到 (2)；

(6) 根据预测方法，预测覆冰增长率 (方法在 5.3 节中有介绍)；

(7) 根据式(5－75)计算覆冰量；

(8) 根据覆冰量的计算结果，判断是否有覆冰，如果有覆冰，则转到(9)，如果没有覆冰，则转到(13)；

(9) 计算结冰类型；

(10) 进行融冰控制策略计算，选择融冰控制策略；

(11) 根据融冰控制策略，确定模拟监测系统的开关控制模式，模拟融冰控制策略；

(12) 将融冰状态变量赋值为 1，转到(15)；

(13) 进行防冰控制策略计算，选择防冰控制策略；

(14) 根据防冰控制策略，确定模拟监测系统的开关控制模式，模拟防冰控制策略；

(15) 将融冰状态变量赋值为 0；

(16) 通过通信模块发送防冰控制方法或融冰控制方法，以实施输电线路的融冰或防冰工作，转到 (2)。

6 系统设计参数分析

本文提出了基于自制热导线的防冰融冰设计方法及其基本理论。本章通过具体工程实例，分析基于该理论的设计参数与设计要求，验证工程应用的可行性，并对实际运行过程中的运行参数进行仿真分析。

6.1 基本参数

系统设计参数以及电源制热时的运行参数，需基于系统基础结构或基础材料参数来推导。为简化参数计算，本章通过一个具体实例进行分析。实例基本参数：架空输电线路，110 kV；钢芯铝绞线型号，LGJ －300/40；导线长度，50 km；变压器，31MVA；环境温度，－5℃。

根据中华人民共和国国家标准《铝绞线及钢芯铝绞线》（GB1179—83)的要求，型号LGJ －300/40 的钢芯铝绞线主要参数见表 6.1。

表 6.1 LGJ －300/40 的钢芯铝绞线主要参数

标称截面	计算截面（mm^2）			外径(mm)	直流电阻不大于(Ω/km)
	铝	钢	总计		
300/40	300.09	38.9	338.99	23.94	0.09614

由于防冰融冰时，钢芯与铝绞线之间形成了回路，需分别根据钢芯与铝绞线的面积，计算可用于防冰融冰的最大电流。每年实际用于防冰融冰的工作时间按 2 个月计算，估算为 1440 小时，铝绞线经济电流密度数值取 1.65，钢芯经济电流密度数值参考铜的经济电流密度数值，取 3。因此，钢芯的最大电流为（38.9×3)116.7 A；铝绞线最大电流为（300.09×1.65)496 A。综合钢芯与铝绞线的最大电流，防冰融冰最大电流取 110 A。此外，考虑到防冰融冰电压与输电电源融合设计的关系，防冰融冰电源电压最好能达到输电电压的 4%以上，综合自制热导线绝缘设计要求，本文防冰融冰电源输出最小电压以 5000 V 计算。

钢芯外径与铝绞线外径是防冰融冰参数以及自制热导线等效电路计算的基础。由于钢芯铝绞线是由多股小的导线绞和而成，在导线间存在空隙，因此，实际用于计算传导电流的导线截面面积与实际几何截面面积不一致。根据表 6.1，钢芯铝绞线外径参数为 23.94 mm，可以算出，型号 LGJ －300/40 的钢芯铝绞线实际截面面积为 449.9 mm^2，而计算截面面积为 338.99 mm^2，因此，实际截面面积与计算截面面积的比值为 1.327，按直径或半径来计算的话，比值为 1.152。这里按直径或半径的比值来计算嵌入制热材料后的导线直径或半径的变化。

钢芯计算截面面积为 38.9 mm²，则钢芯实际截面面积取（38.9×1.327)51.62 mm²，钢芯计算半径为 3.52 mm，实际半径取（3.52×1.152)4.06 mm，则前面图 2.10 中的 r_1 为 4.06 mm，假设制热材料厚度为 2 mm，则 r_2 为 6.06 mm。因为钢芯与铝绞线之间加入了制热材料，所以实际截面增加的面积为

$$\Delta S = \pi \times 6.06^2 - \pi \times 4.06^2 = 63.55(\text{mm}^2)$$

加入制热材料后，导线实际截面面积变成

$$S = 449.9 + 63.55 = 513.45(\text{mm}^2)$$

其半径为

$$r_3 = \sqrt{\frac{513.45}{\pi}} = 12.79(\text{mm})$$

因此，图 2.10 的实际参数如图 6.1 所示，其中的计算几何参数用于防冰融冰所需的热量计算以及钢芯与铝绞线之间电容的计算，钢芯与铝绞线电阻、电感的计算采用计算截面面积。

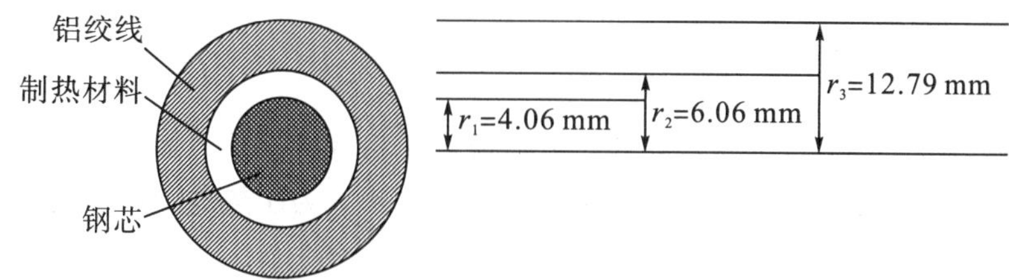

图 6.1　自制热导线几何参数

各种材料在不同温度下的参数不同，由于本文关注的是防冰和融冰，工作温度基本在 0℃左右，因此选取温度为 0℃左右的参数进行计算。在 20℃时，铝的电阻率为 $2.6548\times10^{-8}\ \Omega\cdot\text{m}$，温度系数为 0.00429℃$^{-1}$；钢的电阻率为 $9.71\times10^{-8}\ \Omega\cdot\text{m}$，温度系数为 0.00651℃$^{-1}$。

根据现有覆冰观测的相关文献设置未来预测覆冰厚度的预测值。通过检索现有输电线路覆冰研究相关文献发现，周悦监测到了最严重的覆冰现象。他在 2008—2010 年间选择特别容易覆冰的区域对导线覆冰状态进行了长时间的实验监测。在他的实验数据中，监测到覆冰增长最快的数据是 12 小时覆冰增长 6 mm，则半小时覆冰增长为 0.25 mm。本文考虑极端天气，按他监测数据的两倍计算，预测未来半小时的覆冰厚度为 0.5 mm。

由于重力的作用以及覆冰存在的空隙，融冰时只需融解最上层的冰。有文献称在重力作用下，实际融冰功率只需要计算覆冰质量的 1/5。本文计算融冰所需功率时，按实际覆冰质量的 1/3 计算。

其他计算参数取值见表 6.2。

表 6.2　计算参数取值

参数	取值	参数	取值
空气的磁导率	$4\pi\times10^{-7}$(H/m)	制热材料磁导率	1
铝的磁导率	1(H/m)	制热材料介电常数	5
钢密度	7.9×10^3(kg/m³)	制热材料密度	0.8×10^3(kg/m³)

续表6.2

参数	取值	参数	取值
铝绞线密度	2.7×10^3(kg/m³)	制热材料比热容	2000[J/(kg·℃)]
钢比热容	450[J/(kg·℃)]	冰的比热容	2100[J/(kg·℃)]
铝绞线比热容	880[J/(kg·℃)]	冰的熔化热	3.36×10^5(J/kg)
空气表面传热系数	5[W/(m²·K)]	冰的密度	0.9×10^3(kg/m³)

6.2 防冰融冰电源功率需求

防冰和融冰热量计算方法如第 2.5 节所述。以下以 1 km 的自制热导线为例进行计算，其他长度自制热导线的防冰融冰热量需求在 1 km 导线热量需求的基础上，乘以导线长度。

6.2.1 防冰所需热量

防冰过程分为升温阶段和保温阶段。升温阶段是将导线加热升温至 1℃。然后进入保温阶段。考虑实际需求，需计算防冰所需要的最大功率，为制热电源设计提供依据。

6.2.1.1 升温阶段

根据 2.5 节的升温控制方法，在升温阶段，30 min 内，将温度从当前温度上升到 1℃，所需要的热量以及消耗的电功率计算如下所述。

(1)导线升温需要热量。

1 km 长钢芯质量 m_g、制热材料质量 m_h、铝绞线质量 m_l 的计算方法如式(6－1)所示。

$$\begin{cases} m_g = S_g \times 1000 \times \rho_g = 38.9 \times 10^{-6} \times 10^3 \times 7.9 \times 10^3 (\text{kg}) \\ m_h = S_h \times 1000 \times \rho_h = 63.55 \times 10^{-6} \times 10^3 \times 0.8 \times 10^3 (\text{kg}) \\ m_l = S_l \times 1000 \times \rho_l = 300.09 \times 10^{-6} \times 10^3 \times 2.7 \times 10^3 (\text{kg}) \end{cases} \tag{6-1}$$

式中，S_g、S_h、S_l 分别为钢芯、制热材料、铝绞线的横截面面积。

根据式(6－1)的计算，1 km 长度自融冰导线上，钢芯的质量为 307.31 kg，制热材料的质量为 50.84 kg，铝绞线的质量为 810.24 kg。

导线当前温度是－5℃，上升到 1℃，上升的温度为 6℃，钢芯、制热材料、铝绞线所需要的热量 Q_g、Q_h、Q_l 的计算如式(6－2)所示。

$$\begin{cases} Q_g = m_g \times 6 \times c_g = 307.31 \times 6 \times 450(\text{J}) \\ Q_h = m_h \times 6 \times c_h = 50.84 \times 6 \times 2000(\text{J}) \\ Q_l = m_l \times 6 \times c_l = 810.24 \times 6 \times 880(\text{J}) \end{cases} \tag{6-2}$$

式中，c_g、c_h、c_l分别表示钢芯、制热材料、铝绞线的比热容。

根据式(6－2)的计算，1 km 自制热导线从－5℃上升到 1℃所需要的热量分别是：钢芯 829737 J，制热材料 610092 J，铝绞线 4278067 J。

升温阶段导线升温所需要的总热量 Q_s 为

$$Q_s = 829737 + 610092 + 4278067 = 5717896(\text{J})$$

(2) 溶解最新覆冰需要热量。

根据参数假设，30 min 内可能的覆冰厚度为 0.5 mm，则 1 km 长的输电导线覆冰的可能体积 V_i 为

$$V_i = 1 \times 10^3 \times \pi(r_{iw}^2 - r_{in}^2) = 10^3 \times \pi \times (13.29^2 - 12.79^2) \times 10^{-6} \tag{6-3}$$

式中，r_{iw} 为结冰的外径；r_{in} 为冰的内径；冰的内径与铝绞线外径相同。

计算得到的冰的体积为 0.041 m^3。

冰的质量 m_i 为

$$m_i = V_i \times \rho_i = 0.041 \times 0.9 \times 10^3 = 36.9(\text{kg})$$

根据前边的分析，由于重力原因，只需融解最上层的冰，所需热量按上述重量的 1/3 计算，即需融解的冰为 12.3 kg。

融冰需要的热量 Q_m 为

$$Q_m = m_i \times L_{mi} = 12.3 \times 3.36 \times 10^5 = 4132800(\text{J})$$

式中，L_{mi} 为冰的融化热。

(3) 导线对流传热热流量。

对流传热面积 S_d 为

$$S_d = 2\pi r_3 \times 1 \times 10^3 = 2 \times 3.14 \times 12.79 \times 10^{-3} \times 1 \times 10^3 (\text{m}^2)$$

计算得到 S_d 为 80.32 m^2。

对流传热热流量 Φ_f 为

$$\Phi_f = S_d \times h_{\text{air}} \times [1 - (-5)] = 80.32 \times 5 \times 6 = 2409.6(\text{W})$$

式中，h_{air} 空气的对流传热系数。

6.2.1.2 恒温阶段

恒温阶段，是指让输电导线稳定在 1℃所需的热量，以破坏导线结冰条件。需要的热量为对流换热的热量以及融解未来 30 min 覆冰需要的热量。

(1) 融解最新覆冰所需热量。

在恒温阶段，融解未来 30 min 内覆冰所需的热量与升温阶段相同。因此，保温阶段融冰所需热量为 4129800 J。

(2) 对流换热。

在恒温阶段，对流换热需要的热流量也与升温阶段相同，所需热流量为 2409 W。

可见，与升温阶段不同的是，恒温阶段不需要那样大的热量，因此，恒温阶段对电源功率的要求比升温阶段的低。

6.2.2 融冰阶段电源功率需求

融冰过程：在 30 min 内将导线温度上升到 0℃，然后在接下来的 30 min 内将冰融化。

6.2.2.1 升温阶段

升温阶段需要的热量包括导线升温所需的热量、冰升温所需的热量、融解未来覆冰所

需的热量和对流传热所需的热流量。

（1）导线升温所需的热量。

导线升温所需的热量计算与 6.2.1.1 节的导线升温热量计算公式(6－2)类似，但上升的温度为 5℃。

$$\begin{cases} Q_g = 307.31 \times 5 \times 450 = 691448(\text{J}) \\ Q_h = 50.841 \times 5 \times 2000 = 508410(\text{J}) \\ Q_l = 810.24 \times 5 \times 880 = 3565056(\text{J}) \end{cases}$$

升温阶段，导线升温所需要的总热量 Q_s 为

$$Q_s = 691448 + 508410 + 3565056 = 4764914(\text{J})$$

（2）冰升温所需的热量。

由于融冰开始时，冰厚为 1 mm 时，则 1 km 长的输电导线覆冰的可能体积 V_i 为

$$V_i = 1 \times 10^3 \times \pi(r_{iw}^2 - r_{in}^2) = 10^3 \times \pi \times (13.79^2 - 12.79^2) \times 10^{-6}$$

式中，r_{iw} 为结冰的外径；r_{in} 为冰的内径；冰的内径与铝绞线外径相同。

计算得到的冰的体积为 0.0772 m^3。

冰的质量 m_i 为

$$m_i = V_i \times \rho_i = 0.0772 \times 0.9 \times 10^3 = 69(\text{kg})$$

冰升温所需的热量 Q_i 为

$$Q_i = 69 \times 5 \times 2100 = 724500(\text{J})$$

（3）融解未来覆冰所需的热量。

假设 30 min 内新增的覆冰厚度为 0.5 mm，则 1 km 长的输电导线的新增覆冰体积 V_i 为

$$V_i = 1 \times 10^3 \times \pi(r_{iw}^2 - r_{in}^2) = 10^3 \times \pi \times (14.29^2 - 13.79^2) \times 10^{-6} \quad (6-4)$$

式中，r_{iw} 为新增覆冰的外径，r_{in} 为原来的覆冰外径，则 $r_{iw} = r_3 + 1.5 = 14.29$(mm)，$r_{in} = r_3 + 1 = 13.79$(mm)。

计算得到的冰的体积为 0.044 m^3。

冰的质量 m_i 为

$$m_i = V_i \times \rho_i = 0.044 \times 0.9 \times 10^3 = 39.6(\text{kg})$$

按未来覆冰质量的 1/3 计算，融冰需要的热量 Q_m 为

$$Q_m = m_i \times L_{mi} = 39.6 \times 3.36 \times 10^5 / 3 = 4435200(\text{J})$$

（4）对流传热所需的热流量。

对流传热面积 S_d 为

$$S_d = 2\pi(r_3 + 1) \times 1 \times 10^3 = 2 \times \pi \times 13.79 \times 10^{-3} \times 1 \times 10^3 (\text{m}^2)$$

计算得到 S_d 为 86.60 m^2。

对流传热热流量 Φ_f 为

$$\Phi_f = S_d \times h_{\text{air}} \times [0 - (-5)] = 86.60 \times 5 \times 5 = 2165(\text{W})$$

6.2.2.2 融冰阶段

融冰阶段所需要的热量，为 30 min 内将现有覆冰融解所需的热量，融解未来 30 min 内新增覆冰所需的热量，对流传热所需的热流量。

（1）融解现有覆冰所需的热量。

导线融冰需要的热量 Q_m 按现有导线覆冰质量的 1/3 计算，为

$$Q_{rp} = m_i \times L_{mi} = 69 \times 3.36 \times 10^5 / 3 = 7728000(\mathrm{J})$$

（2）融解新增覆冰所需的热量。

融解新增覆冰所需热量计算方法与 6.2.2.1 节计算方法一致，计算出 Q_m 为 4435000 J。

（3）对流传热所需的热流量。

对流传热所需的热流量与 6.2.2.1 节计算方法一致，Φ_{rr} 为 2165 W。

6.2.3　防冰融冰电源功率需求分析

选择防冰融冰控制过程中功率需求最大的那一个方案作为电源功率设计参考。上述分析分别计算了 30 min 内的热量和热流量，将 30 min 换算为 1800 s，将热量除以 1800 s 便换算为功率，并加上热流量，即为最小电热转换功率。选择其中最小电热转换功率的最大值作为防冰融冰电源设计参考。

6.2.3.1　防冰过程升温阶段

防冰过程升温阶段热量需求用 Q_{fs} 表示，对流传热热流量用 Φ_{fs} 表示，最小电热转换功率用 $W_{fs\min}$ 表示。根据 6.2.1.1 的计算结果，上述参数为，

$$\begin{cases} Q_{fs} = Q_s + Q_m = 5717896 + 4132800 = 9850696(\mathrm{J}) \\ \Phi_{fs} = 2409(\mathrm{W}) \\ W_{fs\min} = \dfrac{Q_{fs}}{1800} + \Phi_{fs} = 7882(\mathrm{W}) \end{cases}$$

6.2.3.2　防冰过程恒温阶段

防冰过程恒温阶段热量需求用 Q_{fh} 表示，对流传热热流量用 Φ_{fh} 表示，最小电热转换功率用 $W_{fh\min}$ 表示。根据 6.2.1.2 的计算结果，上述参数为

$$\begin{cases} Q_{fh} = 4129800(\mathrm{J}) \\ \Phi_{fh} = 2409(\mathrm{W}) \\ W_{fh\min} = \dfrac{Q_{fh}}{1800} + \Phi_{fh} = 4703(\mathrm{W}) \end{cases}$$

6.2.3.3　融冰过程升温阶段

融冰过程升温阶段热量需求用 Q_{rs} 表示，对流散热热流量用 Φ_{rs} 表示，最小电热转换功率用 $W_{rs\min}$ 表示。根据 6.2.2.1 的计算结果，上述参数为

$$\begin{cases} Q_{rs} = Q_s + Q_i + Q_m = 4764914 + 724500 + 4435200 = 9924614(\mathrm{J}) \\ \Phi_{rs} = 2165(\mathrm{W}) \\ W_{rs\min} = \dfrac{Q_{rs}}{1800} + \Phi_{rs} = 7678(\mathrm{W}) \end{cases}$$

6.2.3.4 融冰过程融冰阶段

融冰过程融冰阶段热量需求用 Q_{rr} 表示，对流散热热流量用 Φ_{rr} 表示，最小电热转换功率用 W_{rrmin} 表示。根据 6.2.2.2 的计算结果，上述参数为

$$\begin{cases} Q_{rr}=Q_{rp}+Q_{rn}=7728000+4435000=12163000\ (\mathrm{J}) \\ \Phi_{rr}=2165(\mathrm{W}) \\ W_{rsmin}=\dfrac{Q_{rr}}{1800}+\Phi_{rr}=8922(\mathrm{W}) \end{cases}$$

6.2.3.5 电源设计功率需求分析

由上述计算结果可以看出，融冰过程需要的功率最大，为 8922 W，如果能做好防冰工作，那么防冰阶段需要的功率就很少了。上述计算为 1 km 输电线路的功率需求，如果按 50 km 输电线路功率需求，在上述计算的基础上再乘以 50，为 446.1 kW，按电热转换效率的 80%计算，防冰融冰电源输出最大功率为

$$W_{omax}=446.1/0.8\approx558(\mathrm{kW})$$

假设防冰融冰电源电压以 5000 V 计算，则最大输出电流为

$$I_{omax}=W_{omax}/5000=111.6(\mathrm{A})$$

按输电线路输送功率 30 MW 计算，防冰融冰功率占最大功率的 1.9%，但是在防冰融冰电源为 5000 V 的情况下，融解 50 km 整条输电线路的覆冰时，所需的电流为 111 A。

此外，如果采用钢芯的电阻来加热，在 50 km 的钢芯上，流过 111 A 的电流时，如果需要产生 558 kW 的功率，钢芯电阻 R_g 为

$$R_g=558000/111^2=45.3(\Omega) \tag{6-5}$$

可见，如果 50 km 输电线路上的钢芯电阻大于 45.3 Ω 时，可以采用钢芯电阻加热的方式实施防冰和融冰。

6.3 LGJ－300/40 的钢芯铝绞线等效电路

根据 LGJ－300/40 的钢芯铝绞线实际构造，计算 1 km 长度的自制热导线等效电路模型。

6.3.1 钢芯模型

6.3.1.1 钢芯电阻

模型电网频率为 50 Hz，波长远远大于计算导线长度，因此只计算直流电阻。根据式(2－2)，可以计算钢芯在 0℃时的电阻率 ρ_{g0}。钢在 20℃的电阻率取值为 9.71×10^{-8} Ω·m，温度系数取 0.00651℃$^{-1}$

$$\rho_{g0}=9.71\times10^{-8}\times(1-20\times0.00651)=8.45\times10^{-8}(\Omega\cdot\mathrm{m})$$

1 km 长的钢芯电阻 R_{gkm} 为

$$R_{gkm}=\rho_{g0}\times1000/(38.9\times10^{-6})=2.17(\Omega)$$

对于 50 km 的钢芯，电阻将达到 108.5 Ω，因此，根据 6.2.3 节的分析，采用钢芯电阻制热也是一种较好的选择。

6.3.1.2　钢芯电感

根据式(2－5)，1 km 钢芯上的电感 L_{gkm} 为

$$L_{gkm}=1000\times\sqrt{\frac{8.45\times10^{-8}\times4000\times4\pi\times10^{-7}}{4\pi^3}}\times\frac{1}{4.06\times2\times10^{-3}\times\sqrt{50}}=0.032(\mathrm{H})$$

6.3.2　铝绞线模型

6.3.2.1　铝绞线直流电阻

铝绞线计算需要铝的电阻率和温度系数，在 20℃时，铝的电阻率为 2.6548×10^{-8} Ω·m，温度系数为 0.00429℃$^{-1}$。根据式(2－2)，0℃时铝绞线电阻率 ρ_{v0} 为

$$\rho_{v0}=2.6548\times10^{-8}\times(1-20\times0.00429)=2.4270\times10^{-8}(\Omega\cdot\mathrm{m})$$

1 km 长铝绞线电阻 R_{vkm} 为

$$R_{vkm}=\rho_{v0}\times1000/(300.09\times10^{-6})=0.081(\Omega)$$

6.3.2.2　铝绞线电感

根据式(2－5)，1 km 铝绞线上的电感 L_{vkm} 为

$$L_{vkm}=1000\times\sqrt{\frac{2.427\times10^{-8}\times4\pi\times10^{-7}}{4\pi^3}}\times\frac{1}{6.06\times2\times10^{-3}\times\sqrt{50}}=1.8\times10^{-4}(\mathrm{H})$$

6.3.3　钢芯与铝绞线之间互感

根据式(2－5)，1 km 铝绞线与钢芯之间的互感 L_{fkm} 为

$$L_{fkm}=1000\times\frac{4\pi\times10^{-7}}{2\pi}\times\ln\frac{6.06}{4.06}=8.0\times10^{-5}(\mathrm{H})$$

6.3.4　制热材料电阻及制热材料电阻率

根据 6.2 节的计算和分析，1 km 输电导线上的融冰功率按 8922 W 来考虑，并计入电热转换效率，1 km 输电导线所需的电源功率 W_{km} 为

$$W_{km}=8922/0.8=11152.5(\mathrm{W})$$

按最小电源电压 5000 V 计算，1 km 制热材料电阻 R_{km} 为

$$R_{km}=U^2/W_{km}=2242(\Omega)$$

取自制热导线制热材料厚度为 2 mm，以制热材料中间的位置计算制热材料的面积，则制热材料面积 S_h 为制热材料中间周长乘以 1000 m，为

$$S_h=1000\times\frac{2\pi(r_1+r_2)}{2}=1000\times\frac{2\pi\times(4.06+6.06)\times10^{-3}}{2}=31.8(\mathrm{m}^2)$$

制热材料电阻率 ρ_h 为

$$\rho_h=\frac{R_{km}S_h}{L}=\frac{2242\times31.8}{2\times10^{-3}}=3.56\times10^{7}(\Omega\cdot\mathrm{m})$$

6.3.5 电容

真空介电常数ε_0为$8.854187817\times10^{-12}$ F/m，制热材料介电常数按5计算，根据式(2−6)，钢芯与铝绞线之间的电容为

$$C=1000\times\frac{2\pi\times5\times8.854\times10^{-12}}{\ln\frac{2\times6.06}{2\times4.06}}=6.94\times10^{-7}(\mathrm{F})$$

6.3.6 等效电路参数

根据上述分析，可以得到自制热导线的相关参数。自制热导线等效电路直流微观模型如图3.4所示，对于根据LGJ−300/40改进的1 km长的自制热导线，图中的R_H将根据参数计算方法确定，R_s为1 km钢芯与铝绞线电阻和的一半，为

$$R_s=(R_{g\mathrm{km}}+R_{v\mathrm{km}})/2=(2.17+0.081)/2=1.126\ (\Omega)$$

自制热导线等效电路交流模型如图3.12和图3.13所示，工程计算中，电容值保持不变，为6.94×10^{-7} F，R_s为1.126 Ω，电感值可以根据需要调整，按现有的材料，电感值L为

$$L=L_{g\mathrm{km}}+L_{v\mathrm{km}}+L_{f\mathrm{km}}=0.032(\mathrm{H})$$

可以看出，电感值近似等于钢芯电感。

6.4 制热功率分析

根据第3章的分析方法，结合本章的具体实例，可以计算分析自制热导线在直流制热电源、交流制热电源下的各种工况。下面针对直流制热电源和交流制热电源，根据第3章的分析方法，采用MATLAB编程计算分析单端制热电源和双端制热电源下，均匀材料设计和均匀功率设计时的运行参数。其中，简易等效电路分析按1 km长的导线分段计算，有限元分析按1 m长的导线分段计算。横坐标显示均为导线位置，有限元分析横坐标折算到1 km。

6.4.1 直流分析

6.4.1.1 单端口电源制热简易等效电路直流分析

(1) 均匀材料分析。

根据图3.7和式(3−1)至式(3−7)的分析方法，可以分析单端口电源制热均匀材料导线的运行参数，R_s取值为2.252 mΩ，并按10 km、15 km、20 km、25 km、30 km、35 km、40 km、45 km、50 km九个长度分别计算。初始数值：$R_s=2.252$ mΩ，$I_{\max}=110$ A，$U_{\min}=5000$ V，$W_{\min}=11132$ W，$V_{\mathrm{step}}=100$ V。计算结果如图6.2所示。

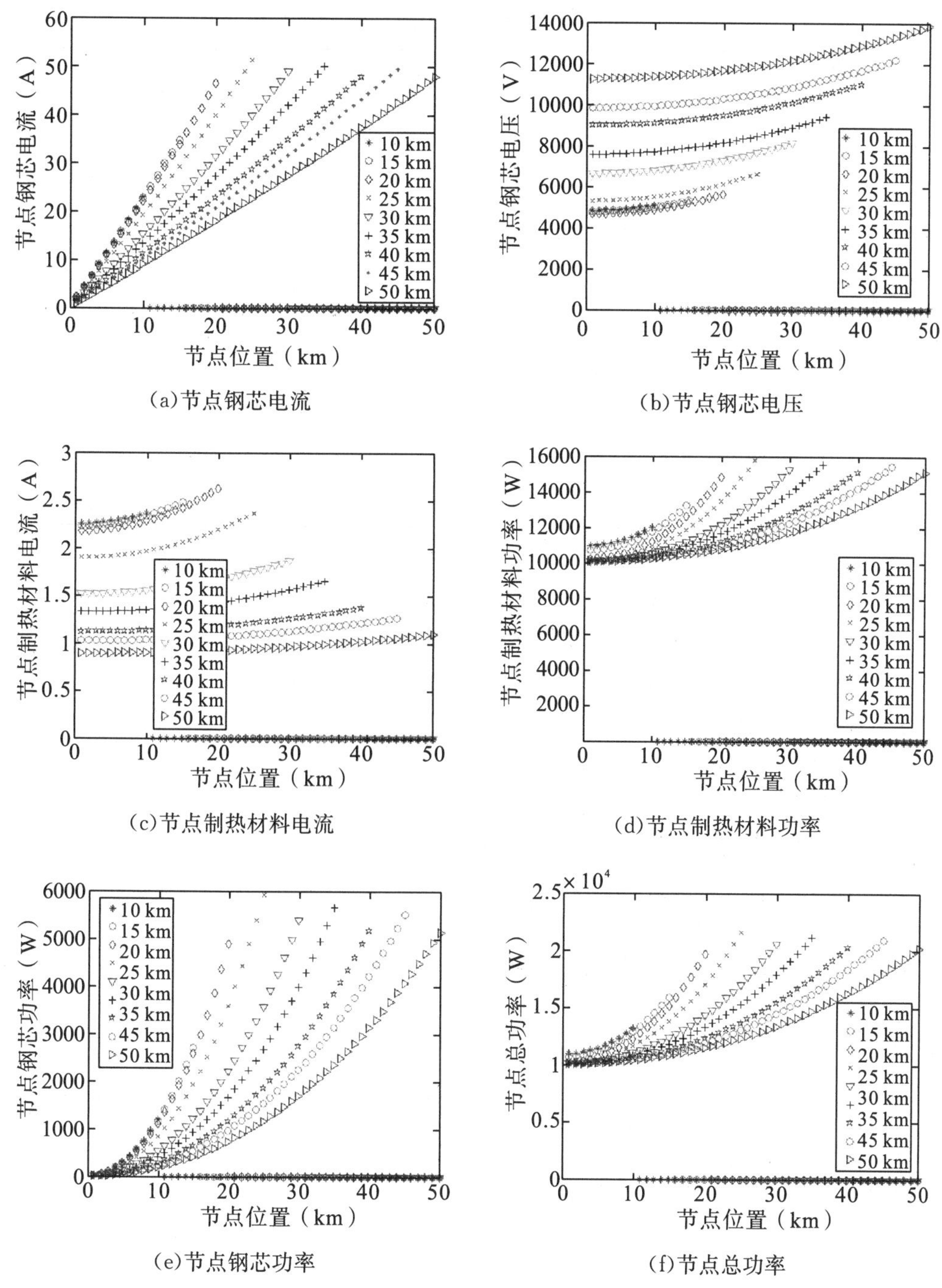

(a)节点钢芯电流　(b)节点钢芯电压

(c)节点制热材料电流　(d)节点制热材料功率

(e)节点钢芯功率　(f)节点总功率

图 6.2　均匀材料单端口电源制热

均匀材料单端口电源制热模式下，几种不同长度自制热导线的主要运行参数，如制热电源电压、节点钢芯功率最大值、节点钢芯电流最大值、节点总功率最大值等参数见表 6.3。

表 6.3　不同长度自制热导线均匀材料运行参数

导线长度(km)	节点钢芯电流最大值(A)	节点总功率最大值(W)	节点总功率最小值(W)	节点钢芯功率最大值(W)	制热电源电压(V)
10	22.87	13138	10914	1178.1	5078.9
15	34.65	15875	10669	2705.2	5329.7
20	46.46	19596	10159	4860.6	5637.5
25	51.21	21574	10043	5905.0	6643.8
30	48.81	20541	10022	5364.2	8173.4
35	50.00	21101	10029	5630.3	9431.1
40	47.87	20209	10038	5160.6	11046
45	49.36	20852	10023	5486.0	12219
50	47.74	20177	10030	5132.7	13834

分析图 6.2 和表 6.3 的数据可以得到如下结论：

1）自制热导线距离越长，需要制热电源电压越高。

2）当导线长度为 35 km 左右，制热电源电压可以控制在 10000 V 以内，但是节点总功率最大值是最小值的两倍左右。

3）钢芯自身的发热功率可以达到功率要求的一半以上。

4）导线长度大于 20 km 的情况下，最大节点总功率达到最小节点总功率的两倍，当融冰时，因为功率不均衡，将造成不必要的损失。

（2）均匀功率分析。

根据图 3.10 和式(3－10)至式(3－13)的分析方法，可以分析单端口电源制热均匀功率导线的运行参数，并按 10 km、15 km、20 km、25 km、30 km、35 km、40 km、45 km、50 km 九个长度分别计算。初始数值：R_s=1.126 mΩ，I_{max}=110 A，U_{min}=5000 V，W_{min}=11132 W，U_{step}=100 V。计算结果如图 6.3 所示。

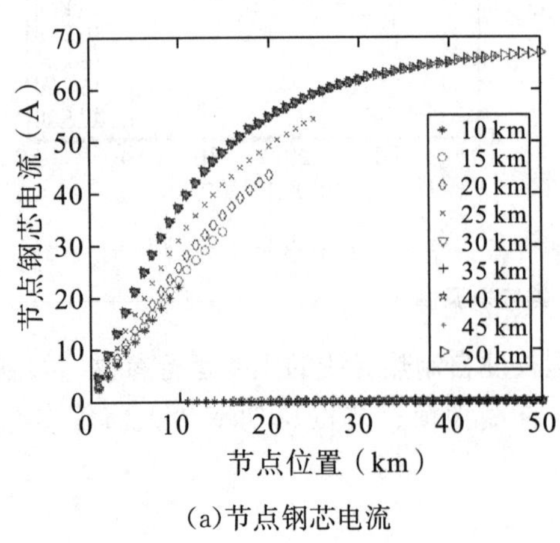

(a)节点钢芯电流

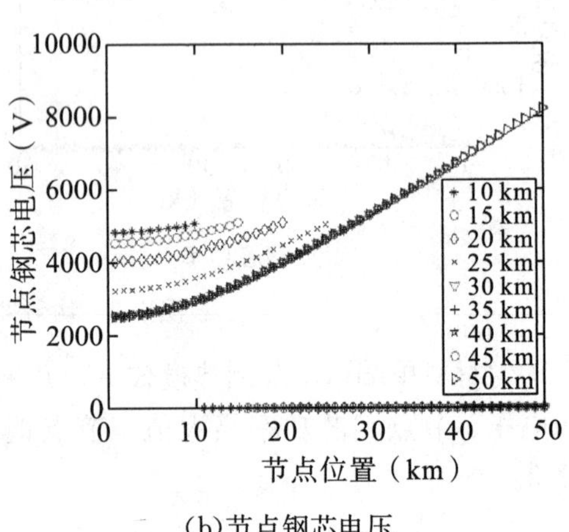

(b)节点钢芯电压

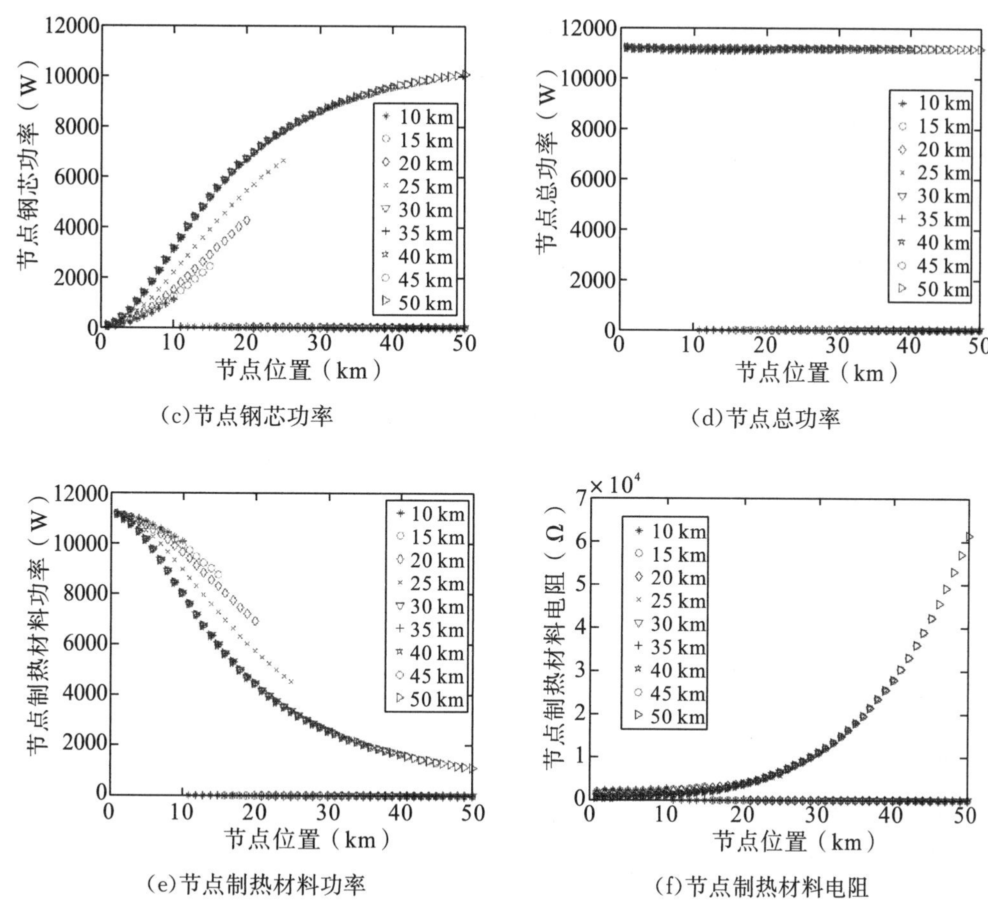

(c)节点钢芯功率

(d)节点总功率

(e)节点制热材料功率

(f)节点制热材料电阻

图 6.3 均匀功率单端口电源制热

均匀功率单端口电源制热工作模式下，几种不同长度自制热导线的主要运行参数，如制热电源电压、节点钢芯功率最大值、节点钢芯电流最大值见表 6.4。

表 6.4 不同长度自制热导线均匀功率运行参数

导线长度(km)	节点钢芯电流最大值(A)	节点钢芯功率最大值(W)	制热电源电压(V)
10	21.92	1082	5023
15	32.59	2392	5049
20	43.26	4214	5045
25	54.15	6604	5010
30	61.68	8568	5264
35	63.63	9119	5968
40	65.01	9518	6691
45	66.00	9813	7428
50	66.76	1003	8175

分析图 6.3 和表 6.4 的数据，并对比均匀材料分析结果，可以得到如下结论：

1）均匀功率比均匀材料的电压小很多，均匀功率比均匀材料可用于更长的导线距离。

2）从材料电阻分布可以看出，采用均匀功率的方法，材料不需要按公里分段，按5~10 km分段即可。

3）自制热导线长度小于30 km时，5000 V电压就可以有比较好的效果。导线长度大于30 km时，钢芯发热贡献更大。

6.4.1.2 双端口电源制热简易等效电路直流分析

（1）均匀材料分析。

根据图3.8、图3.9、式(3−8)和式(3−9)的分析方法，可以分析双端口电源制热均匀材料导线的运行参数，并按20 km、30 km、40 km、50 km四个长度分别计算。初始数值：R_s=1.126 mΩ，I_{max}=110 A，U_{min}=5000 V，W_{min}=11132 W，U_{step}=100 V。计算结果如图6.4所示。

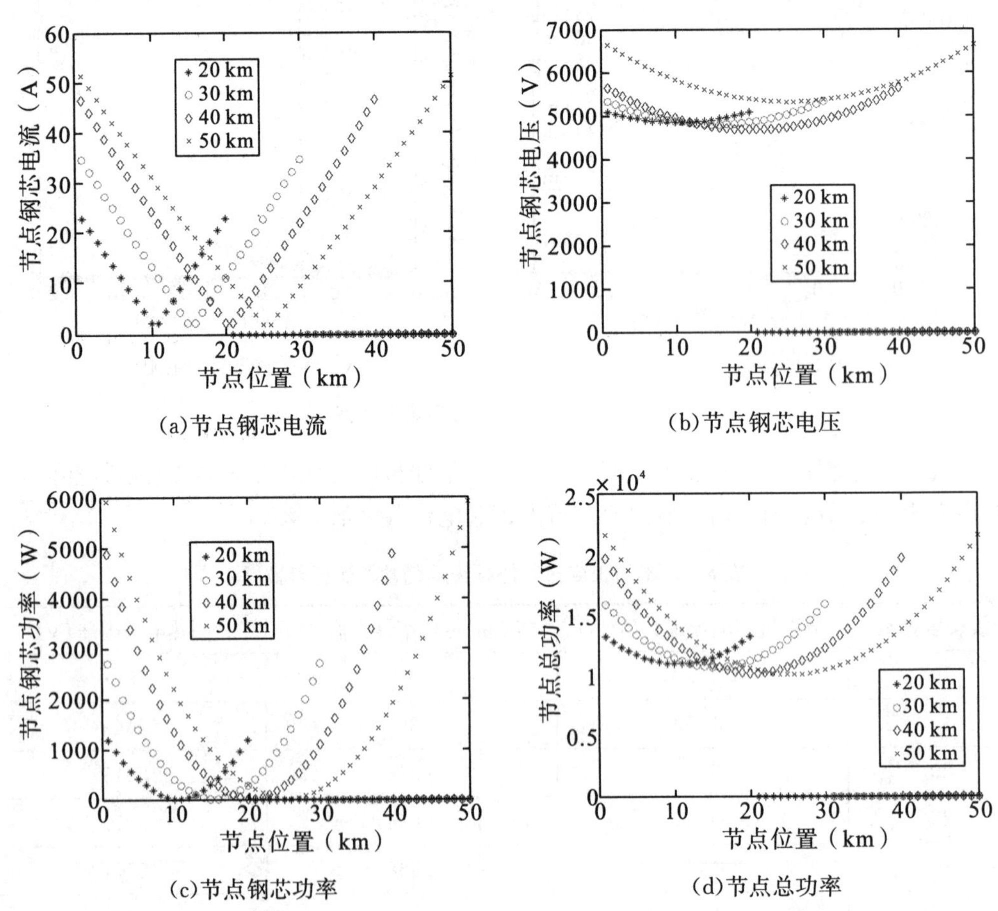

(a)节点钢芯电流　(b)节点钢芯电压

(c)节点钢芯功率　(d)节点总功率

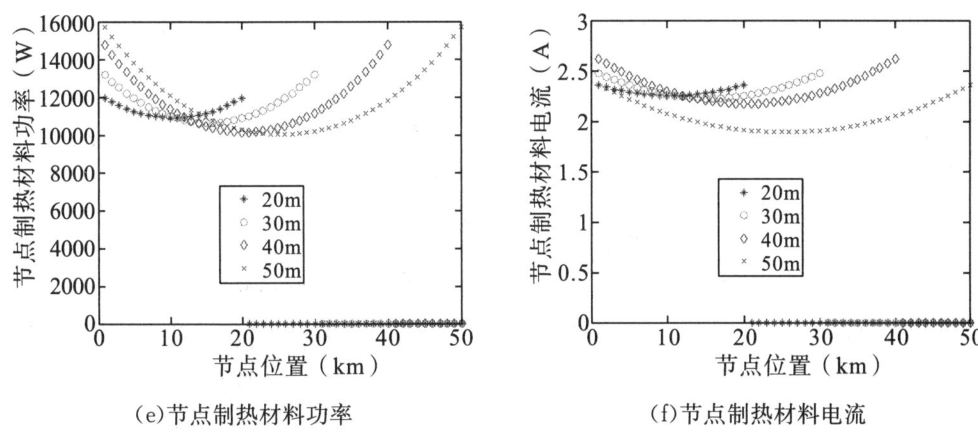

(e)节点制热材料功率　　　　(f)节点制热材料电流

图 6.4　均匀材料双端口电源制热

均匀材料双端口电源制热工作模式下，几种不同长度自制热导线的主要运行参数，如制热电源电压、节点总功率最大值、节点钢芯电流最大值、节点钢芯功率最大值等参数见表 6.5。

表 6.5　均匀材料双端口电源制热运行参数

导线长度(km)	节点钢芯电流最大值(A)	节点总功率最大值(W)	节点总功率最小值(W)	节点钢芯功率最大值(W)	制热电源电压(V)
20	22.87	13138	10913	1718	5079
30	34.66	15675	10672	2705	5323
40	46.46	19596	10164	4860	5637
50	51.21	21574	10043	5905	6644

对比图 6.2～图 6.4、表 6.3～表 6.5，可以得出如下结论：

1）从制热电源来考虑，双端口均匀材料供电模式比等距离单端口均匀功率供电模式所需电源电压要小。

2）从最大钢芯电流来考虑，双端口均匀材料供电模式比等距离单端口均匀功率供电模式的最大钢芯电流小。

3）双端口均匀材料供电模式比单端口均匀材料供电模式各方面性能要好很多。

4）双端口均匀材料供电模式仍然存在功率不均匀现象，近电源端功率是远电源端功率的两倍以上。

(2) 均匀功率分析。

根据图 3.11、式(3－14)和式(3－15)的分析方法，可以分析双端口电源制热均匀功率导线的运行参数，且按 20 km、30 km、40 km、50 km 四个长度分别计算。初始数值：R_s=1.126 mΩ，I_{max}=110 A，U_{min}=5000 V，W_{min}=11132 W，U_{step}=100 V。计算结果如图 6.5 所示。

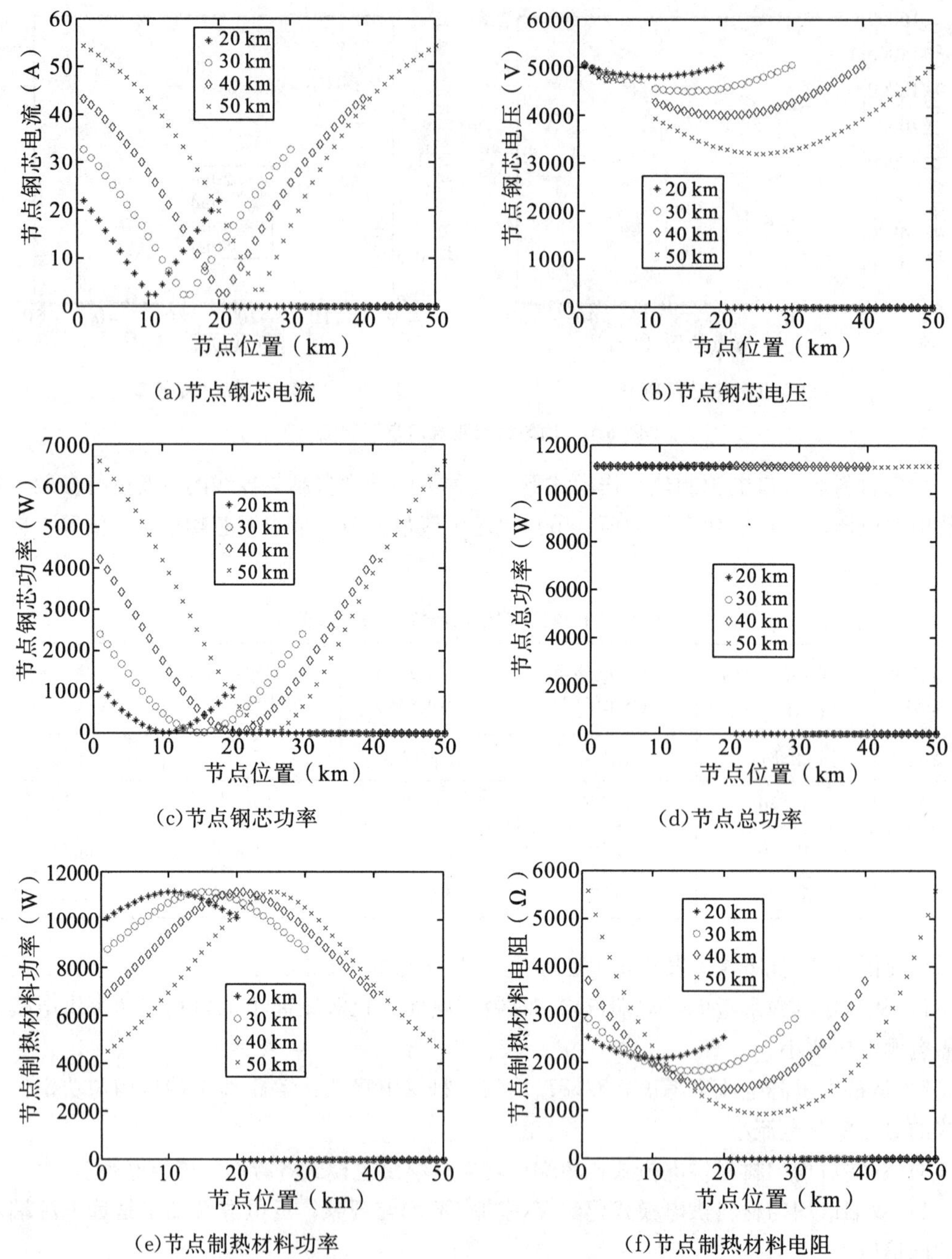

(a)节点钢芯电流　(b)节点钢芯电压

(c)节点钢芯功率　(d)节点总功率

(e)节点制热材料功率　(f)节点制热材料电阻

图 6.5　均匀功率双端口电源制热

均匀功率双端口电源制热工作模式下，几种不同长度自制热导线的主要运行参数，如制热电源电压、节点钢芯功率最大值、节点钢芯电流最大值见表 6.6。

表 6.6 均匀功率双端口电源制热运行参数

导线长度(km)	节点钢芯电流最大值(A)	节点钢芯功率最大值(W)	制热电源电压(V)
20	21.92	1082	5028
30	32.59	2392	5048
40	48.26	4215	5044
50	54.15	6604	5010

对比图 6.3～图 6.5、表 6.4～表 6.6，可以得出如下结论：

1）双端口电源制热均匀功率模式具有最小电压和最小电流，消耗的功率最小。因而比等距离单端口电源制热的均匀功率方式和双端口电源制热的均匀材料方式有更好的工作参数。

2）采用双端口电源制热方式比等距离单端口电源制热方式性能好，适用输电线路距离长。

3）从节点制热材料电阻分布可以看出，采用均匀功率方式，材料分段可以达到 5 km 以上，这样可以减少自制热导线类型，更有利于工程应用。

6.4.1.3 有限元分析方法

通过有限元分析，可以分析简易等效电路的参数适用性。这里分别采用均匀材料分析法和均匀功率分析法，对比分析单端口电源制热模式下 50 km 自制热导线的工作参数。在进行结果对比时，设简易计算结果按每公里上每米计算数据相等，有限元分析得到的功率数据和制热材料电阻折算到每公里。因为有限元分析是按米计算的，简易分析是按公里计算的，所以折算时，有限元功率数据要乘以 1000，材料电阻要除以 1000。

（1）材料均匀分析。

根据图 3.7 和式(3－1)至式(3－7)的分析方法进行有限元分析，R_s 取值为 1 km 取值的 1/1000，即为 1.126 mΩ，功率取 1 km 的 1/1000，W_{min}=11.132 W，只计算 50 km 均匀材料方式，其他初始数值为：I_{max}=110 A，U_{min}=5000 V，U_{step}=100 V。将简易分析法的结果按每公里相等取值，简易分析法和有限元分析法数据对比结果如图 6.6 所示。由于在1 km以内有限元节点综合电阻有非常大的值，节点综合电阻值只对比 10～50 km 之间的值。

选择几个参数进行对比，如制热电源电压、节点钢芯功率最大值、节点钢芯电流最大值、节点总功率最大值(有限元乘以 1000)、节点制热材料电阻(有限元乘以 1000)、电源端节点综合电阻等，见表 6.7。

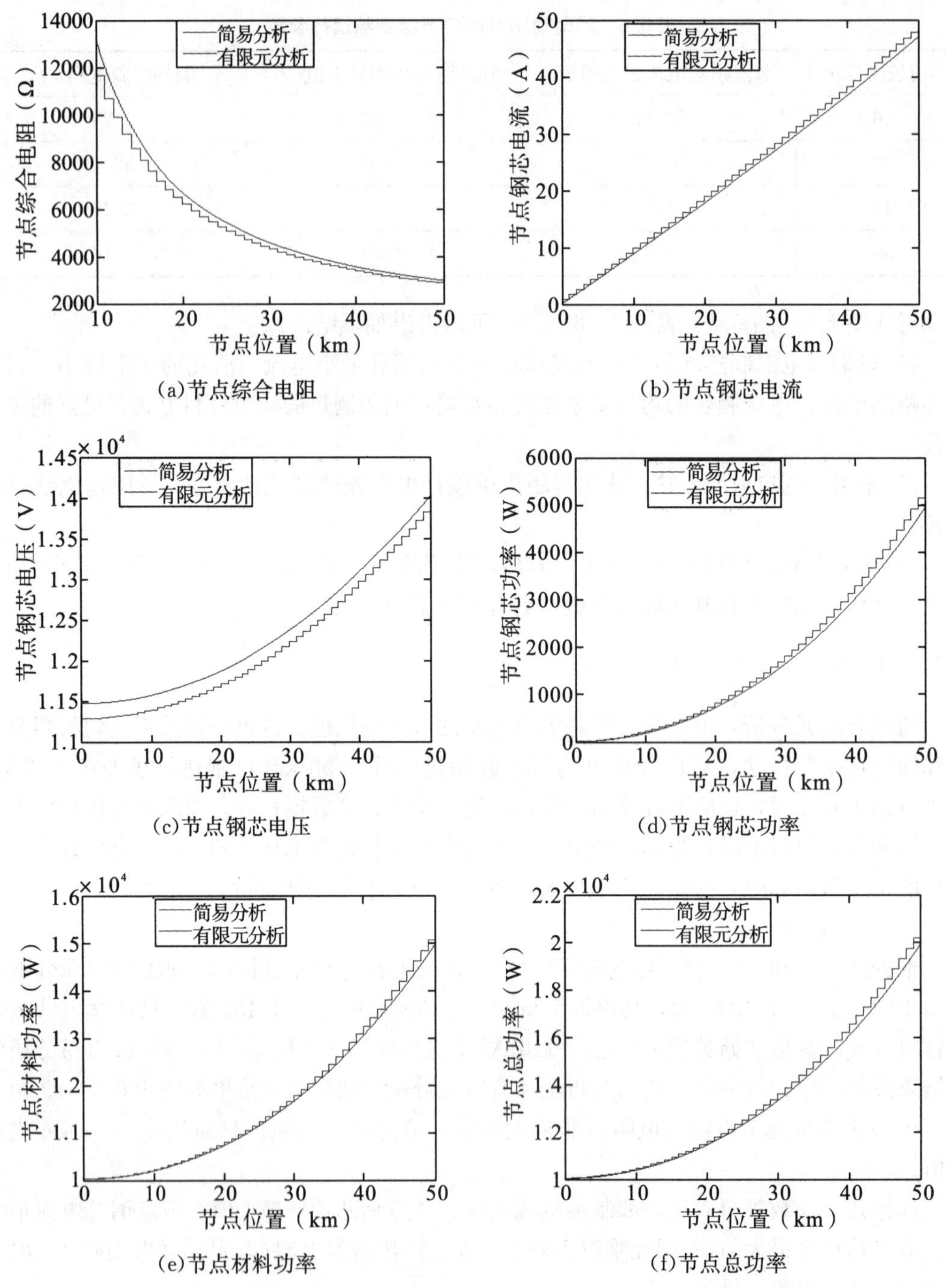

(a)节点综合电阻　(b)节点钢芯电流

(c)节点钢芯电压　(d)节点钢芯功率

(e)节点材料功率　(f)节点总功率

图 6.6　50 km 均匀材料简易分析与有限元分析对比

表 6.7　有限元分析和简易分析对比结果

对比参数	有限元分析	简易分析
制热电源电压(V)	14026	13834
节点钢芯电流(A)	46.83	47.74
节点总功率最大值(W)	19896	20177

续表6.7

对比参数	有限元分析	简易分析
节点总功率最小值(W)	10020	10030
节点制热材料电阻(Ω)	13152	12721
电源端节点综合电阻(Ω)	299.5	289.7

通过图6.6和表6.7，可以得出如下结论：

1）简易分析得到的结果与有限元分析基本一致，简易分析方法可以工程应用。

2）有限元分析可以得到更低的设计参数，计算结果更加精确。

(2) 均匀功率分析。

根据图3.10和式(3－10)至式(3－13)进行有限元分析，R_s 取值为1 km取值的1/1000，即为1.126 mΩ，功率取1 km的1/1000，W_{min}=11.132 W，只计算50 km均匀材料方式，其他初始数值为：I_{max}=110 A，U_{min}=5000 V，U_{step}=100 V。将简易分析法的结果按每公里相等取值，简易分析法和有限元分析法数据对比结果如图6.7所示。图中，有限元计算的材料电阻除以1000，有限元计算的钢芯功率、材料功率、总功率都乘以1000。

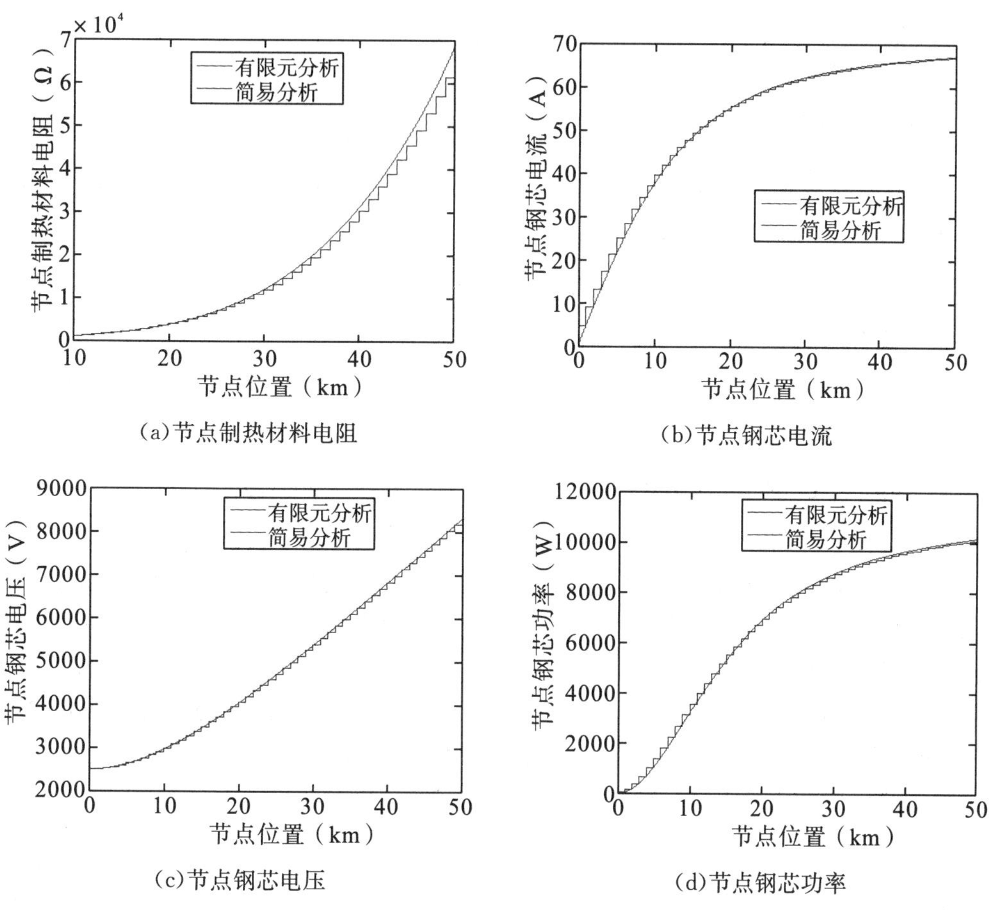

(a)节点制热材料电阻　(b)节点钢芯电流

(c)节点钢芯电压　(d)节点钢芯功率

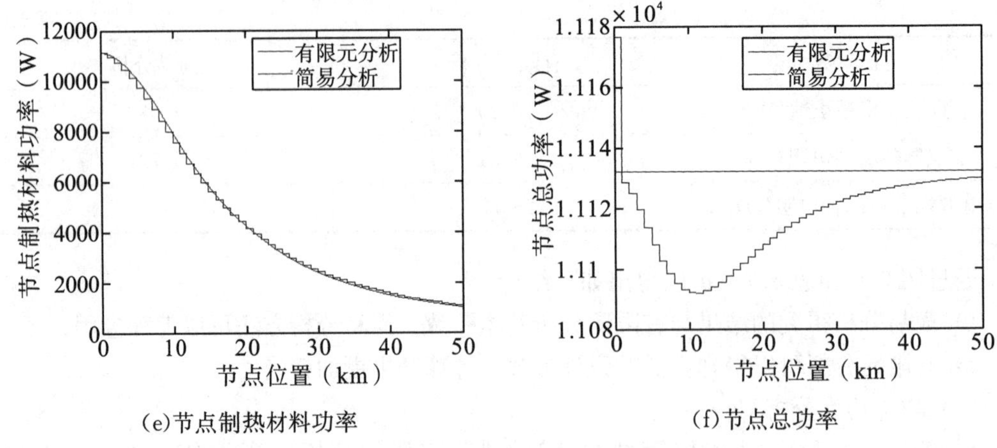

(e)节点制热材料功率　　　　(f)节点总功率

图 6.7　50 km 均匀功率简易分析与有限元分析对比

选择几个参数进行对比，如制热电源电压、节点钢芯电流最大值、节点总功率最大值(有限元乘以 1000)、节点总功率最小值(有限元乘以 1000)等，见表 6.8。

表 6.8　有限元分析和简易分析对比结果

对比参数	有限元分析	简易分析
制热电源电压(V)	8302	8175
节点钢芯电流最大值(A)	67.04	66.76
节点总功率最大值(W)	11132	11177
节点总功率最小值(W)	11132	11092

分析图 6.7 和表 6.8，可以得出如下结论：简易分析法和有限元分析法得到的结果基本一致，其差异可以忽略不计；即使简易分析法节点总功率有偏差，其偏差也只有 3.6%，非常小。

6.4.2　交流分析

6.4.2.1　单端口电源制热简易等效电路模型均匀功率分析

（1）同时改变钢芯电感和制热材料电阻。

同时改变钢芯电感和制热材料电阻的基本约束：固定电容值和钢芯电阻，通过调整钢芯电感和材料电阻，使得节点阻抗功率因数为 1，各段功率相等。根据上述约束得到的方程如式(3−31)～式(3−36)和式(3−41)。初始数值：$C=6.94E-7$ F，$W_{min}=11132$ W，$RG2=2.252$ mΩ，$U_{min}=5000$ V，$U_{step}=100$ V，$I_{max}=110$ A。根据上述初始数据，分别计算 10 km 到50 km（每隔 5 km 分段）的数值，得到的结果如图 6.8 所示。

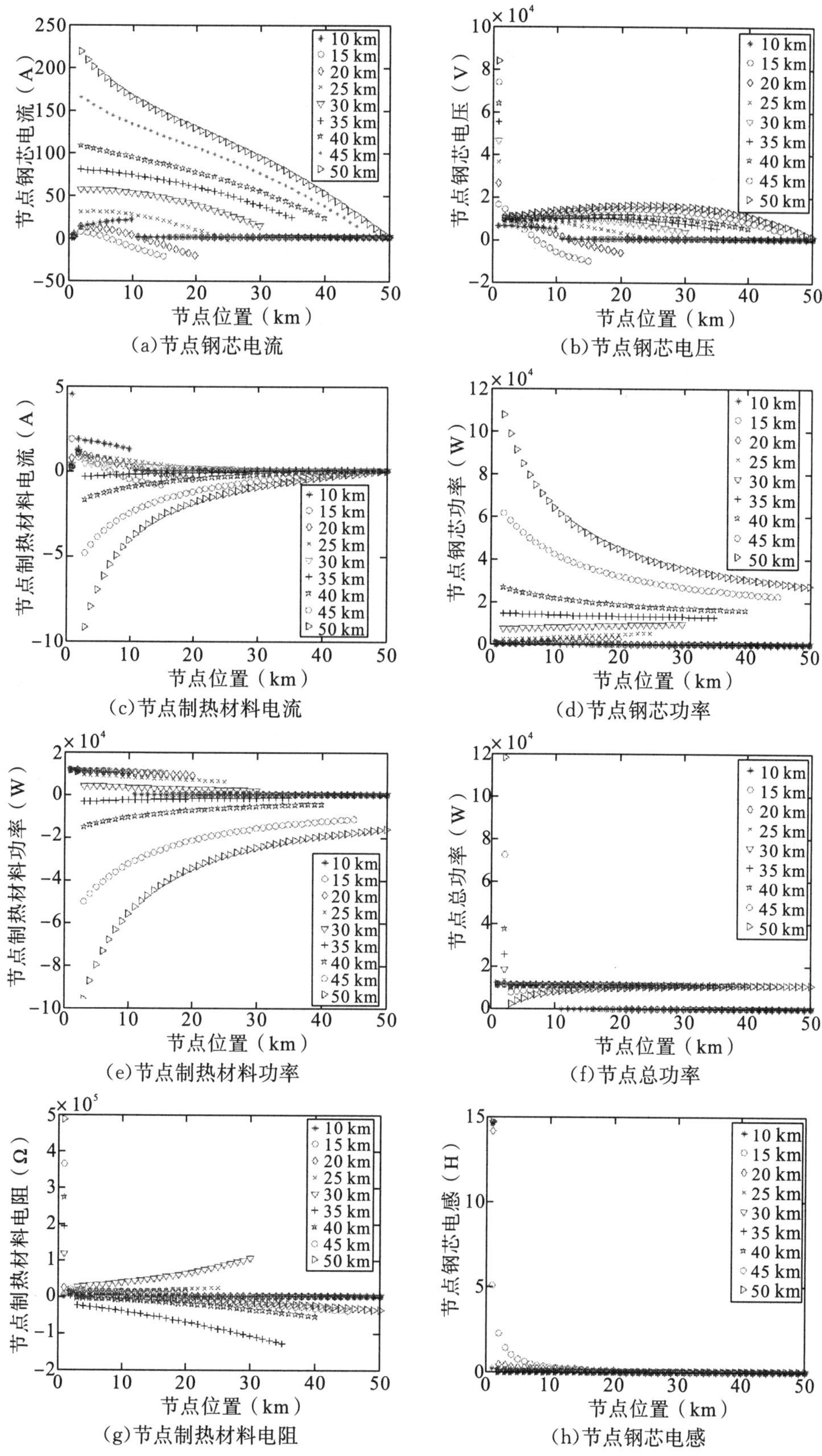

图 6.8　同时改变钢芯电感和制热材料电阻

从图 6.8 可以看出，同时改变钢芯电感和制热材料电阻的设计方法，不是很合适。从制热材料电阻来说，为负值，证明该方法不可行。从钢芯电感来说，达到了 15 H，这是基本不可能达到的值。从电压与电流来说，出现了强烈振荡。由于出现了强烈振荡，没法跳出图 3.16 设定的循环条件。

（2）固定钢芯电感。

根据上述分析，改变钢芯电感的设计不但工程应用困难，而且容易造成振荡，因此可以考虑固定钢芯电感。固定钢芯电感的计算方法如式(3−37)至式(3−41)。根据上述计算方法，选择 0.001 H、0.002 H、0.004 H、0.006 H、0.008 H、0.01 H、0.02 H、0.04 H、0.06 H、0.08 H、0.1 H、0.2 H、0.4 H、0.8 H、1.6 H 几个电感值，其他初始数值：$C=6.94\text{E}-7$ F，$W_{min}=11132$ W，$RG2=2.252$ mΩ，$U_{min}=5000$ V，$I_{max}=110$ A。导线长度为 50 km。得到的结果如图 6.9 所示。

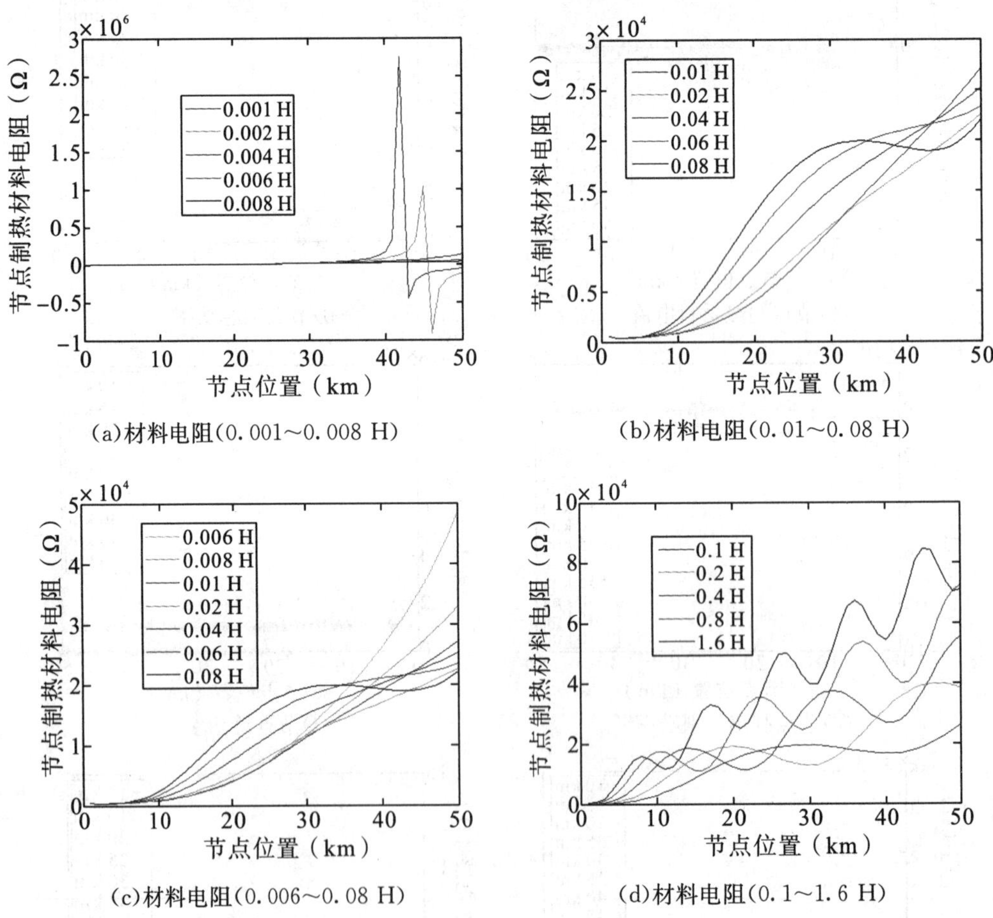

(a)材料电阻(0.001～0.008 H)　(b)材料电阻(0.01～0.08 H)

(c)材料电阻(0.006～0.08 H)　(d)材料电阻(0.1～1.6 H)

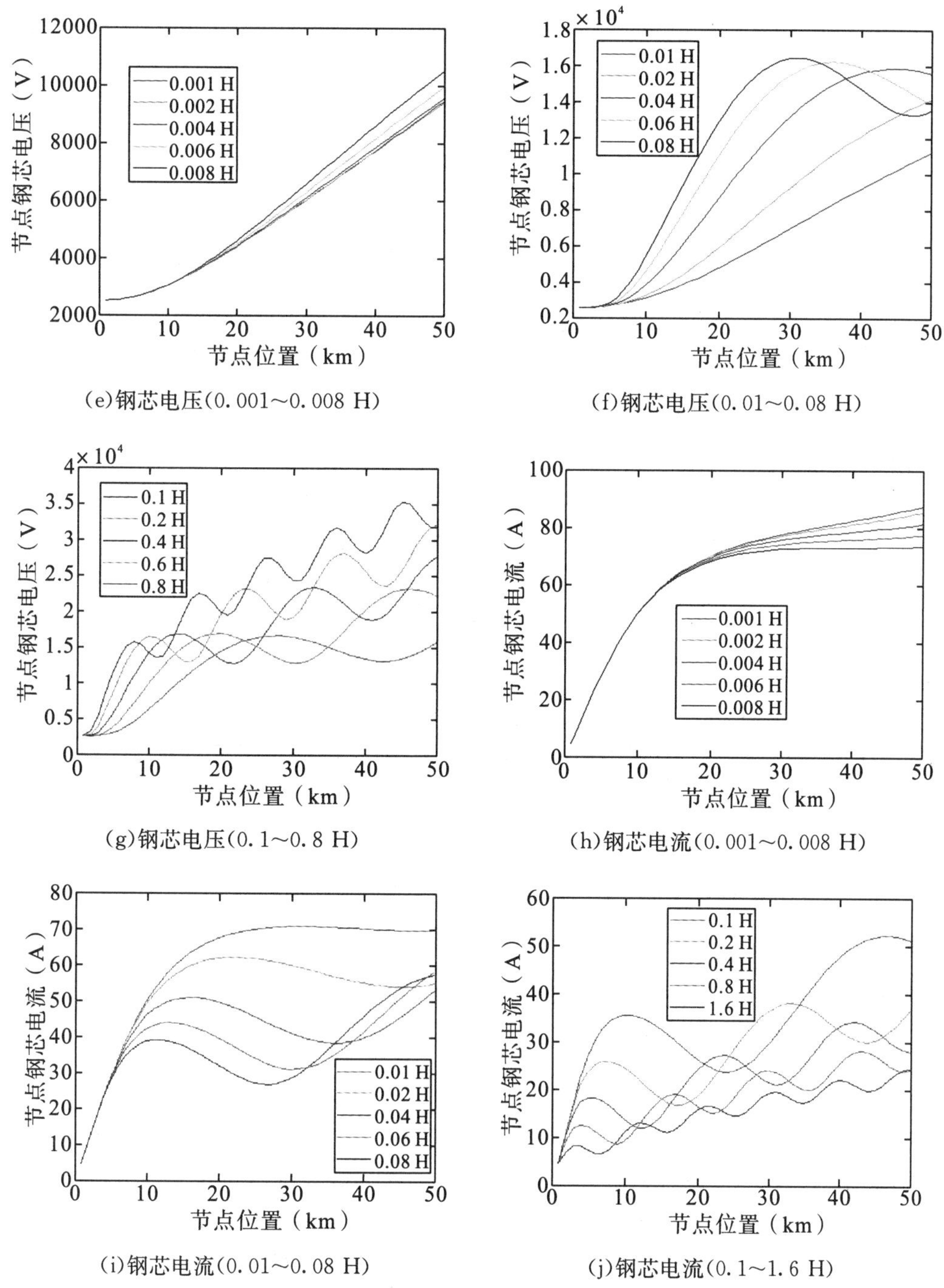

(e)钢芯电压(0.001～0.008 H)　　(f)钢芯电压(0.01～0.08 H)

(g)钢芯电压(0.1～0.8 H)　　(h)钢芯电流(0.001～0.008 H)

(i)钢芯电流(0.01～0.08 H)　　(j)钢芯电流(0.1～1.6 H)

图 6.9　不同钢芯电感下的运行工况

从图 6.9 可以看出，电感过小或电感过大，都会引起振荡。电感在 0.008 H 到0.1 H 都可以设计出均匀融冰功率的分段方法；其中电感为 0.02 H 时，在电压、电流、制热材料电阻等方面比较平稳。

(3) 改变介电常数。

固定电感值 0.02 H，分别设介电常数为 1、2、4、6、8、10、20、40、60、80，运用式(3－37)至式(3－41)，再次计算均匀功率的电阻条件和工况。计算结果如图 6.10 所示。

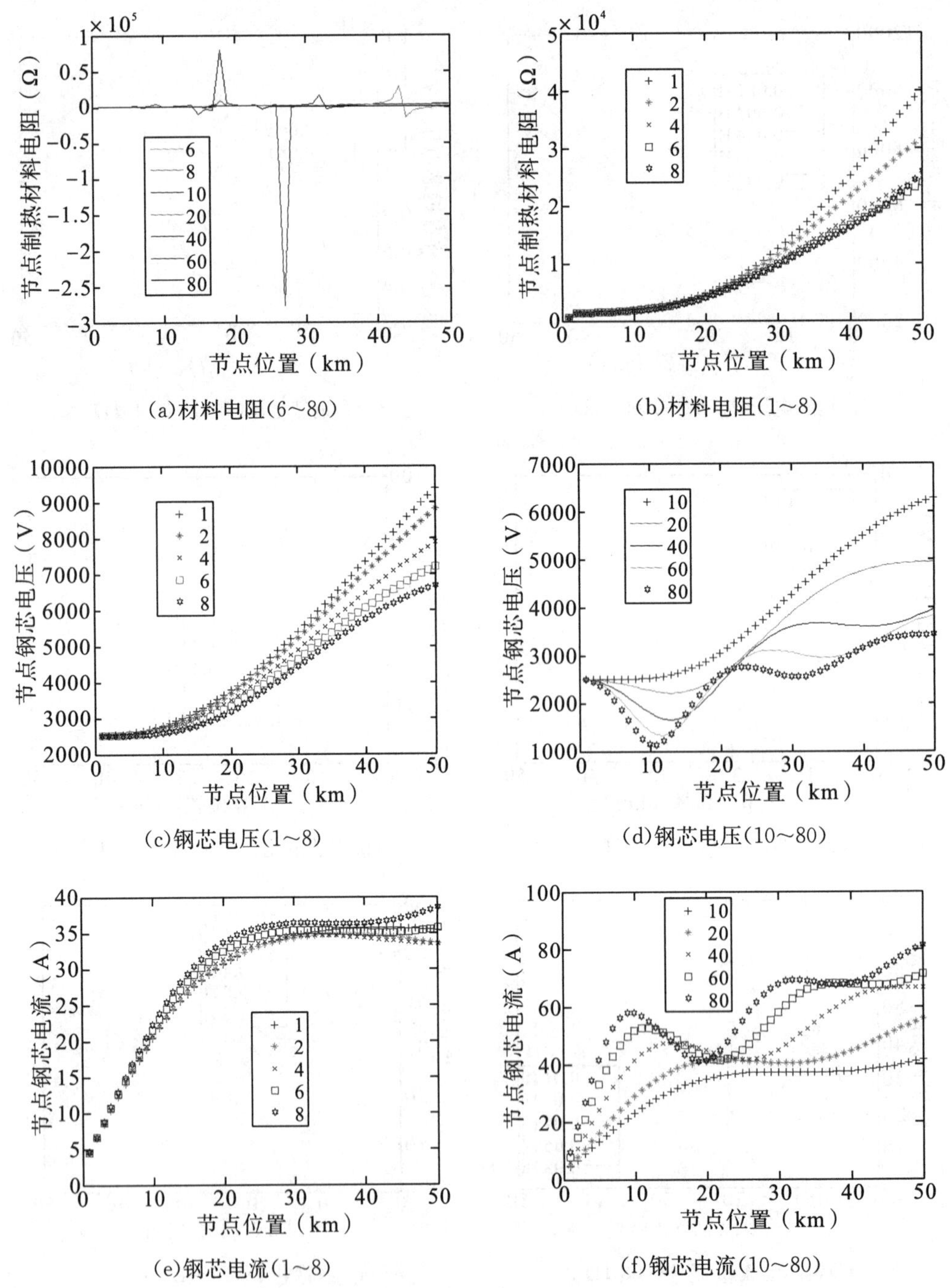

(a)材料电阻(6～80)　(b)材料电阻(1～8)

(c)钢芯电压(1～8)　(d)钢芯电压(10～80)

(e)钢芯电流(1～8)　(f)钢芯电流(10～80)

图 6.10　不同介电常数下的运行工况

从图 6.10 可以看出，当介电常数在 1～10 范围时，电阻、电压、电流都保持平稳；当介电常数大于 10 时，出现不稳定现象。

(4) 采用现有材料的分析结果。

通过上述分析可以看出，电感在 0.008～0.1 H，介电常数在 1～10 之间，都可以做到分段均匀融冰。6.3 节的自制热导线介电常数是 5，每公里电感是 0.032 H，处于合适的参数范围。分析不同电阻的影响，有助于找到合适的电阻范围。将离制热电源最远的分段称为末端分段，末端分段上的电压称为末端电压，电流称为末端电流，最小电源电压的一半称为初始末端电压。设末端电压分别为初始末端电压的 0.1 倍、0.2 倍、0.4 倍、0.6 倍、0.8 倍、1 倍、2 倍、4 倍、6 倍、8 倍，分 10 种情况进行分析计算。由于基于均匀功率计算是从最末端往电源端分析的，在 50 km 的工况上，可以观察到少于 50 km 的其他长度运行结果，因此，只需分析 50 km 的工况。图 6.11 为 50 km 自制热导线运行工况。

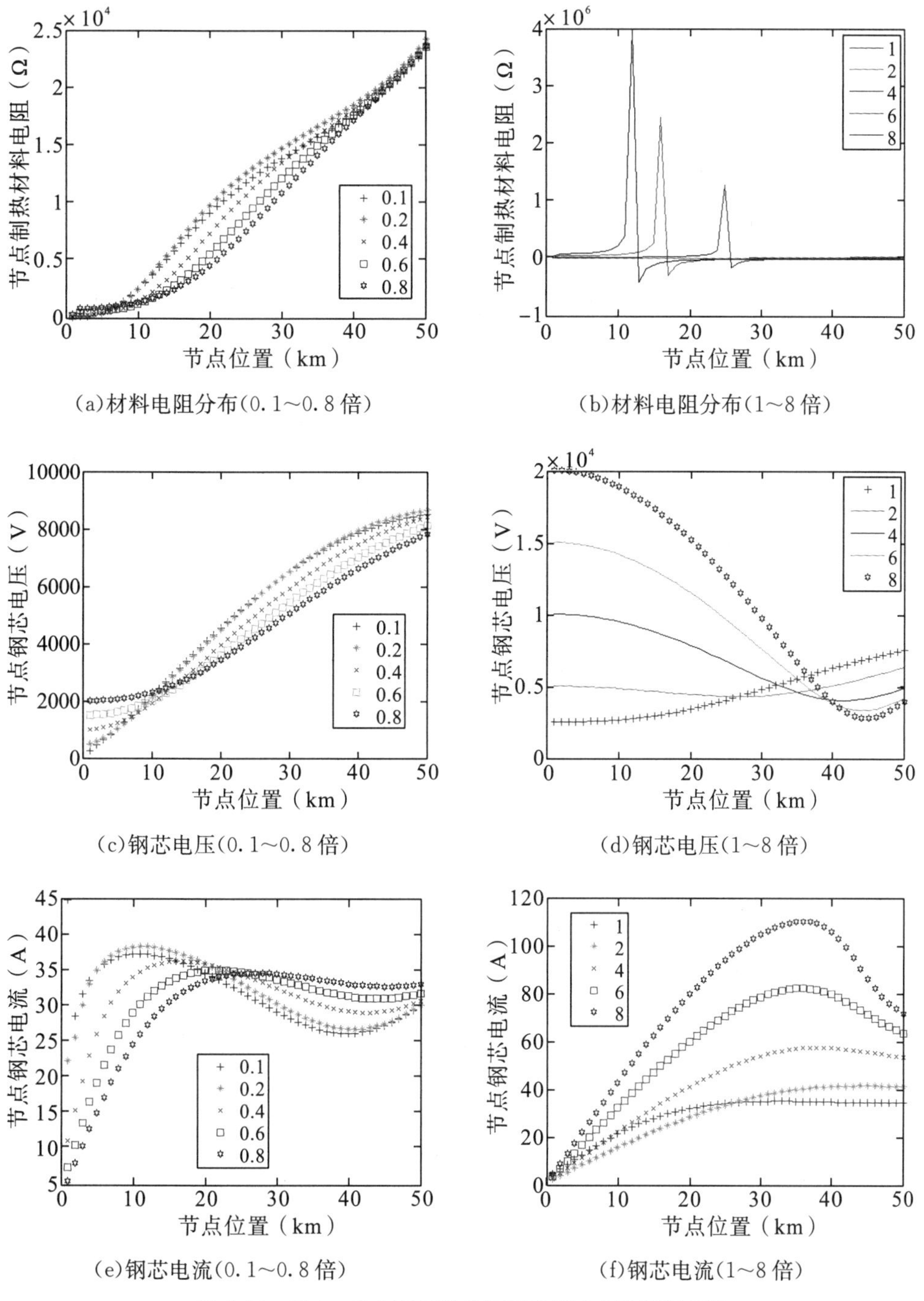

(a)材料电阻分布(0.1～0.8 倍)　(b)材料电阻分布(1～8 倍)

(c)钢芯电压(0.1～0.8 倍)　(d)钢芯电压(1～8 倍)

(e)钢芯电流(0.1～0.8 倍)　(f)钢芯电流(1～8 倍)

图 6.11　50 km 自制热导线在不同末端电压的运行工况

对比上述结果，当使用50 km导线时，末端电压取初始末端电压的1倍或2倍，其运行结果比较好。当末端电压取初始末端电压的1倍时，计算得到电源电压为7503 V，最大钢芯电流为34.9 A；当末端电压取初始末端电压的2倍时，计算得到电源电压为6332 V，最大钢芯电流为41.35 A。从电源电压来看，末端电压取初始末端电压的2倍效果更好一些。可见，初始末端电压不同，将影响制热电源的设计。观测钢芯电流可以看出，由于电容、电感与电阻之间的耦合关系，选择合适的末端电源，可以使钢芯电流分布平稳。对比直流均匀功率分布方式，从表6.4中可以看出，50 km直流均匀功率分布需要的电源为8175 V，远远大于交流电源电压6332 V。可见，如果考虑均匀功率设计，交流制热效果比直流制热效果更好。对比图6.3和图6.11可以看出，在直流制热电源中，钢芯电压和钢芯电流是上升的曲线；在交流制热电源中，钢芯电压和钢芯电流是平稳曲线。

6.4.2.2 单端口电源制热简易等效电路模型均匀材料分析

取现有导线电感和电容值，即取每公里电容 6.94×10^{-7} F，电感0.032 H，由于不同的电阻与电容、电感将呈现不同的耦合情况，因此考虑电阻时，需根据不同电阻、电容、电感值来分析。具体分析方法是，确定初始状态，然后根据初始状态选择最优电阻值；固定电阻后再根据最优电阻值选择最优电容值；固定电阻和电容后再选择最优电感值。初始数值：$C=6.94\text{E}-7$ F，$W_{\min}=11132$ W，$RG2=2.252$ mΩ，$U_{\min}=5000$ V，$I_{\max}=110$ A；初始末端电阻：$R=(U_{\min}/2)^2/W_{\min}$。然后，分别用 $U_{\min}$ 乘以1、2、3、4、5、6、7、8、9、10来计算工况，选择最佳电阻。由于50 km工况最复杂，下面选择50 km的导线进行分析。具体计算方法如式(3−16)～式(3−23)所示。

(1) 优化电阻。

根据上述方法计算，由于功率与电压呈线性关系，选择电阻时只需考虑最大功率与最小功率的比值。最大功率与最小功率的比值反映了浪费功耗的多少，取最大功率与最小功率比值最小的电阻值为最优电阻。经过计算分析，当 $U_{\min}$ 乘以4、5、6、7、8、9时，计算的电阻可以使整条导线分段的最大功率与最小功率比值处于比较小的范围。$U_{\min}$ 倍数为4～9的功率曲线如图6.12所示。

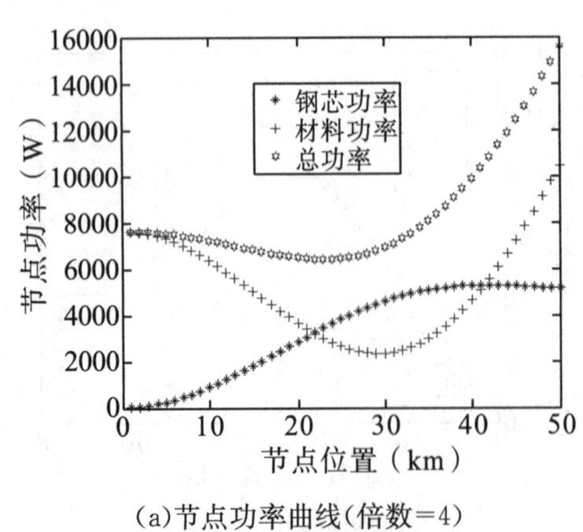

(a)节点功率曲线(倍数=4)

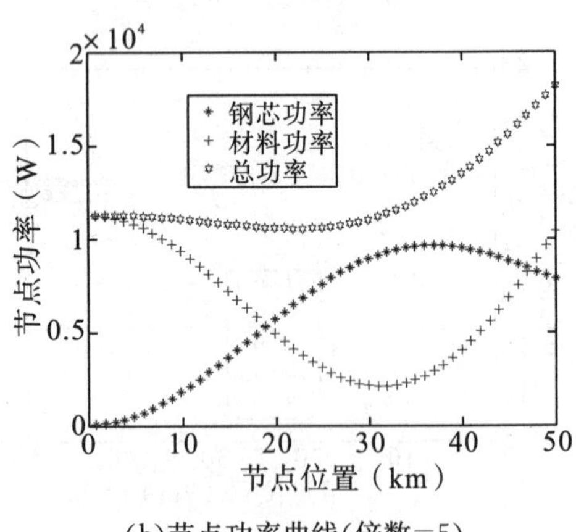

(b)节点功率曲线(倍数=5)

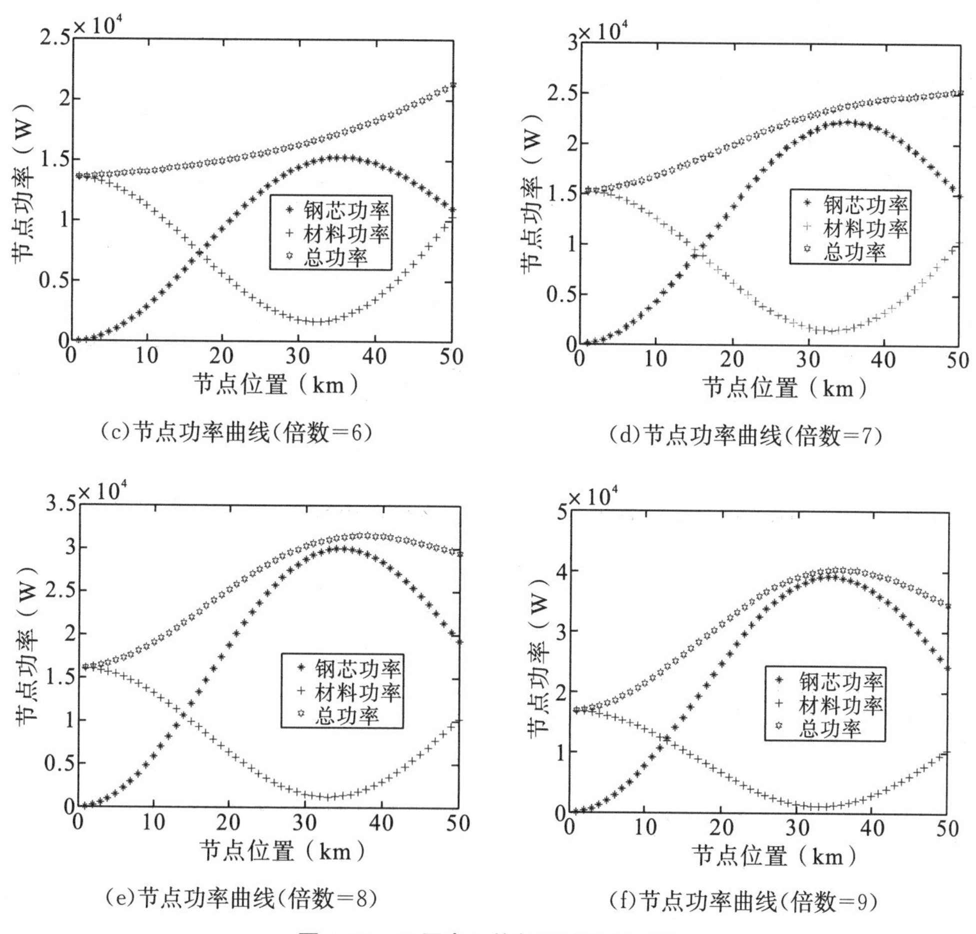

(c)节点功率曲线(倍数=6)

(d)节点功率曲线(倍数=7)

(e)节点功率曲线(倍数=8)

(f)节点功率曲线(倍数=9)

图 6.12 不同电压倍数下的运行工况

各电压下的最大节点总功率、最小节点总功率、最大最小节点总功率比值、节点制热材料电阻见表 6.9。

表 6.9 不同电压倍数下的工况

倍数	最大节点总功率(W)	最小节点总功率(W)	最大最小节点总功率比值	节点制热材料电阻(Ω)
4	15580	6396	2.436	8983
5	18145	10501	1.728	14036
6	21346	13610	1.568	20212
7	21513	15144	1.659	27511
8	31485	16132	1.952	35932
9	40105	16793	2.388	45477

根据最大值与最小值之比最小的原则，先选择倍数为 6 的情况，然后再在 6 附近进行选择。最后选择最优电阻为 18887 Ω。

（2）优化电容。

固定电阻为 18887 Ω，设置介电常数为 1、2、4、6、8、10、15、20、25、30，计算各种介电常数下的工况，其功率曲线如图 6.13 所示（只保留 1～10 的结果）。

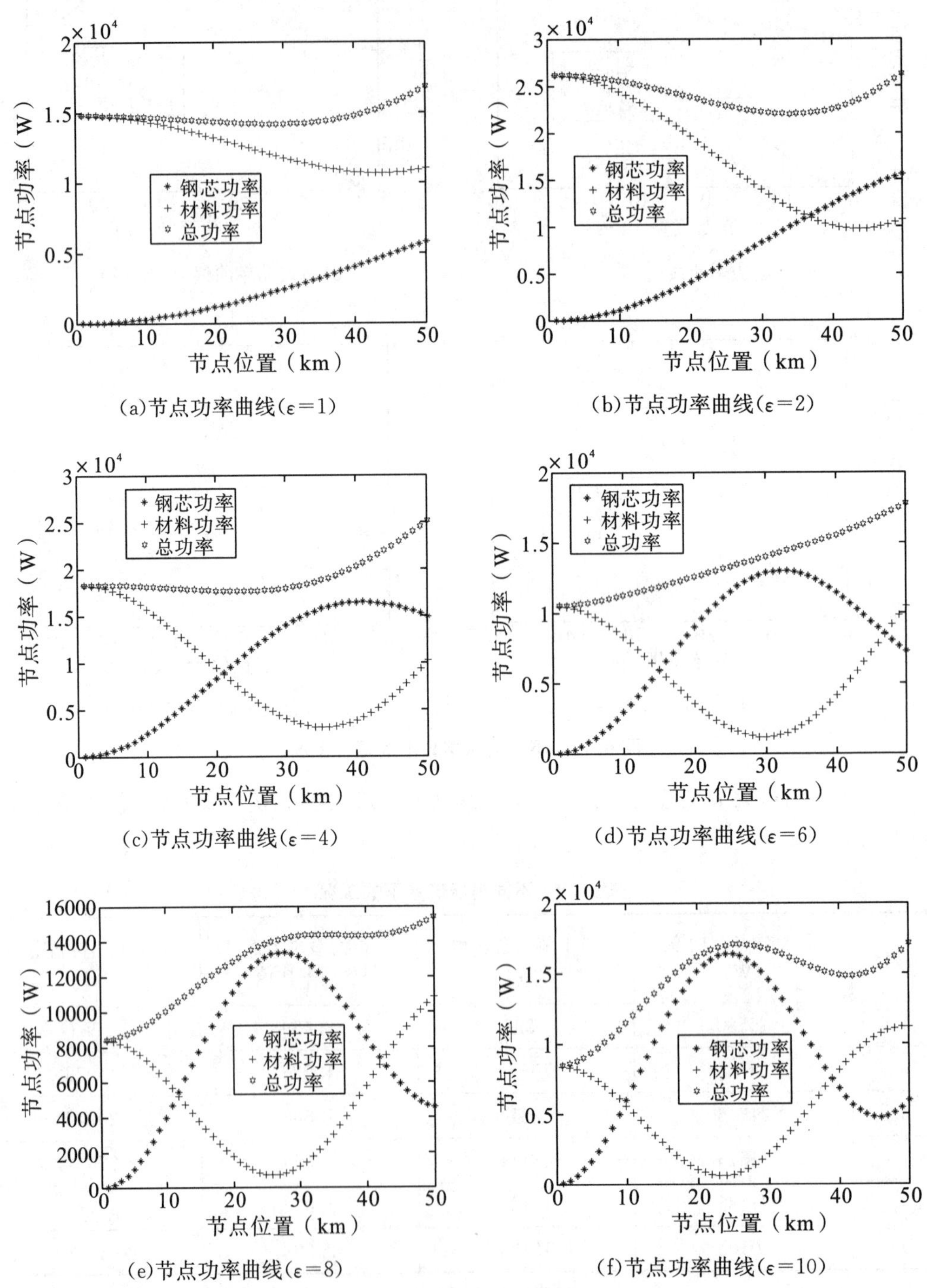

(a)节点功率曲线(ε=1)

(b)节点功率曲线(ε=2)

(c)节点功率曲线(ε=4)

(d)节点功率曲线(ε=6)

(e)节点功率曲线(ε=8)

(f)节点功率曲线(ε=10)

图 6.13　不同介电常数下的运行工况

各介电常数下的最大节点总功率、最小节点总功率、最大最小节点总功率比值、电容值见表 6.10。

表 6.10 不同介电常数下的工况

介电常数	最大节点总功率(W)	最小节点总功率(W)	最大最小节点总功率比值	电容值($\times10^{-7}$ F)
1	16810	14168	1.186	1.388
2	26259	21983	1.195	2.776
4	25067	17542	1.429	5.552
6	17753	10509	1.689	8.328
8	15406	8420	1.830	11.10
10	17146	8429	2.034	13.88

根据最大值与最小值之比最小的原则，选择介电常数为 1，电容为 1.388×10^{-7} F。

(3) 优化电感。

固定电阻为 18887 Ω，电容为 1.388×10^{-7} F，根据所选参数调整电感值，分别取电感值为现有电感的 0.4 倍、0.6 倍、0.8 倍、1 倍、1.5 倍、2 倍来分析，功率曲线如图 6.14 所示。

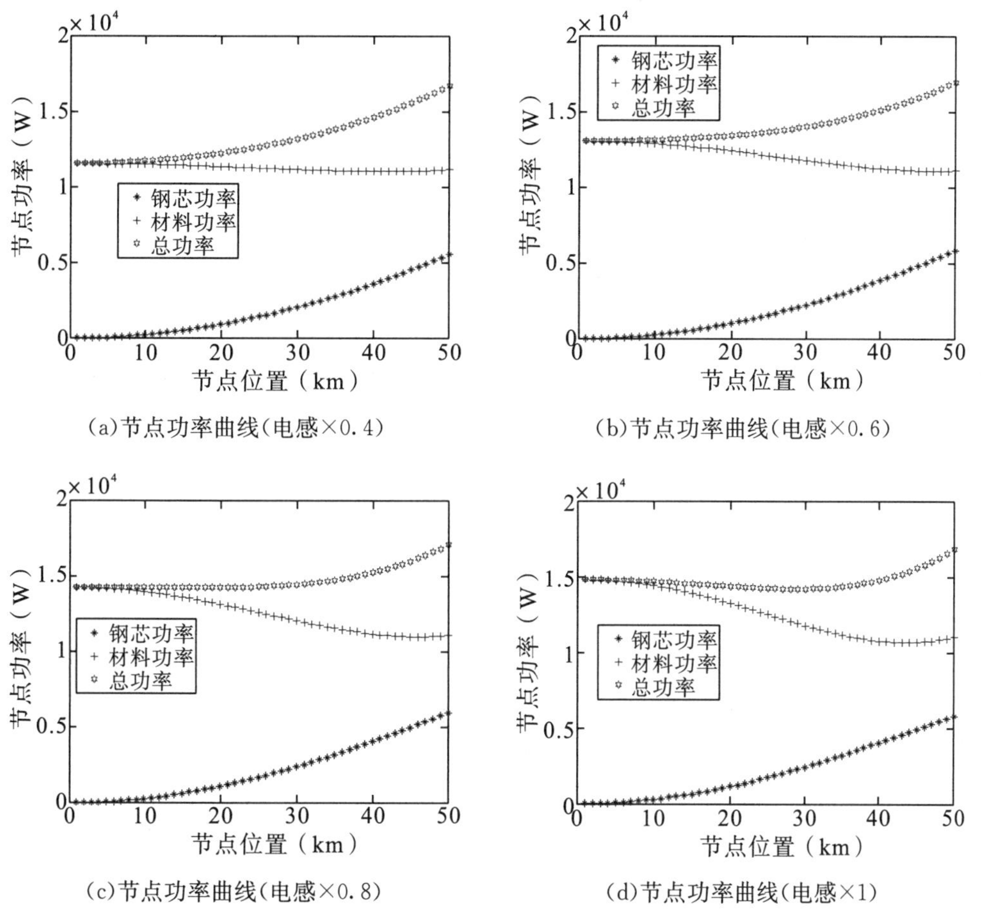

(a)节点功率曲线(电感×0.4)

(b)节点功率曲线(电感×0.6)

(c)节点功率曲线(电感×0.8)

(d)节点功率曲线(电感×1)

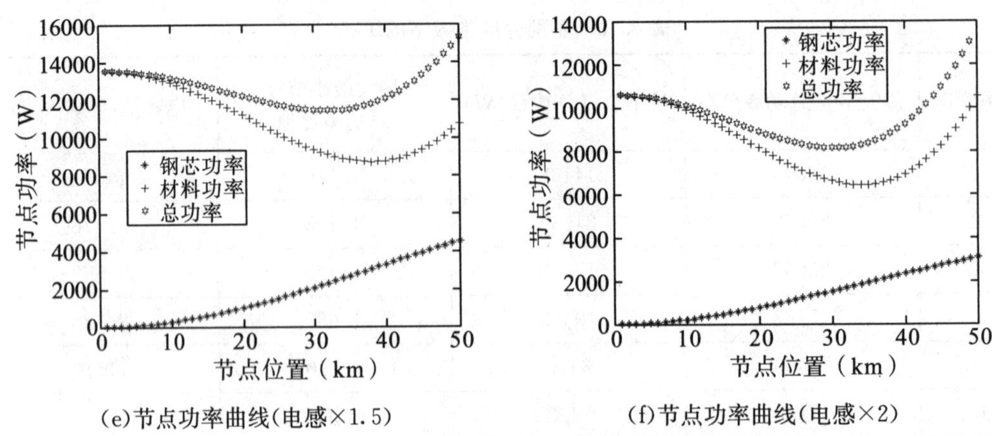

(e)节点功率曲线(电感×1.5)　　(f)节点功率曲线(电感×2)

图 6.14　不同电感倍数下的运行工况

各电感倍数下的最大节点总功率、最小节点总功率、最大最小节点总功率比值、电感值见表 6.11。

表 6.11　不同电感的工况

电感倍数	最大节点总功率（W）	最小节点总功率（W）	最大最小节点总功率比值	电感值(H)
0.4	16638	11525	1.44	0.0128
0.6	16967	13060	1.30	0.0192
0.8	17038	14190	1.20	0.0256
1	16810	14168	1.18	0.032
1.5	15293	11451	1.33	0.048
2	13625	81458	1.67	0.064

根据最大值与最小值之比最小的原则，选择电感倍数为 1，电感值为 0.032 H。综合上述电阻、电容、电感，计算得到的工况如图 6.15 所示。

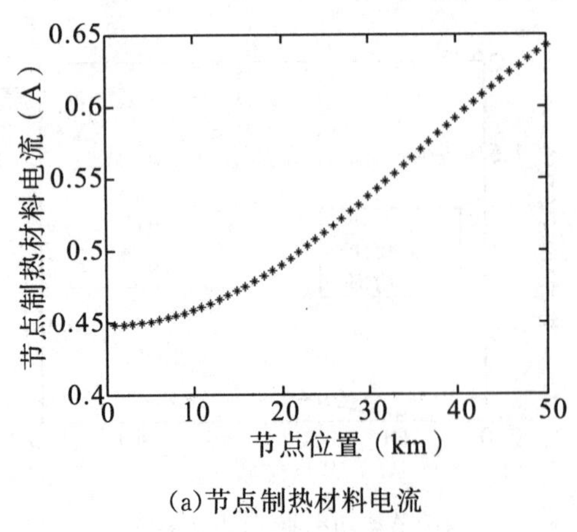

(a)节点制热材料电流

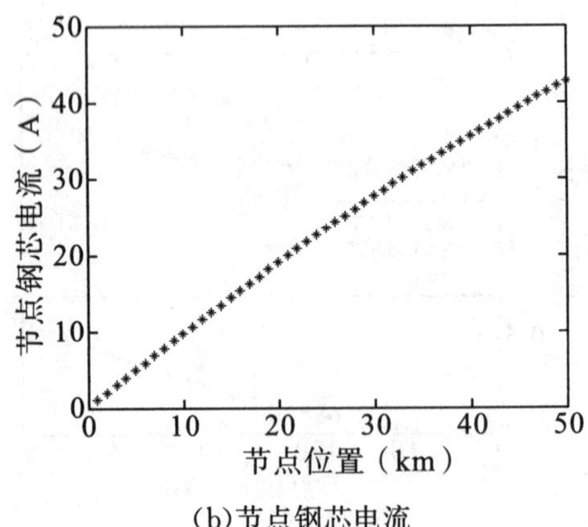

(b)节点钢芯电流

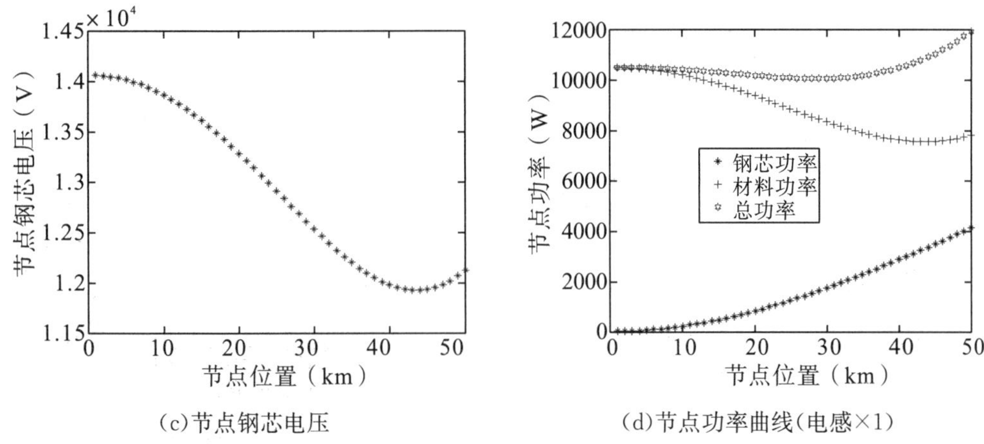

(c)节点钢芯电压　　(d)节点功率曲线(电感×1)

图 6.15　均匀材料下单端口电源制热交流运行工况

在此运行工况下，制热电源电压为 12121 V，比表 6.3 所示的 50 km 所需直流电源 13834 V 还要小。可见，利用自制热导线的电容、电感、电阻的耦合关系，可以在交流制热情况下达到比较好的工况，甚至比直流制热还要好。

6.4.2.3　双端口电源制热简易等效电路模型交流分析

根据双端口直流的分析，双端口电流可以看作是中间断开的单端口电路，两端具有对称性，分析 25 km 的单端口工况可以表征 50 km 的双端口制热电源供电工况。分均匀功率与均匀材料两种工况考虑。均匀功率只考虑固定钢芯电感的模式。

(1) 均匀功率方式。

实际材料介电常数是 5，每公里电感是 0.032 H，因此处于合适的参数范围。利用实际材料可以实现均匀制热。设末端电压分别为初始末端电压的 0.1 倍、0.2 倍、0.4 倍、0.6 倍、0.8 倍、1 倍、2 倍、4 倍、6 倍、8 倍，分 10 种情况进行分析计算。图 6.16 为 10 种情况下的运行工况。

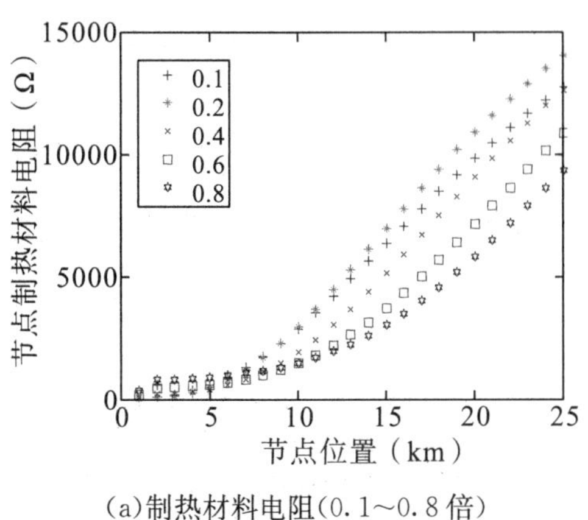

(a)制热材料电阻(0.1～0.8 倍)

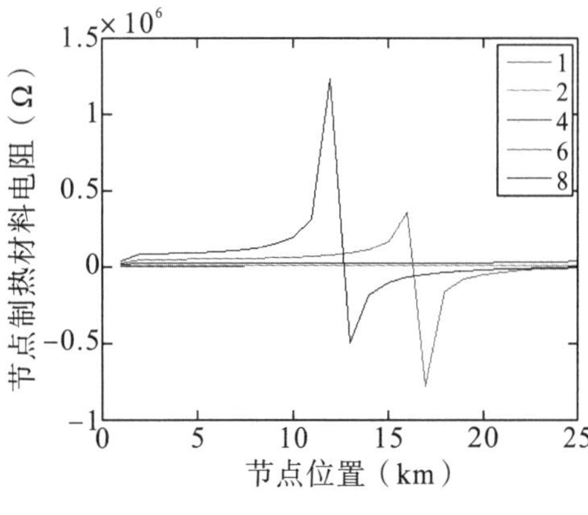

(b)制热材料电阻(1～8 倍)

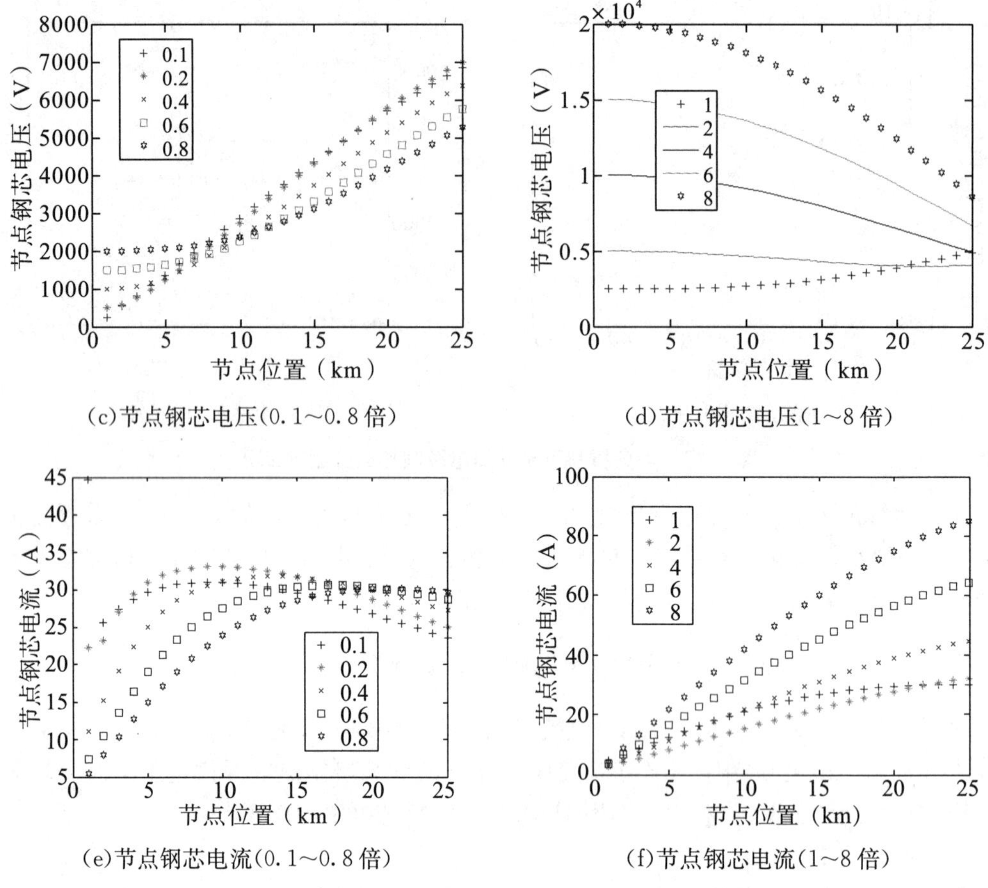

(c)节点钢芯电压(0.1～0.8 倍)　(d)节点钢芯电压(1～8 倍)

(e)节点钢芯电流(0.1～0.8 倍)　(f)节点钢芯电流(1～8 倍)

图 6.16　末端电压变化时双端口电源制热均匀功率的运行工况

从图 6.16 可以看出，当末端电压分别为初始末端电压的 0.8 倍时，具有较好的工况。图 6.11 给出了单端口制热电源的工作参数，对比分析图 6.16 和图 6.11 可以看出，不同的导线长度有不同的优化参数。图 6.16 的优化倍率为 0.8 倍，图 6.11 的优化倍率为 2 倍。此外，采用双端口电源制热，50 km 自制热导线需要电源电压为 5289 V，最大电流为 30 A；而单端口电源制热，50 km 自制热导线需要电源电压为 6332 V，最大钢芯电流为 41.35 A。因此，双端口电源制热比单端口电源制热有更好的效果。

(2) 均匀材料方式。

对于均匀材料方式，需考虑电阻、电容、电感的耦合。所以先优化电阻，然后优化电容，最后优化电感。

1) 优化电阻。

由于功率与电压呈线性关系，优化电阻时只需考虑最大功率与最小功率的比值。并取最大功率与最小功率比值最小的电阻值为最优电阻。经过计算分析，当 U_{min} 乘以 3、4、5、6、7、8 时计算的电阻可以使整条导线分段的最大功率与最小功率比值处于比较小的范围。U_{min} 倍数为 3～8 的功率曲线如图 6.17 所示。

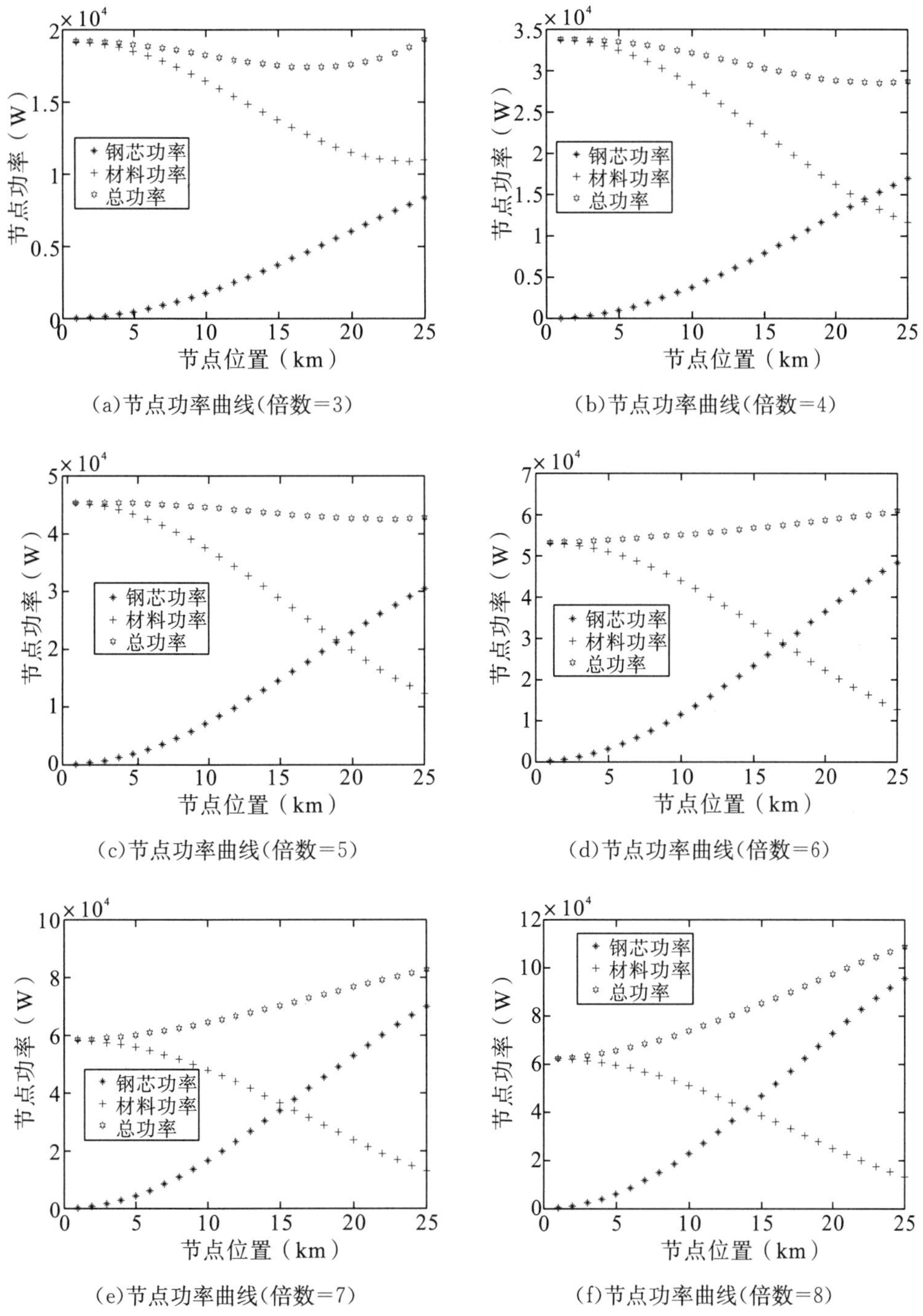

(a)节点功率曲线(倍数=3)　(b)节点功率曲线(倍数=4)

(c)节点功率曲线(倍数=5)　(d)节点功率曲线(倍数=6)

(e)节点功率曲线(倍数=7)　(f)节点功率曲线(倍数=8)

图 6.17　不同电压倍数下的运行工况

各电压倍数下的最大节点总功率、最小节点总功率、最大最小节点总功率比值、节点制热材料电阻见表 6.12。

表 6.12　不同电压倍数下的工况

倍数	最大节点总功率（W）	最小节点总功率（W）	最大最小节点总功率比值	节点制热材料电阻(Ω)
3	19284	17331	1.112	5053
4	33787	28546	1.183	8983
5	45230	42408	1.066	14036
6	60701	53075	1.143	20212
7	82697	58459	1.414	27510
8	108420	62206	1.742	35932

根据最大值与最小值之比最小的原则，先选择倍数为 5 的情况，最优电阻为 14036 Ω。对比表 6.9、表 6.12 可以看出，对于不同长度的自制热导线，有不同的电阻优化值。

2）优化电容。

固定电阻为 14036 Ω，设置介电常数为 1、2、4、6、8、10，计算各种介电常数下的工况，其功率曲线如图 6.18 所示。

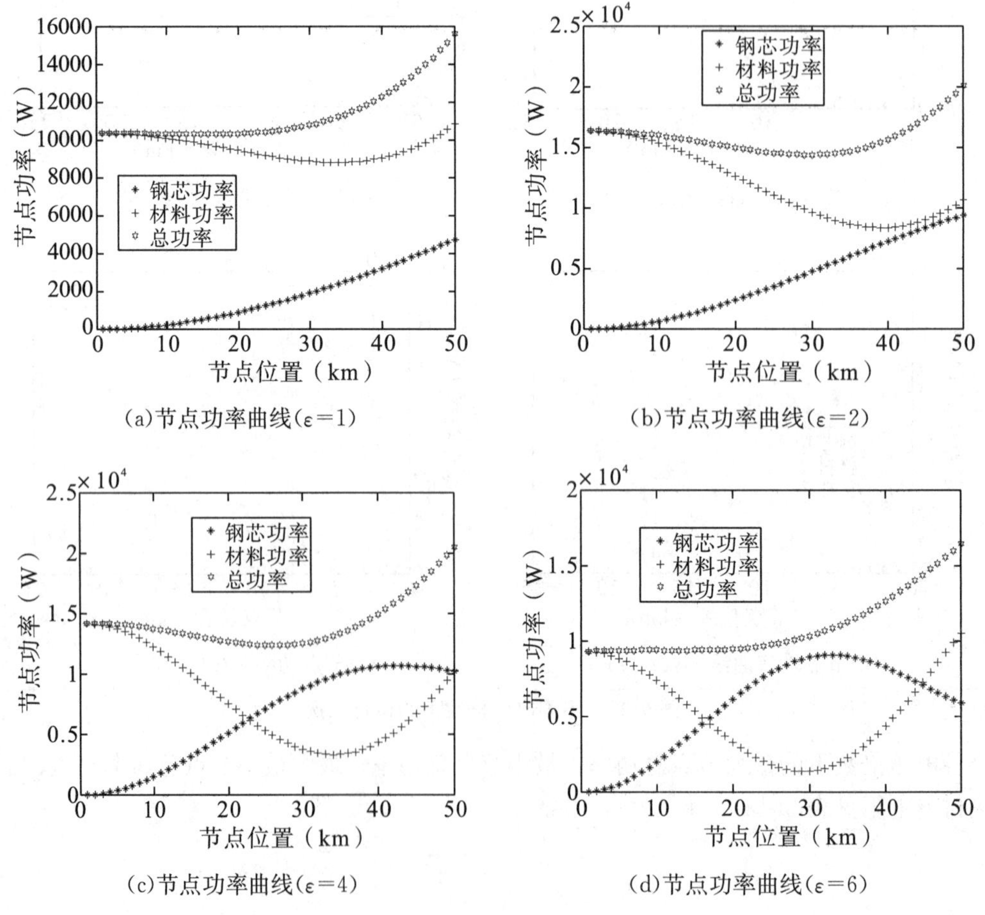

(a)节点功率曲线(ε=1)　(b)节点功率曲线(ε=2)

(c)节点功率曲线(ε=4)　(d)节点功率曲线(ε=6)

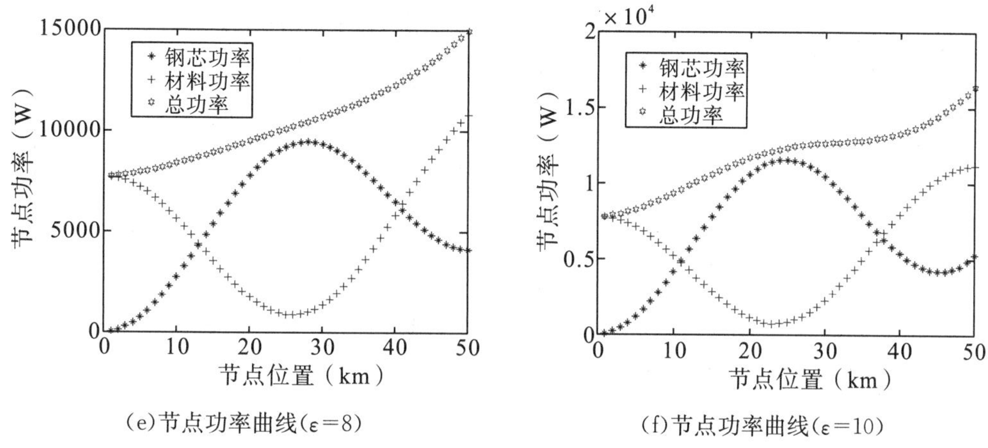

(e)节点功率曲线(ε=8)　　(f)节点功率曲线(ε=10)

图 6.18　不同介电常数下的运行工况

各介电常数下的最大节点总功率、最小节点总功率、最大最小节点总功率比值、电容值见表 6.13。

表 6.13　不同介电常数下的工况

介电常数	最大节点总功率(W)	最小节点总功率(W)	最大最小节点总功率比值	电容值($\times10^{-7}$ F)
1	15576	10321	1.509	1.388
2	20046	14386	1.393	2.776
4	20472	12338	1.659	5.552
6	14944	9306	1.760	8.328
8	16363	7718	1.936	11.10
10	41767	7763	2.107	13.88

根据最大值与最小值之比最小的原则，选择介电常数为 2，电容为 2.776×10^{-7} F。

对比表 6.10、表 6.13 可以看出，不同长度的自制热导线，需选择不同介电常数，有不同的优化电容。

3）优化电感。

固定电阻为 14036 Ω，电容为 2.776×10^{-7} F，根据所选参数调整电感值，分别取电感值为现有电感的 0.4 倍、0.6 倍、0.8 倍、1 倍、1.5 倍、2 倍来分析，功率曲线如图 6.19 所示。

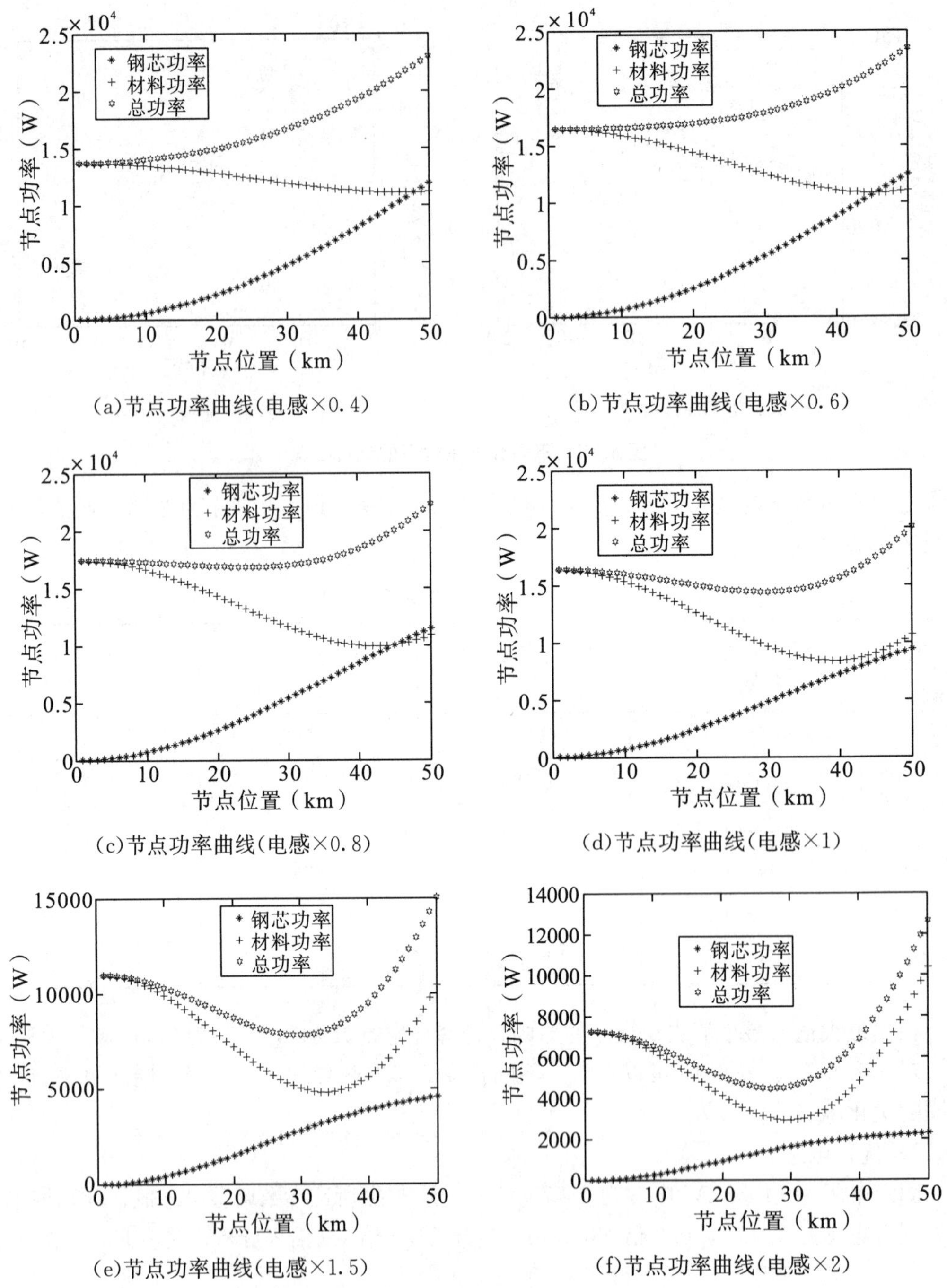

图 6.19　不同电感倍数下的运行工况

各电感倍数下的最大节点总功率、最小节点总功率、最大最小节点总功率比值、电感值见表 6.14。

表 6.14 不同电感下的工况

电感倍数	最大节点总功率（W）	最小节点总功率（W）	最大最小节点总功率比值	电感值（H）
0.4	22881	13595	1.682	0.0128
0.6	23406	16402	1.427	0.0192
0.8	22294	16799	1.327	0.0256
1	20046	14386	1.393	0.032
1.5	14961	7801	1.917	0.048
2	12699	4486	2.830	0.064

根据最大值与最小值之比最小的原则，选择电感倍数为 0.8，电感值为 0.0256 H。综合上述电阻、电容、电感，计算得到的工况如图 6.20 所示。

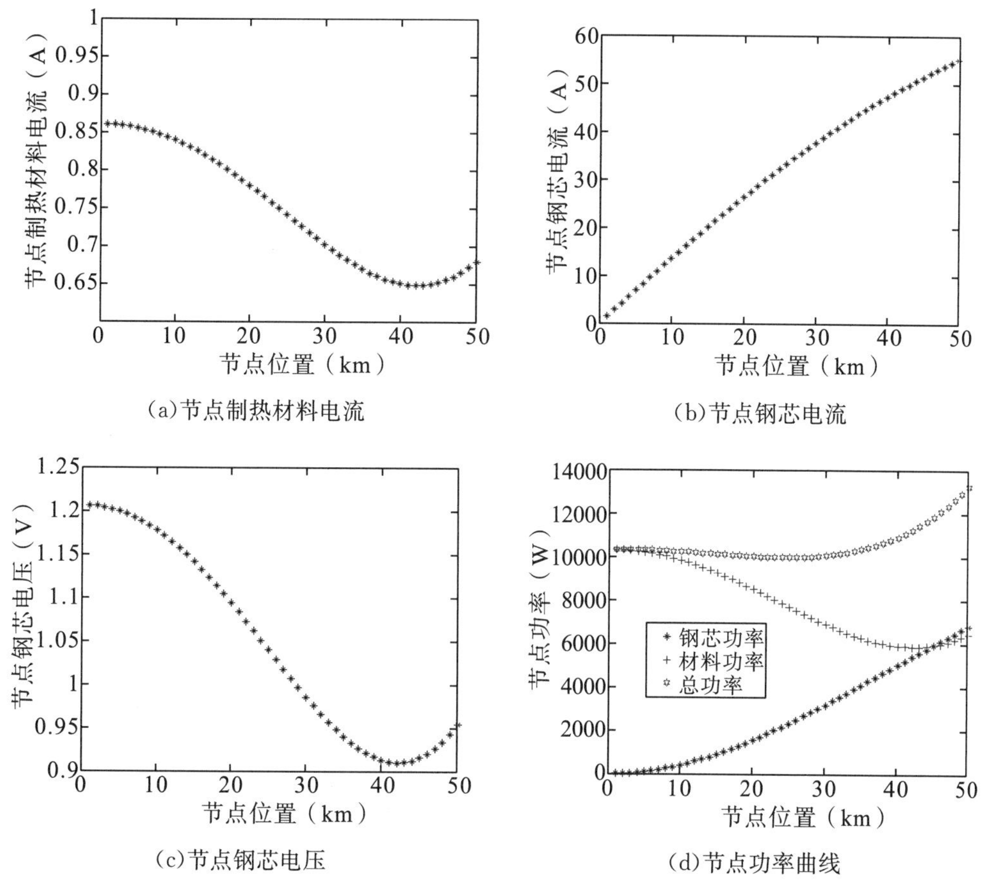

(a)节点制热材料电流　(b)节点钢芯电流

(c)节点钢芯电压　(d)节点功率曲线

图 6.20 双端口电源制热均匀材料的运行工况

在此运行工况下，制热电源电压为 9530 V，比单端口需要的电源电压 12121 V 小，比表 6.3 所示的 50 km 所需直流电源 13834 V 还要小。但是比表 6.5 所示的 50 km 电源电压 6644 V 要高。

可见，直流制热和交流制热各有缺点，在距离长的时候，交流制热需要的电源电压更低，在距离短的时候，直流制热需要的电源电压更低。但是，从功率效率考虑，交流制热应用比直流要好。不过交流制热时，需要考虑钢芯电感与介质的介电常数，在选材方面比直流制热选择范围小；不同导线长度，对于交流制热来说需要不同的优化参数。

6.4.2.4 有限元分析

(1) 均匀材料分析。

以 1 m 长分段，根据式(3-16)～式(3-23)的分析方法进行有限元分析。R_s 的取值为 1 km取值的 1/1000，即为 1.126 mΩ，功率取 1 km 的 1/1000，W_{min}=11.132 W，其他初始数值：I_{max}=110 A，U_{min}=5000 V，U_{step}=100 V；1 m 制热材料电阻：18887000 Ω；1 m 长电容：$1.388\times10^{-7}/1000$ (F)；1 m 钢芯电感 0.032/1000 (H)。将简单分析法的结果按每公里相等计算到每米。因为有限元制热材料、功率都只计算了 1 m，为与 1 km 的值对应，对比时将有限元计算结果中的节点制热材料电流、节点钢芯功率、节点制热材料功率、节点总功率都乘以 1000。均匀材料方式有限元分析与简易分析对比如图 6.21 所示。

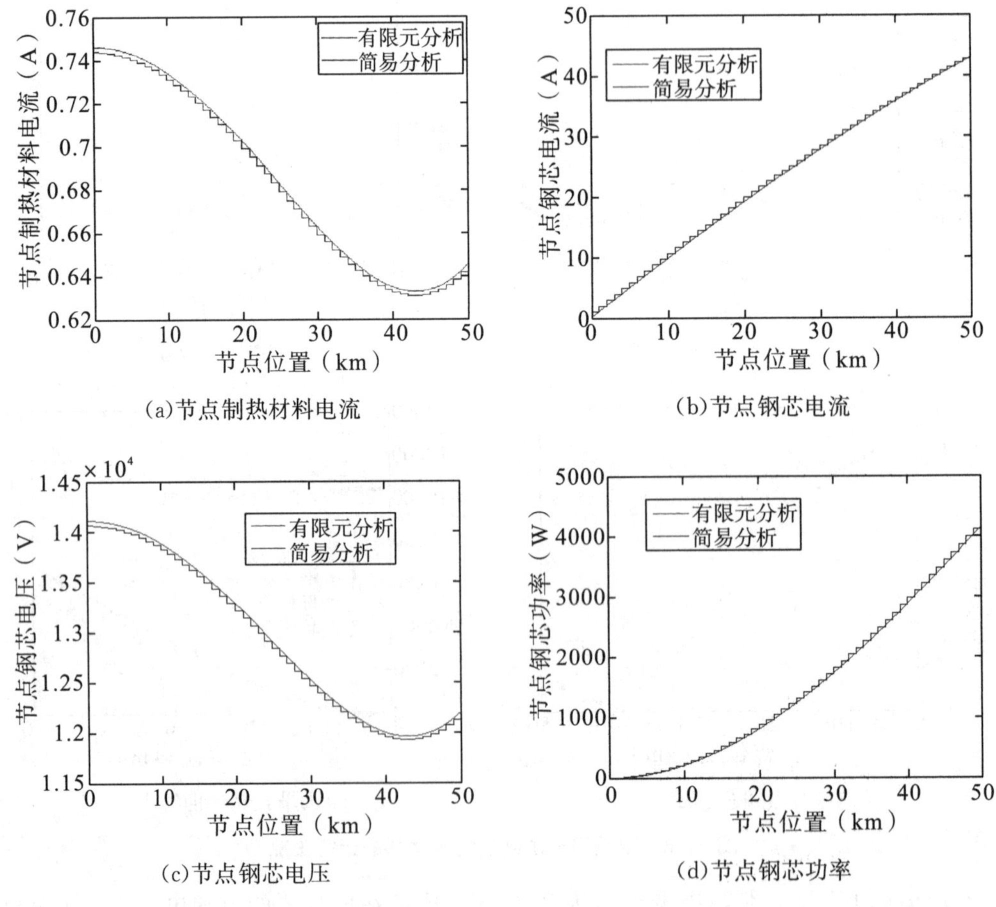

(a)节点制热材料电流

(b)节点钢芯电流

(c)节点钢芯电压

(d)节点钢芯功率

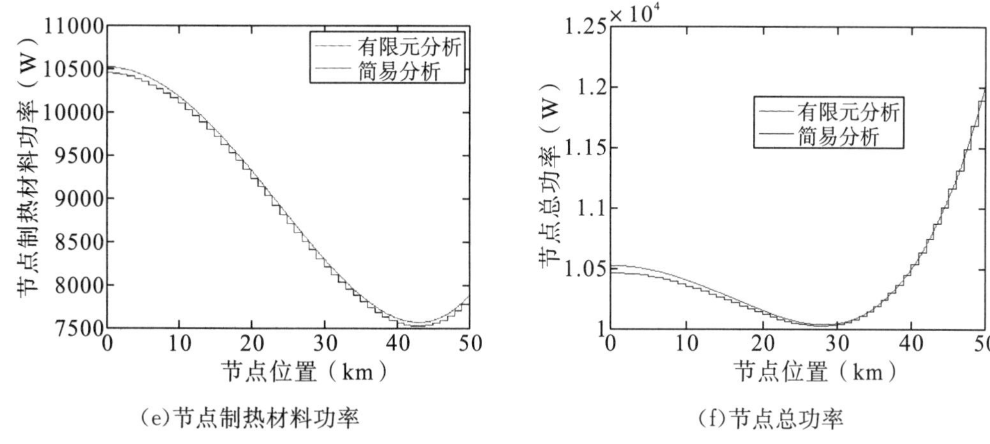

(e)节点制热材料功率　　　(f)节点总功率

图 6.21　50 km 均匀材料有限元分析与简易分析对比

选择几个参数进行对比，如制热电源电压、节点钢芯电流最大值、节点总功率最大值、节点总功率最小值(有限元乘以 1000)、节点制热材料电流(有限元乘以 1000)，见表 6.15。

表 6.15　有限元分析和简易分析对比结果

对比参数	有限元分析	简易分析
制热电源电压(V)	14095	14050
节点钢芯电流最大值(A)	42.77	42.70
节点总功率最大值(W)	10003	11887
节点总功率最小值(W)	10002	10030
节点制热材料电流(A)	0.746	0.744

通过图 6.21 和表 6.15，可以得出如下结论：

1）简易分析得到的结果与有限元分析基本一致，简易分析方法可以工程应用。

2）有限元分析可以得到更低的设计参数，计算结果更加精确，可以作为简易分析的验证方法，为简易分析以及更长距离的分段分析提供依据。

(2) 均匀功率分析。

根据式(3−31)~式(3−36)，按 1 m 为单元进行有限元分析。R_s 的取值为 1 km 取值的1/1000，即为 1.126 mΩ，功率取 1 km 的 1/1000，$W_{min}=11.132$ W，按均匀功率算法求解。其他初始数值：$I_{max}=110$ A，$U_{min}=5000$ V，$U_{step}=100$ V。简易分析法的结果按每公里相等取值，有限元分析法和简易分析法数据对比结果如图 6.22 所示。其中，有限元计算的材料电阻除以 1000，有限元计算的钢芯功率、制热材料功率、总功率都乘以 1000。

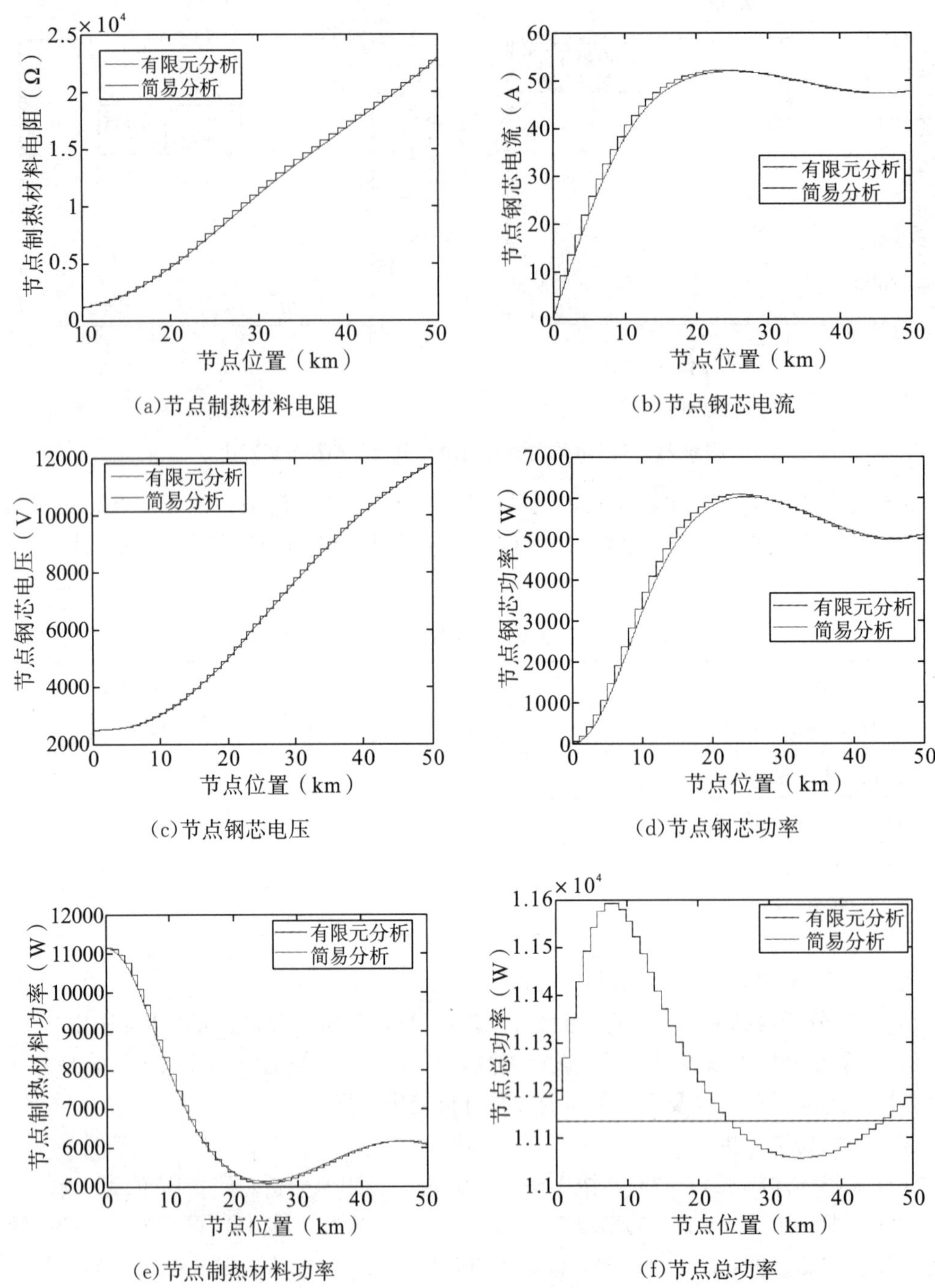

(a)节点制热材料电阻　　(b)节点钢芯电流

(c)节点钢芯电压　　(d)节点钢芯功率

(e)节点制热材料功率　　(f)节点总功率

图 6.22　50 km 均匀功率有限元分析与简易分析对比

选择几个参数进行对比，如制热电源电压、节点钢芯电流最大值、节点总功率最大值(有限元乘以 1000)、节点总功率最小值(有限元乘以 1000)，见表 6.16。

表 6.16　有限元分析和简易分析对比结果

对比参数	有限元分析	简易分析
制热电源电压(V)	11770	11758

续表6.16

对比参数	有限元分析	简易分析
节点钢芯电流最大值(A)	51.6	51.9
节点总功率最大值(W)	11132	11590
节点总功率最小值(W)	11132	11055

分析图 6.22 和表 6.16，可以得出如下结论：简易分析法和有限元分析法得到的结果基本一致，其差异可以忽略不计，即使简易分析法节点总功率有偏差，其偏差也只有 4.8%，比较小。

根据均匀功率有限元分析与均匀材料有限元分析的对比结果可以看出，以 1 km 为分段单元的分析结果已经非常准确。并可以推测，以 5～10 km 为分段的简易分析结果，跟有限元分析结果相比不会有太大的差异。减少工程分段，将减少自制热导线型号，降低生产成本和管理成本。后续研究将继续探究工程分段优化方法。

有限元分析方法，为自制热导线在实际使用时的工作参数提供了精确解，为实际工程分段分析提供了科学依据和参考标准。

6.5 小结

本章以型号 LGJ －300/40，导线长度 50 km 的钢芯铝绞线为案例进行了自制热导线的具体设计和分析，针对交流制热电源和直流制热电源，分单端口和双端口两种供电模式，在均匀材料和均匀功率两种工作状态下分别进行了自制热导线分布式参数计算。对于交流制热电源，提出了一种自制热导线优化方法，并对优化后的导线工况进行了计算分析。通过对比分析计算结果，可以得到如下结论：

（1）直流制热均匀材料方式下如各段制热功率不均匀，将导致功率损耗。交流制热均匀材料方式下各段导线功率均匀性比直流制热要好，但是需要对制热材料电阻率和介电常数做优化设计。

（2）对于均匀功率设计，交流制热比直流制热对电源要求更低。因此，无论是均匀材料方式还是均匀功率方式，在自制热导线优化的前提下，交流制热效果比直流制热效果更好。

（3）由于交流制热需要优化自制热导线设计结构，对于实际工程应用而言，有更多制约因素。

（4）均匀功率方式比均匀材料方式有更小的功率消耗，对制热电源设计要求较低。但是，均匀功率方式增加了自制热导线设计型号，增加了工程应用成本。

7 结论与展望

7.1 本文的主要成果和结论

针对目前在线实时融冰技术所面临的困难和挑战，本文提出了一种基于自制热导线的实时在线融冰方法，即在目前的钢芯与铝绞线之间加入制热材料，当钢芯与铝绞线存在电压差时，制热材料在电流的作用下产生热量，可实现输电线融冰和防冰。针对该导线的特殊结构和特定的工作要求，设计一种自融冰导线，以同时实施输电供能和在线融冰供能，实现输电线不断电实时防冰融冰作业。本文针对该方法中的基础理论和相关技术问题，展开了系统深入的研究，形成了以下主要成果或结论。

(1) 本文深入分析了新型自制热导线及其配套输电系统的特殊工作需求所带来的系列问题，构建了自制热导线及其用于在线防冰融冰的理论和技术体系。

(2) 针对上述理论与技术体系内容，提出了各模块具体设计方案：①自制热导线设计方法；②针对交流输电和直流输电两种输电电路、交流防冰融冰和直流防冰融冰两种不同电源形式，设计了四种输电—融冰设备；③基于超短期覆冰预测技术，提出了模拟导线在线实时监测系统设计方案。

(3) 系统研究了新型自制热导线及其配套输电系统中的基础理论，建立了自制热导线的电学模型、热学模型以及防冰融冰输电装置的电学模型。针对不同的使用工况，构建了相关系统设计和运行参数的分析方法。

(4) 运用上述理论和技术，分析了 110 kV 输电线路采用型号为 LGJ－300/40 的钢芯铝绞线的设计参数，确定了自制热导线的几何参数、自制热导线防冰融冰各阶段需要的热能、防冰融冰过程需要的电源功率需求。针对直流电源与交流电源两种制热方式、单端口电源与双端口电源两种制热供电方案、均匀功率与均匀材料两种工程应用方法等共 8 种应用工况，应用简易分析法和有限元分析法，计算了导线运行参数，得到以下结论：①简易分析法与有限元分析法得到的结果接近，均可以用于工程分析和应用；②均匀功率模式可以采用较长距离的分段方法；③优化导线设计参数后，交流电源制热融冰效果比直流电源制热融冰效果更好；④不论是基于钢芯制热还是基于加热材料制热的自制热导线，其对电压、电流等的耐受能力在现有材料范围内施行在线实时防冰融冰技术均具可行性；⑤在线实时融冰电源占据输电电源功率以及电流的比例较小，对电网电能传输没有太大的影响；⑥采用单端口电源制热方式，融冰距离可以达到 50 km，采用双端口电源制热方式，融冰距离可以达到 100 km。

7.2　需要进一步研究的内容

需要指出的是，基于自制热导线的在线实时防冰融冰技术是本文首次提出的，面临的问题多、挑战大。本文为该全新体系的前期研究，仅为输电线路不断电在线实时融冰技术的前期研究，离工程应用尚有较大的距离。整套技术还需进一步深入研究，涉及的问题具体如下：

（1）自制热导线的工程设计方法、实验方法以及实验测试、等效电路模型实验与测试、热量模型实验与测试、环境试验与耐久试验。

（2）交流输电—交流融冰装置、交流输电—直流融冰装置、直流输电—直流融冰装置、直流输电—交流融冰装置的工程设计方法，实验方法与实验测试研究，工程样机设计，理论建模。

（3）控制方法仿真和实验：防冰融冰过程中的比例控制方法、模糊自适应控制方法、比例控制方法的仿真、实验室实验以及现场试验研究。

（4）成套系统的仿真与实验验证：成套系统的整体仿真，成套系统的实验室测试，成套系统的现场测试。

（5）对电网的影响：自融冰系统以及防冰融冰控制对电网稳定的影响，可能会产生的安全问题；对电网电压、频率的影响；对电网电能质量的影响。

（6）自制热导线的电容、电感、电阻耦合作用机理及耦合规律，以及基于其耦合作用机理和耦合规律的自制热导线优化设计理论和方法。

参考文献

[1] 刘亚东. 全球能源互联网 [M]. 北京：中国电力出版社，2015.

[2] 曹军威，孙嘉平. 能源互联网与能源系统 [M]. 北京：中国电力出版社，2016.

[3] 能源互联网研究课题组. 能源互联网发展研究 [M]. 北京：清华大学出版社，2017.

[4] 蒋兴良，王尧玄，舒立春，等. 分裂导线阻抗调节防冰及融冰方法 [J]. 电网技术，2015，39(10)：1942－2947.

[5] 蒋兴良，兰强，毕茂强. 导线临界防冰电流及其影响因素分析 [J]. 高电压技术，2012，38 (5)：1225－1232.

[6] 罗日成，潘俊文，刘化交，等. 超/特高压输电线路带电直流融冰方法 [J]. 中南大学学报(自然科学版)，2016，47 (5)：1551－1558.

[7] 李斌，邱宏，李博通，等. 高压输电线路直流融冰装置故障特性及过流保护 [J]. 电力系统自动化，2016，40 (3)：100－106.

[8] 王耀南. 高压输电线路除冰机器人视觉控制方法研究 [D]. 长沙：湖南大学，2014.

[9] 何青，吕锡锋，赵晓彤. 激励条件下高压输电线路除冰技术应用研究 [J]. 中国电机工程学报，34(18)：2997－3003.

[10] 毕茂强. 分裂导线电流转移循环融冰试验与方法研究 [D]. 重庆：重庆大学，2013.

[11] 楼文娟，姜雄，杨伦. 三维瞬态风场下覆冰导线舞动响应研究 [J]. 振动与冲击，2016，35(22)：1－9.

[12] 胡毅. 输电线路大范围冰害事故分析及对策 [J]. 高电压技术，2005，31 (4)：14－15.

[13] 蒋正龙，陆佳政，雷红才，等. 湖南 2008 年冰灾引起的倒塔原因分析 [J]. 高电压技术，2008，34(11)：2468－2474.

[14] 晏致涛，李正良，汪之松. 重冰区输电塔—线体系脱冰振动的数值模拟 [J]. 工程力学，2010，27 (1)：209－305.

[15] 李新民，朱宽军，李军辉. 输电线路舞动分析及防治方法研究进展 [J]. 高电压技术，37 (2)：484－490.

[16] 董冰冰，蒋兴良，黎振宇，等. 35 kV 输电线路绝缘子串交流覆冰闪络特性试验方法的比较 [J]. 高电压技术，2014，40 (2)：421－426.

[17] M Huneault，C Langheit，R S Arnaud，et al. A Dynamic Programming Methodology to Develop De-icing Strategies During Ice Storms by Channeling Load

Currents in Transmission Networks [J]. IEEE Transactions on Power Delivery，2005，20 (2)：1604－1610.

[18] M Farzaneh，K Savadjiev. Statistical Analysis of Field Data for Precipitation Icing Accretion on Overhead Power Lines [J]. IEEE Transactions on Power Delivery，2005，20 (2)：1080－1087.

[19] 陆佳政. 电网覆冰灾害及防冰技术 [M]. 北京：中国电力出版社，2016.

[20] 李再华，白晓民，周子冠，等. 电网覆冰防治方法和研究进展 [J]. 电网技术，2008，32 (4)：7－22.

[21] 刘养正，李宏斌. 我省高海拔送电线路冰害事故分析及抗冰措施饥 [J]. 青海电力，1993，12 (1)：30－33.

[22] 姚茂生. 葛双Ⅱ回覆冰断线倒塔事故的原因分析 [J]. 华中电力，1995，8 (4)：60－63.

[23] 吴文辉. 湖南电网覆冰输电线路跳闸事故分析及措施 [J]. 高电压技术，2006，32 (2)：115－116.

[24] 蓝旺. 南方电网启动低温冰冻黄色预警 [J]. 供电行业信息，2012，8 (2)：10.

[25] 谢强，李杰. 电力系统自然灾害的现状与对策 [J]. 自然灾害学报，2006，15 (4)：126－131.

[26] 李庆峰，范峥，吴守，等. 全国架空线路覆冰情况调研及事故分析 [J]. 电网技术，2008，32(9)：33－36.

[27] 陆佳政，蒋正龙，雷红才，等. 湖南电网 2008 年冰灾事故分析 [J]. 电力系统自动化，2008，32 (1)：16－19.

[28] 杨伦. 覆冰输电线路舞动试验研究和非线性动力学分析 [D]. 杭州：浙江大学，2014.

[29] 王少华. 输电线路覆冰导线舞动及其对塔线体系力学特性影响的研究 [D]. 重庆：重庆大学，2008.

[30] 刘玥君. 输电塔线耦合结构体系覆冰舞动机理及其响应研究 [D]. 哈尔滨：哈尔滨工业大学，2015.

[31] 朱宽军，张国威，付东杰，等. 中国架空输电线路舞动防治技术 [C]//中国科学技术协会. 中国科学技术协会 2008 防灾减灾论坛论文集，2008：131－141.

[32] Zhu K J，Liu B，Niu H J，et al. Statistical Analysis and Research on Galloping Characteristics and Damage for Iced Conductors of Transmission Lines in China [C]// 2010 International Conference on Power System Technology，2010：1－5.

[33] 李国兴，尹正来，李裕彬，等. 汉水中山口大跨越舞动的防治与研究 [J]. 华中电力，1993，6 (5)：30－39.

[34] 况月明，刘正云，崔秋菊. 500 kV 龙斗线、斗双线舞动及其防治措施 [J]. 湖北电力，2004，28(9)：8－10.

[35] 张宇，杨坚. 江西电网 2008 年初输电线路舞动情况分析 [J]. 江西电力，2008，32 (2)：14－16.

[36] 魏冲，潘少成，唐明贵，等. 500 kV 输电线路舞动分析及治理 [J]. 电力建设，

2011，32（4）：22－25.

［37］陶礼兵，龚坚刚，吴明祥，等. 500 kV 同塔双回线路舞动故障机理分析及整改措施［J］. 浙江电力，2011（1）：8－11.

［38］Jacques Druez，Sylvie Louchez，Pierre McComber. Ice Shedding from Cables［J］. Cold Regions Science and Technology，1995，23（4）：49－54.

［39］孟遂民，单鲁平，杨旸. 输电线脱冰跳跃过程仿真研究［J］. 水电能源科学，2010，28（2）：149－151.

［40］杨庆. 覆冰绝缘子沿面电场特性和放电模型研究［D］. 重庆：重庆大学，2006.

［41］舒立春. 复杂环境中绝缘子交流闪络特性及校正方法研究［D］. 重庆：重庆大学，2002.

［42］蒋兴良，易辉. 输电线路覆冰及防护［M］. 北京：中国电力出版社，2001.

［43］周超，曹阳，李林. 输电线路覆冰问题综述［J］. 电力建设，2013，34(9)：37－41.

［44］P Van Dyke，D Havard，A Laneville. Effect of Ice and Snow on the Dynamics of Transmission Line Conductors［M］//Atmospheric Icing of Power Networks. Springer Nature，2008：171－228.

［45］Raraty L E，Tabor D. The Adhesion and Strength Properties of Ice［J］. Proceedings of the Royal Society of London，Series A，Mathematical and Physical Sciences，Royal Society-Proceedings，1985，245(1241)：184－201.

［46］Chu M C，Scavuzzo R J. Adhesive Shear Strength of Impact Ice［J］. AIAA Journal，1991，29(11)：1921－1926.

［47］欧阳丽莎，黄新波. 基于灰关联分析微气象因素和导线温度对输电线路导线覆冰的影响［J］. 高压电器，2011，47（3）：31－36.

［48］阳林，郝艳捧，黎卫国，等. 输电线路覆冰与导线温度和微气象参数关联分析［J］. 高电压技术，2010，36（3）：775－781.

［49］Ryerson C，Ramsay C. Quantitative Ice Accretion Information from the Automated Surface Observing System［J］. Ryerson and Ramsay，2007(46)：1423－1437.

［50］王守礼. 影响电线覆冰因素的研究与分析［J］. 电网技术，1994，18（4）：18－24.

［51］刘春城，刘佼. 输电线路导线覆冰机理及雨凇覆冰模型［J］. 高电压技术，2011，37（1）：241－248.

［52］Lu J Z，Xu X J，Yang L，et al. Application of Analytic Hierarchy Process in Atmospheric Icing Climate Forecast of Power Network Based on Multiplex Climate Factors［C］//Proceedng of the 14th International Workshop on Atmospheric Icing of Structures（IWAIS 2011），Chongqing，China，2011.

［53］唐浩. 考虑典型气象因素影响的湖南电网夏季日最大负荷预测［D］. 长沙：长沙理工大学，2013.

［54］Xu X J，Lu J Z，Zhang H X，et al. Short-term Winter Icing Climate Prediction Based on the Polar Vortex Area and the Subtropical High［C］//Proceeding of the 15th International Workshop on Atmospheric Icing of Structures（IWAIS 2013），Montreal，Canada，2013.

［55］ Lu J Z，Lin B Y，Zhang H X，et al. Obsercational Studies of Hunan Transmissiion Line Icing at Crotopography and Micrometeorological ［C］//Proceeding of the 14th International Workshop on Atmospheric Icing of Structures（IWAIS 2011），Chongqing，China，May，2011.

［56］ 陆佳政，徐勋建，李波，等. 电网覆冰程度预测方法，201210248539OX ［P］. 中国，2012－10－24，CN201210248539.

［57］ 郭应龙. 输电导线覆冰试验研究：500 kV 大跨越导线舞动的治理与研究鉴定资料 ［R］. 1989：20－25.

［58］ P Personne，J F Gayet. Ice Accretion on Wires and Anti-icing Induced by Joule Effect ［J］. Journal of applied meteorology，1988，27（2）：101－114.

［59］ 陈及时. 掌握导线覆冰临界电流做好预防措施 ［J］. 中国电力，1997，30（10）：51－52.

［60］ 刘和云，周迪，付俊萍，等. 防止导线覆冰临界电流的传热研究 ［J］. 中国电力，2001，34（3）：42－44

［61］ 王超. 输电线路直流融冰技术研究 ［D］. 北京：华北电力大学，2011.

［62］ C Horwill，C C Davidson，M Granger. An Application of HVDC to the De-icing of Transmission Lines ［C］//Transmission and Distribution Conference and Exhibition，PES Dallas，USA，2005.

［63］ 中国南方电网公司. 电网防冰融冰技术及应用 ［M］. 北京：中国电力出版社，2010.

［64］ 刘刚，赵学增，陈永辉，等. 电容补偿电感调负融冰方法 ［J］. 电网技术，2008，32(S2)：99－102.

［65］ 亚历山德罗夫，阿莫萨夫，戈卢勤科夫，等. 巴什基尔电网防治覆冰研究 ［J］. 电力安全技术，1999（1）：14－16.

［66］ W Adolphe. Ice Melting of Sub-transmission Lines ［C］. CEA paper，Manitoba Hydro，Toronto，1992.

［67］ J C Polhman，P Landers. Present State-of-the-art of Transmission Line Icing ［J］. IEEE Transactions on Power Apparatus System，1982，101(8)：2443－2450.

［68］ 陆佳政，李波，张红先，等. 新型交直流融冰装置在湖南电网的应用 ［J］. 南方电网技术，2009，4（4）：77－79.

［69］ C R Sullivan，V Petrenko，J D Mc Curdy，et al. Breaking the Ice ［transmission line icing］ ［J］. Industry Applications Magazine，IEEE，2003，9（5）：49－54.

［70］ 申屠刚. 电力系统输电线路抗冰除冰技术研究进展综述 ［J］. 机电工程，2008，25（7）：72－76.

［71］ 陈胜，张贵新，徐曙光，等. 电网中激光除冰技术分析 ［J］. 清华大学学报(自然科学版)，2011（1）：1－4.

［72］ Chang Guanghui，Su sheng，L. Mingming，et al. Novel Deicing Approach of Overhead Bundled Conductors of EHV Tansmission Systems ［J］. IEEE Transactions on Power Delivery，2009，24（3）：1745－1747.

[73] P Couture. Smart Power Line and Photonic De-icer Concepts for Transmission-line Capacity and Reliability Improvement [J]. Cold Regions Science and Technology, 2011, 65: 13-22.

[74] J L Laforte, M A Allaire, J L Laflamme. State-of-the-art on Power Line De-icing [J]. Atmospheric Research, 1998, 46: 143-158.

[75] J W Hall. Ice Storm Management on an Electrical Utility System [C]// Proceedings of the 7th IWAIS, Canada, 1996: 225-230.

[76] Montambault S, Pouliot N, Toth J, et al. Reporting on A Large Ocean Inlet Crossing Live Transmission Line Inspection Performed by Linescout Technology [J]. Proc of the IEEE International Conference on Robotics and Automation. Anchorage, AK: IEEE, 2010: 1102-1103.

[77] Montambault S, Pouliot N. The HQ Line ROVer: Contributing to Innovation in Transmission Line Maintenance [J]. Proc of the 2003 IEEE 10th International Conference on Transmission and Distribution Construction, Operation and Live-Line Maintenance. Orlando: IEEE, 2003: 33-40.

[78] 魏书宁. 输电线路除冰机器人抓线智能控制方法研究 [D]. 长沙：湖南大学，2014.

[79] 马彪. N18 和 N20 高锰无磁钢的组织和性能研究 [D]. 沈阳：东北大学，2013.

[80] 廖武. 模块化多电平变换器（MMC）运行与控制若干关键技术研究 [D]. 长沙：湖南大学，2016.

[81] Derouin R. Experimental Forecast of Freezing Level(s), Conditional Precipitation Type, Surface Temperature, and 50-meter Wind, Produced by the Planetary Boundary Layer (PBL) Model [J]. NOAA Tech Procedures Bull, 1973, 101: 8.

[82] Koolwine T. Freezing Rain [D]. Toronto: University of Toronto, 1975.

[83] Canon A, Bachand D. Synoptic Pattern Recognition and Partial Thickness Techniques as a Tool for Precipitation Types Forecasting Associated with a Winter Storm [M]. Centre Meteorologique du Quebec Tech, 1993.

[84] Ramer J. An Empirical Technique for Diagnosing Precipitation Type from Model Output [C]. Preprints, Fifth Int Conf on Aviation Weather Systems, Vienna, VA, Amer Meteor Soc, 1993: 227-230.

[85] Bourgouin P. A Method to Determine Precipitation Types [J]. Wea Forecasting, 2000, 15 (5): 583-592.

[86] Chaine P M, Castonguay G. New Approach to Radial Ice Thickness Concept Applied to Bundle-like Conductors [M]. Environment Canada, Atmospheric Environment in Toronto, 1974.

[87] Jones K F. A Simple Model for Freezing Rain Ice Loads [J]. Atmos Res, 1998, 46(1-2): 87-97.

[88] Szilder K. Simulation of Ice Accretion on a Cylinder Due to Freezing Rain [J]. J Glaciol, 1994, 40(136): 586-594.

[89] Makkone L. Modeling Power Line Icing in Freezing Precipitation [J]. Atmos Res, 1998, 46(1-2): 131-142.

[90] Degaetano A T, Belcher B N, Spier P L, et al. 2008. Short-term Ice Accretion Forecasts for Electric Utilities Using the Weather Research and Forecasting Model and a Modified Precipitation-type Algorithm [J]. Wea Forecasting, 23 (5): 838-853.

[91] Langmuir I, Blodgett K B. A Mathematical Investigation of Water Droplet Trajectories [M]. Pergamon Press: Collected Works of Irving Langmuir, 1946.

[92] McComber P, Touzot G. Calculation of the Impingement of Cloud Droplets on a Cylinder by the Finite-element Method [J]. Atmos Sci, 1981, 38 (5): 1027-1036.

[93] Finstad K J, Lozowski E P, Gates E M. A Computational Investigation of Water Droplet Trajectories [J]. J Atmos Ocean Tech, 1988, 5 (1): 160-170.

[94] Admirat P, Maccagnan M, Goncourt B. Influence of Joule Effect and of Climatic Conditions on Liquid Water Content of Snow on Conductors [C]//In Proceedings 4th International Workshop on Atmospheric Icing of Structures, 1988: 367-371.